"十二五"职业教育国家规划教材
经全国职业教育教材审定委员会审定·修订版
高等职业教育新形态系列教材

机械工程材料

主 编 李占君

北京理工大学出版社
BEIJING INSTITUTE OF TECHNOLOGY PRESS

版权专有　侵权必究

图书在版编目（CIP）数据

机械工程材料 / 李占君主编 . -- 北京：北京理工大学出版社，2021.8（2021.10 重印）
ISBN 978-7-5763-0254-7

Ⅰ. ①机… Ⅱ. ①李… Ⅲ. ①机械制造材料 – 高等职业教育 – 教材　Ⅳ. ① TH14

中国版本图书馆 CIP 数据核字（2021）第 176750 号

出版发行 / 北京理工大学出版社有限责任公司	
社　　址 / 北京市海淀区中关村南大街 5 号	
邮　　编 / 100081	
电　　话 /（010）68914775（总编室）	
（010）82562903（教材售后服务热线）	
（010）68944723（其他图书服务热线）	
网　　址 / http://www.bitpress.com.cn	
经　　销 / 全国各地新华书店	
印　　刷 / 三河市天利华印刷装订有限公司	
开　　本 / 787 毫米 ×1092 毫米　1 / 16	
印　　张 / 20.75	责任编辑 / 封　雪
字　　数 / 481 千字	文案编辑 / 封　雪
版　　次 / 2021 年 8 月第 1 版　2021 年 10 月第 2 次印刷	责任校对 / 刘亚男
定　　价 / 49.80 元	责任印制 / 李志强

图书出现印装质量问题，请拨打售后服务热线，本社负责调换

前　言

"机械工程材料"是高职院校机械类各冷加工专业的技术基础课，其任务是从机械工程的应用角度出发，阐明机械工程材料的基础理论，分析材料的成分、加工工艺、组织与性能之间的关系，介绍常用机械工程材料及其应用等基础知识。本课程的教学目的是使学生在掌握工程材料基础理论的基础上，具备根据零件工作条件，在设计过程中进行科学选材及合理制定加工工艺路线的初步能力。

本书主要内容包括：金属材料的性能、金属的晶体结构和结晶、合金的结构和相图、金属的塑性变形与再结晶、钢的热处理、工业用钢、铸铁、有色金属及其合金、高分子材料、陶瓷材料、复合材料、新材料、材料的选用等。

本书在内容安排上着重阐述金属材料的基础理论、性能的改善方法以及常用的金属材料，重点是钢铁材料，另外适当介绍了非金属材料和一些新材料。

本书由安阳工学院李占君担任主编；安阳工学院王霞、张阳明、梁玉龙、闫成旗任副主编；中国兵器装备集团自动化研究所有限公司朱强参与编写。各章具体分工如下：李占君负责全书统稿并编写学习情境一～四；张阳明编写学习情境五、八，王霞编写学习情境六、七，梁玉龙编写学习情境九～十二，闫成旗编写学习情境十三，朱强参与了教材学习目标等内容的设计。本书的出版得到了安阳工学院机械工程学院的大力支持，在此谨表谢意。

由于编者水平有限，加之时间仓促，书中难免存在错误和疏漏之处，恳请各位读者批评指正。

编　者
2021 年 5 月

目 录

学习情境一　金属材料的性能 ……………………………………………… 1

学习任务一　认知金属材料的力学性能 …………………………………… 2
　一、弹性和刚度 ……………………………………………………………… 3
　二、强度 …………………………………………………………………… 4
　三、塑性 …………………………………………………………………… 4
　四、硬度 …………………………………………………………………… 5
　五、冲击韧性 ……………………………………………………………… 7
　六、疲劳 …………………………………………………………………… 9
　七、断裂韧性 ……………………………………………………………… 10

学习任务二　认知金属材料的物理性能和化学性能 ……………………… 11
　一、物理性能 ……………………………………………………………… 12
　二、化学性能 ……………………………………………………………… 13

学习任务三　认知金属材料的工艺性能 ………………………………… 13
　一、铸造性 ………………………………………………………………… 14
　二、锻造性 ………………………………………………………………… 14
　三、焊接性 ………………………………………………………………… 14
　四、切削加工性 …………………………………………………………… 14

学习情境二　金属的晶体结构和结晶 ……………………………………… 17

学习任务一　认知金属的晶体结构 ………………………………………… 18
　一、晶体结构的基本概念 ………………………………………………… 18
　二、常见纯金属的晶格类型 ……………………………………………… 19
　三、晶体的各向异性 ……………………………………………………… 21

学习任务二　认知实际金属的晶体结构 ………………………………… 22
　一、多晶体 ………………………………………………………………… 22
　二、晶体缺陷 ……………………………………………………………… 23

学习任务三　认知纯金属的结晶 ………………………………………… 25

一、金属结晶时的过冷现象 ………………………………………… 25
　　二、结晶时的能量条件 …………………………………………… 26
　　三、结晶的过程 …………………………………………………… 27
　　四、影响晶核形成和成长速率的因素 …………………………… 27
　　五、细化晶粒的方法 ……………………………………………… 29
　学习任务四　了解金属的同素异构转变 ……………………………… 29
　　一、纯铁的同素异构转变 ………………………………………… 30
　　二、固态转变的特点 ……………………………………………… 30
　学习任务五　了解铸锭结构和缺陷 …………………………………… 30
　　一、表面细晶粒层 ………………………………………………… 31
　　二、柱状晶粒层 …………………………………………………… 31
　　三、中心等轴晶区 ………………………………………………… 31

学习情境三　合金的结构和相图 …………………………………… 33

　学习任务一　认知合金中的相结构 …………………………………… 34
　　一、有关合金的基本概念 ………………………………………… 35
　　二、固溶体 ………………………………………………………… 35
　　三、金属化合物 …………………………………………………… 37
　学习任务二　认知二元合金相图 ……………………………………… 39
　　一、二元合金相图的测定 ………………………………………… 40
　　二、二元匀晶相图 ………………………………………………… 41
　　三、二元共晶相图 ………………………………………………… 43
　　四、其他二元合金相图 …………………………………………… 46
　　五、相图与性能的关系 …………………………………………… 47
　学习任务三　认知铁碳合金相图 ……………………………………… 49
　　一、铁碳合金的基本组织 ………………………………………… 49
　　二、铁碳合金相图 ………………………………………………… 50
　　三、铁碳合金的分类 ……………………………………………… 53
　　四、典型铁碳合金平衡结晶过程及组织 ………………………… 54
　　五、含碳量对铁碳合金组织和性能的影响 ……………………… 58
　　六、铁碳合金相图的应用 ………………………………………… 60

学习情境四　金属的塑性变形与再结晶 …………………………… 63

　学习任务一　认知金属的塑性变形 …………………………………… 64
　　一、单晶体的塑性变形 …………………………………………… 64

二、多晶体的塑性变形 …………………………………… 67
　学习任务二　认知塑性变形对金属组织和性能的影响 ………… 68
　　一、塑性变形对组织结构的影响 ………………………… 69
　　二、塑性变形对性能的影响 ……………………………… 69
　学习任务三　认知回复与再结晶 ………………………………… 70
　　一、回复 …………………………………………………… 71
　　二、再结晶 ………………………………………………… 71
　　三、晶粒长大 ……………………………………………… 71
　　四、金属再结晶温度 ……………………………………… 72
　学习任务四　认知金属的热加工 ………………………………… 73
　　一、热加工与冷加工的区别 ……………………………… 73
　　二、热加工对金属组织和性能的影响 …………………… 73

学习情境五　钢的热处理 ……………………………………… 77

　学习任务一　认知钢在加热时的转变 …………………………… 79
　　一、奥氏体的形成 ………………………………………… 80
　　二、奥氏体晶粒的长大及其影响因素 …………………… 81
　学习任务二　认知钢在冷却时的转变 …………………………… 83
　　一、过冷奥氏体的等温冷却转变 ………………………… 83
　　二、过冷奥氏体的连续转变 ……………………………… 88
　学习任务三　认知钢的退火与正火 ……………………………… 90
　　一、钢的退火 ……………………………………………… 90
　　二、钢的正火 ……………………………………………… 91
　学习任务四　认知钢的淬火 ……………………………………… 92
　　一、淬火工艺 ……………………………………………… 93
　　二、淬火方法 ……………………………………………… 94
　　三、钢的淬透性 …………………………………………… 95
　学习任务五　认知钢的回火 ……………………………………… 98
　　一、钢在回火时的组织转变 ……………………………… 99
　　二、回火的种类和应用 …………………………………… 100
　　三、淬火钢回火时力学性能的变化 ……………………… 100
　学习任务六　认知钢的表面热处理 ……………………………… 101
　　一、钢的表面淬火 ………………………………………… 102
　　二、钢的化学热处理 ……………………………………… 104

学习任务七　了解钢的其他热处理工艺 ·················· 107
　　一、真空热处理 ·················· 107
　　二、形变热处理 ·················· 108
　　三、热喷涂 ·················· 108
　　四、可控气氛热处理 ·················· 109
　　五、激光热处理 ·················· 109
　　六、电子束表面淬火 ·················· 110

学习情境六　工业用钢 ·················· 115

学习任务一　认知碳钢 ·················· 116
　　一、碳钢中的常存杂质及对性能的影响 ·················· 117
　　二、碳钢的分类 ·················· 118
　　三、碳钢的牌号、性能及应用 ·················· 119

学习任务二　认知合金钢 ·················· 125
　　一、合金钢的分类 ·················· 126
　　二、合金元素在钢中的作用 ·················· 126
　　三、合金结构钢 ·················· 131
　　四、合金工具钢 ·················· 146

学习任务三　了解特殊性能钢 ·················· 157
　　一、不锈钢 ·················· 157
　　二、耐热钢 ·················· 161
　　三、耐磨钢 ·················· 162

学习情境七　铸铁 ·················· 167

学习任务一　了解铸铁的石墨化 ·················· 168
　　一、铸铁的石墨化 ·················· 169
　　二、影响石墨化过程的因素 ·················· 170

学习任务二　认知常用铸铁 ·················· 171
　　一、灰铸铁 ·················· 171
　　二、球墨铸铁 ·················· 174
　　三、蠕墨铸铁 ·················· 176
　　四、可锻铸铁 ·················· 177

学习任务三　认知合金铸铁 ·················· 180
　　一、耐磨铸铁 ·················· 180
　　二、耐热铸铁 ·················· 181

三、耐蚀铸铁 ··· 182

学习情境八　有色金属及其合金 ··· 185

学习任务一　认知铝及其合金 ·· 186
　　一、纯铝 ·· 187
　　二、铝合金 ·· 187

学习任务二　认知铜及其合金 ·· 193
　　一、纯铜 ·· 194
　　二、铜合金的分类 ·· 194
　　三、黄铜 ·· 195
　　四、青铜 ·· 197

学习任务三　认知滑动轴承合金 ·· 201
　　一、滑动轴承合金的工作条件及性能要求 ································ 201
　　二、滑动轴承合金的组织特征 ·· 201
　　三、常用轴承合金 ·· 202

学习任务四　了解其他常用有色金属及合金 ·························· 204
　　一、钛及钛合金 ·· 204
　　二、镁及镁合金 ·· 206

学习情境九　高分子材料 ··· 209

学习任务一　概述学习 ·· 210
　　一、高分子化合物的组成 ·· 211
　　二、高分子化合物的结构 ·· 211
　　三、高分子材料的分类 ·· 212
　　四、高分子材料的命名 ·· 213

学习任务二　认知高分子材料的性能特点 ······························ 213
　　一、高分子化合物的力学性能 ·· 213
　　二、高分子材料的物理、化学性能特点 ···································· 215
　　三、高分子化合物的老化及防止 ·· 215

学习任务三　认知塑料 ·· 216
　　一、工程塑料的组成 ·· 216
　　二、塑料的分类 ·· 218
　　三、塑料的性能特点 ·· 219
　　四、常用工程塑料 ·· 219

学习任务四　认知橡胶 ·· 224

一、橡胶的组成和性能特点 …………………………………… 224
　　二、橡胶的分类 ………………………………………………… 225
　　三、常用的橡胶 ………………………………………………… 225

学习情境十　陶瓷材料 ……………………………………………… 229

学习任务一　了解陶瓷材料的分类 …………………………………… 230

学习任务二　认知陶瓷材料的组织结构与性能 ……………………… 231
　　一、陶瓷材料的组织结构 ……………………………………… 231
　　二、陶瓷材料的性能 …………………………………………… 232

学习任务三　认知常用工业陶瓷 ……………………………………… 233
　　一、普通陶瓷 …………………………………………………… 233
　　二、特种陶瓷 …………………………………………………… 233

学习情境十一　复合材料 …………………………………………… 237

学习任务一　了解复合材料的性能特点和分类 ……………………… 238
　　一、复合材料的性能特点 ……………………………………… 239
　　二、复合材料的分类 …………………………………………… 241

学习任务二　了解常用复合材料 ……………………………………… 241
　　一、纤维增强复合材料 ………………………………………… 241
　　二、颗粒增强复合材料 ………………………………………… 243
　　三、层叠复合材料 ……………………………………………… 243
　　四、骨架复合材料 ……………………………………………… 244

学习情境十二　新材料 ……………………………………………… 247

学习任务一　了解形状记忆合金 ……………………………………… 248
　　一、形状记忆的原理 …………………………………………… 249
　　二、形状记忆效应 ……………………………………………… 249
　　三、形状记忆合金的应用 ……………………………………… 250

学习任务二　了解超导材料 …………………………………………… 251
　　一、常见的超导材料 …………………………………………… 251
　　二、超导材料的应用 …………………………………………… 251

学习任务三　了解非晶态合金 ………………………………………… 252
　　一、非晶态合金的制备 ………………………………………… 253
　　二、非晶态合金的特性 ………………………………………… 253
　　三、非晶态合金的应用 ………………………………………… 254

学习任务四　了解纳米材料 ·················· 255
　　　　一、纳米材料的特点 ························· 255
　　　　二、纳米材料的分类 ························· 256
　　　　三、纳米材料的制备 ························· 256
　　　　四、纳米材料的应用 ························· 257
　　学习任务五　了解储氢合金 ·················· 258

学习情境十三　材料的选用 ······················ 261
　　学习任务一　失效分析 ························ 262
　　　　一、失效的概念 ····························· 263
　　　　二、失效的形式 ····························· 263
　　　　三、失效的原因 ····························· 265
　　　　四、失效分析 ······························· 266
　　学习任务二　学习选材的原则 ··············· 268
　　　　一、使用性原则 ····························· 269
　　　　二、工艺性原则 ····························· 270
　　　　三、经济性原则 ····························· 271
　　　　四、选材的方法和步骤 ····················· 271
　　学习任务三　典型零件选材实例及工艺分析 ··· 273
　　　　一、齿轮类零件的选材 ····················· 273
　　　　二、轴类零件的选材 ······················· 277

参考文献 ·· 281

实验分册 ·· 283

学习情境一 金属材料的性能

情境导入

齿轮是机械行业中最为常见的零件之一，它在工作过程中的受力情况非常复杂，这就要求制造齿轮的材料具有良好的性能以满足使用要求。同样，其他零部件也要具有一定的性能才能正常使用。

情境解析

工农业生产中所使用的各种机械，大部分是由金属材料与非金属材料制成的。其中金属材料应用得更为广泛，这主要是由于金属材料本身具有优良的性能，能够满足各种机械加工和使用要求。

金属材料的性能通常可分为两类：使用性能和工艺性能。使用性能是指机械零件在正常工作情况下应具备的性能，包括力学性能和物理、化学性能等；工艺性能是指机械零件在冷、热加工的制造过程中应具备的性能，它包括铸造性能、锻造性能、焊接性能和切削加工性能。

学习目标

序号	学习内容	知识目标	技能目标	创新目标
1	常见的力学性能评判指标的概念	√		
2	拉伸试验测定的力学性能指标及方法	√	√	
3	硬度测试的原理及方法	√	√	
4	冲击试验测定的力学性能指标及方法	√	√	
5	疲劳强度测试的原理及方法	√	√	
6	常用的金属物理、化学性能的基本概念	√		
7	常用的金属工艺性的基本概念	√		

学习流程

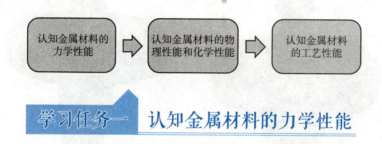

学习任务一　认知金属材料的力学性能

知识导图

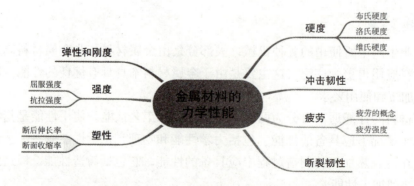

　　力学性能是指材料在载荷（外力）作用下所表现出的抵抗产生塑性变形或断裂的能力。通过不同的标准试验测定的相关参量的临界值或规定值，即可作为力学性能指标。力学性能的类型依据载荷特性的不同而不同，若按加载方式不同则可分为拉伸、压缩、弯曲、扭转与剪切等性能；若按载荷的变化特性不同又可分为静载荷力学性能和动载荷力学性能等。不论何种情况，材料在外力作用下均会产生形状与尺寸的变化——变形。依照外力去除后变形能否恢复，变形可分为弹性变形（可恢复的变形）和塑性变形（不可恢复的残余变形）。当变形到一定程度而无法继续进行时，材料便发生断裂现象。断裂前有明显宏观塑性变形的称为韧性断裂，反之则称为脆性断裂。

衡量材料力学性能的主要指标有强度、塑性、硬度、疲劳强度、冲击韧性、断裂韧性和耐磨性等。材料的力学性能是零件设计、材料选择及工艺评定的主要依据。

一、弹性和刚度

金属材料受外力作用时产生变形，当外力去掉后能恢复其原来形状的性能称为弹性。这种随外力消除而消除的变形，称为弹性变形。

评价材料力学性能的指标是通过拉伸试验测定的。将被测材料按 GB/T 228.1—2010 要求制成标准拉伸试样（见图1-1），在拉伸试验机上夹紧试样两端，缓慢施加轴向载荷，使之发生变形直至断裂。通过试验可以得到拉伸力与试样伸长量之间的关系曲线（称为拉伸曲线）。为消除试样几何尺寸对试验结果的影响，将拉伸过程中试样所受的拉伸力转化为试样单位截面积上所受的力（称为应力），试样伸长量转化为试样单位长度上的伸长量（称为应变），得到应力-应变曲线，其形状与拉伸曲线完全一致。

图1-2 所示为低碳钢的应力-应变曲线。图中 A 点对应的应力 σ_e 为不产生永久变形的最大应力，称为弹性极限。OA' 段为直线，这部分应力与应变成比例，所以 A' 所对应的应力 σ_p 称为比例极限。由于 A 点和 A' 点很接近，一般不作区分。

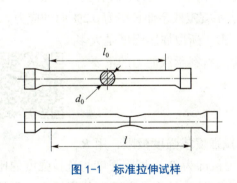

图1-1 标准拉伸试样

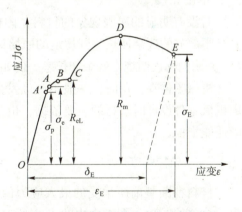

图1-2 低碳钢拉伸的应力-应变曲线

在材料弹性范围内，应力与应变成正比，其比值称为弹性模量 E，即 $E = \sigma/\varepsilon$，单位为 MPa。弹性模量 E 标志着材料抵抗弹性变形的能力，用来表示材料的刚度。其值愈大，材料产生一定量的弹性变形所需的应力愈大，表明材料不易产生弹性变形，即材料的刚度大。如果材料的刚度不足，则易发生过大的弹性变形而产生失效。E 的值取决于各种材料的本性，一些处理方法（如热处理、合金化、冷热加工等）对它影响很小。需要注意的是，材料的刚度不等于零件的刚度。零件的刚度除取决于材料的弹性模量外,还与零件的形状和尺寸有关,可以通过增加横截面积或改变截面形状来提高其刚度。常见金属的弹性模量和切变模量见表1-1。

表 1-1 常见金属的弹性模量和切变模量

金属	弹性模量 E/ MPa	切变模量 G/ MPa
铁（Fe）	214 000	84 000
镍（Ni）	210 000	84 000
钛（Ti）	118 010	44 670
铝（Al）	72 000	27 000
铜（Cu）	132 400	49 270
镁（Mg）	45 000	18 000

二、强度

材料在外力作用下抵抗变形和破坏的能力称为强度。根据外力加载方式不同,强度指标有许多种,如屈服强度、抗拉强度、抗压强度、抗弯强度、抗剪强度、抗扭强度等。其中以拉伸试验测得的屈服强度和抗拉强度两个指标应用最多。

（一）屈服强度

在图 1-2 中,当曲线超过 A 点后,若卸去外加载荷,则试样会留下不能恢复的残余变形,这种不能随载荷去除而消失的残余变形称为塑性变形。当曲线达到 B 点时,曲线出现应变增加而应力不变的现象,称为屈服。屈服时的应力称为屈服强度,记为 R_{eL},单位 MPa。

对没有明显的屈服现象的材料,国标 GB/T 228.1—2010 规定,当试样卸除载荷后,其标距部分的残余伸长达到规定的原始标距百分比时对应的应力,即作为条件屈服强度 R_r,并附角标说明规定残余伸长率。例如 $R_{r0.2}$,表示规定残余伸长率为 0.2% 时的应力。

机械零件在使用时,一般不允许发生塑性变形,所以屈服强度是大多数机械零件设计时选材的主要依据,也是评定金属材料承载能力的重要力学性能指标。

静拉伸试验

（二）抗拉强度

材料在断裂前所承受的最大应力值称为抗拉强度或强度极限,用 R_m 表示,单位 MPa。图 1-2 中的 D 点所对应的应力值即为 R_m。屈服强度与抗拉强度的比值称为屈强比。其值越大,越能发挥材料的潜力,减小结构的自重;其值越小,零件工作时的可靠性越高;其值太小,材料强度的有效利用率降低。因此,屈强比一般取值为 0.65~0.75。

三、塑性

塑性是指材料在断裂前发生不可逆永久变形的能力。常用的性能指标有断后伸长率和断面收缩率，可在拉伸实验中，把试样拉断后将其对接起来测量而得到。

（一）断后伸长率

断后伸长率是指试样拉断后标距长度的伸长量与原始标距长度的百分比。用符号 A 表示，即

$$A = \frac{L_1 - L_0}{L_0} \times 100\%$$

式中：L_0——试样原始标距长度，mm

L_1——试样拉断后对接的标距长度，mm

（二）断面收缩率

断面收缩率是指断后试样横截面积最大缩减量与原始横截面积之比的百分率，用符号 Z 表示，即

$$Z = \frac{S_0 - S_1}{S_1} \times 100\%$$

式中：S_0——试样原始横截面积，mm²

S_1——试样拉断后缩颈处最小横截面积，mm²

断后伸长率 A 和断面收缩率 Z 越大，材料的塑性越大。两者相比，用断面收缩率表示塑性比用伸长率表示更接近真实变形。

同一种材料的试样长短不同，测得的断后伸长率略有不同，短试样（$L_0=5d_0$）的断后伸长率略大于长试样（$L_0=10d_0$）的断后伸长率。

一方面，金属材料具有一定的塑性才能进行各种变形加工；另一方面，材料具有一定塑性，可以提高零件的使用可靠性，防止零件突然断裂破坏。

材料从变形到断裂整个过程所吸收的能量称为材料的韧性，具体地说就是拉伸曲线与横坐标所包围的面积。

四、硬度

硬度是反映材料软硬程度的一种性能指标，它表示材料表面局部区域内抵抗其他物体压入的能力。测定硬度的试验方法有多种，但基本上均可分为压入法和刻划法两大类，其中压入法较为常用。常用的压入法测量硬度的指标有布氏硬度、洛氏硬度和维氏硬度等。用各种方法所测得的硬度值不能直接比较，可通过硬度对照表换算。

硬度试验设备简单，操作迅速方便，一般不需要破坏零件或构件，而且对于大多数金属材料，硬度与其他力学性能（如强度、耐磨性）以及工艺性能（如切削加工性、可焊性等）之间存在着一定的对应关系。因此，在工程上，硬度被广泛地用以检验原材料和热处理件的质量、鉴定热处理工艺的合理性以及作为评定工艺性能的参考。

（一）布氏硬度

布氏硬度的测量方法如图 1-3 所示。用一定载荷 P，将直径为 D 的球体（硬质合

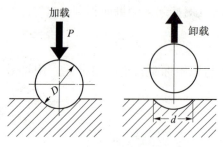

图 1-3 布氏硬度的测量方法

金球），压入被测材料的表面，保持一定时间后卸去载荷，测量被测试样表面上所形成的压痕直径 d，由此计算压痕的球缺面积 F，其单位面积所受载荷称为布氏硬度。布氏硬度值 $HB=P/F$。在测定材料的布氏硬度时，应根据材料的种类和试样的厚度，选择球体材质、球体直径 D、施加载荷 P 和载荷保持时间等。

目前，布氏硬度的试验方法按 GB/T 231.1—2018 执行，用符号 HBW 表示，最高可测 650 HBW。标注时，习惯上把硬度值写在符号 HBW 之前，后面按以下顺序注明试验条件：球直径、施加载荷（kgf[①]）、保持载荷的时间（10~15 s 时可以不标）。例如，220 HBW10/1 000/30，表示用直径为 10 mm 的硬质合金球在 1 000 kgf 的载荷下，保持 30 s 时测得的硬度值为 220 MPa。

布氏硬度的优点是测量误差小，数据稳定，与强度之间有较好的对应关系；缺点是压痕大，不能用于太薄件（试样厚度至少应为压痕深度的 8 倍）、成品件及硬度大于 650 HBW 的材料。可用于硬度较低的退火钢、正火钢、调质钢、铸铁及有色金属的原料和半成品的硬度测量。

材料的 R_m 与 HB 之间的经验关系为：

低碳钢，R_m（MPa）≈3.6HB；

高碳钢，R_m（MPa）≈3.4HB；

灰铸铁，R_m（MPa）≈1HB 或 R_m（MPa）≈0.6（HB-40）。

洛氏硬度

布氏硬度试验

（二）洛氏硬度

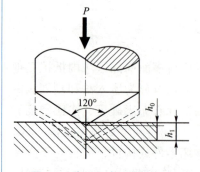

图 1-4 洛氏硬度的测量方法

洛氏硬度试验 洛氏硬度原理

洛氏硬度的测量方法如图 1-4 所示。将一定规格的压头（金刚石圆锥体或钢球），在一定载荷作用下压入试样表面，保持一定时间后卸除载荷，然后测定压痕的深度，计算硬度值，用符号 HR 表示。材料越软，压痕越深，洛氏硬度值越小。

为了能用同一台硬度计测定不同材料的硬度，常采用不同的压头类型和载荷以获得不同的洛氏硬度标尺。常用洛氏硬度标尺的符号、试验条件和应用范围如表 1-2 所列。HRA 用于测量高硬度材料，如硬质合金、表淬层和渗碳层。HRB 用于测量低硬度材料，如有色金属和退火、正火钢等。HRC 用于测量中等硬度材料，如调质钢、淬火钢等。HRC 应用最多，HRC 与 HB 之间关系约为 1:10。

---

① 1kgf=9.8N。

表 1-2 常用洛氏硬度试验规范及应用举例

硬度符号	压头类型	初试验力 F_0/mm	主试验力 F_1/mm	适用范围	表盘刻度颜色	典型应用
HRA	金刚石圆锥	98.07	490.3	20~88 HRA	黑	硬质合金、渗碳层、表面淬火层
HRB	直径1.587 5 mm 球	98.07	882.6	20~100 HRB	红	铜合金、铝合金、软钢、可锻铸铁
HRC	金刚石圆锥	98.07	1 373	20~70 HRC	黑	淬火低温回火钢、钛合金

洛氏硬度试验操作简便、迅速，测量硬度值范围大，压痕小，可直接测成品和较薄工件。但由于试验载荷较大，不宜用来测定极薄工件及氮化层、金属镀层等的硬度。而且由于压痕小，对内部组织和硬度不均匀的材料，其测定结果波动较大，故需在不同位置测试多点的硬度值取其算术平均值。洛氏硬度无单位，各标尺之间没有直接的对应关系。

（三）维氏硬度

维氏硬度的测量原理与布氏硬度相同，不同之处是压头为一相对面夹角为 136° 的金刚石正四方棱锥体，所加负荷为 5~120 kgf（49.03~1 176.80N）。图 1-5 为维氏硬度测量示意图。在用规定的压力 P 将金刚石压头压入被测试件表面并保持一定时间后卸去载荷，测量压痕投影的两对角线的平均长度 d，据此计算出压痕的表面积 S，最后求出压痕表面积上平均压力（P/S），以此作为被测材料的维氏硬度值。

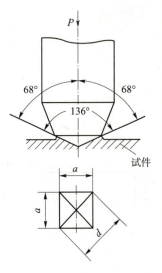

图 1-5 维氏硬度测量示意图

维氏硬度试验时，对试样表面质量要求较高，测试方法较为麻烦，但因所施加的试验载荷小，压入深度较浅，故可测定较薄或表面硬度值较大的材料的硬度，测定很软到很硬的各种金属材料的硬度（0~1 000 HV），且连续性好、准确性高，弥补了布氏硬度因压头变形不能测高硬度材料及洛氏硬度受试验载荷与压头直径比的约束而硬度值不能换算的不足。

维氏硬度标注方法与布氏硬度类似，硬度值写在符号前面，试验条件写在后面，对于钢及铸铁保持载荷时间为 10~15 s 时，可以不标。例如，600 HV30/20，表示用 30 kgf 试验载荷，保持 20 s 测得的维氏硬度值为 640 MPa。

五、冲击韧性

上述强度、塑性、硬度都是在静载荷作用下测量的静态力学性能指标。许多零部件和工具在服役时要受到冲击载荷的作用，冲击载荷就是以很大的速度作用于工件上的载荷。如锻压机的锤杆、冲床的冲头、汽车变速齿轮、飞机的起落架等。瞬时冲击引起的应力和应变要比静载荷引起的应力和应变大得多，因此在选择制造该类机件的材料时，必须考虑材料的抗冲击载荷的能力。

材料抵抗冲击载荷而不破坏的能力称为冲击韧性。为了讨论材料的冲击韧性 a_k 值，常采用一次冲击弯曲试验法。由于在冲击载荷作用下材料的塑性变形得不到充分发展，为了能灵敏地反映出材料的冲击韧性，通常采用带缺口的试样进行试验。标准冲击试样有两种，一种是夏比 U 形缺口试样，另一种是夏比 V 形缺口试样。同一条件下同一材料制作的两种试样，其 U 形试样的 a_k 值明显大于 V 形试样的 a_k 值，所以这两种试样的值 a_k 不能相互比较。图 1-6、图 1-7 是国家标准规定的一次弯曲冲击试样的尺寸及加工要求。

摆锤一次冲击试验

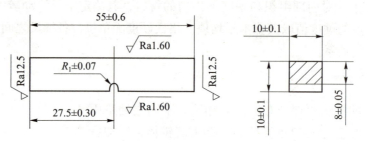

图 1-6　夏比 U 形缺口试样

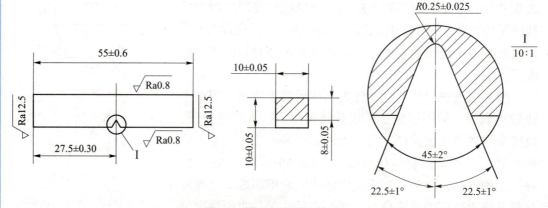

图 1-7　夏比 V 形缺口试样

试验时，将试样放在试验机两支座上，如图 1-8 所示。将重量为 G 的摆锤升至一定高度 H_1，如图 1-9 所示，使它获得位能为 $G·H_1$；再将摆锤释放，使其刀口冲向图 1-8 箭头所指试样缺口的背面；冲断试样后摆锤在另一边的高度为 H_2，相应位能为 $G·H_2$，冲断试样前后的能量差即为摆锤冲断试样所消耗的功，或是试样变形和断裂所吸收的能量，称为冲击吸收功 A_k，即 $A_k = G·H_1 - G·H_2$，单位为 J。试验时，冲击功的数值可从冲击试验机的刻度标盘上直接读出。冲击吸收功除以试样缺口底部处横截面积 F 获得冲击韧性值 a_k，即 $a_k = A_k/F$，单位为 J/cm²。

实践表明，冲击韧性对材料的一些缺陷很敏感，能够灵敏地反映出材料品质、宏观缺陷和显微组织方面的微小变化，因而是生产上用来检验冶炼、热加工得到的半成品和成品质量的有效方法之一。

材料的 $α_k$ 值越大，韧性就越好；材料的 $α_k$ 值越小，材料的脆性越大。研究表明，材料的 $α_k$ 值随试验温度的降低而降低。当温度降至某一数值或范围时，$α_k$ 值会急剧下降，材料则由韧性状态转变为脆性状态，这种转变称为冷脆转变，相应温度称为冷脆转变温度。材料的冷脆转变温度越低，说明其低温冲击性能越好，允许使用的温度范围越大。因此寒冷地区的桥梁、车辆等机件用材料，必须作低温（一般为 -40 ℃）冲击弯曲试验，以防止低温脆性断裂。

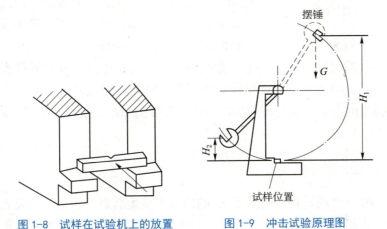

图 1-8　试样在试验机上的放置　　图 1-9　冲击试验原理图

六、疲劳

（一）疲劳的概念

许多机械零件（齿轮、轴、弹簧）是在重复或交变载荷下工作的。所谓交变载荷，是指大小或方向随时间而变化的载荷。在交变载荷作用下，即使零件所承受的应力远低于其屈服强度，但长时间后也会产生裂纹或突然断裂，这种现象称为材料的疲劳。疲劳断裂一般突然发生，难以觉察，危险性大。机械零件的失效，80%以上属于疲劳断裂。

疲劳断裂的过程是一个损伤积累的过程。起初，在零件的表面，有时在零件的内部存在一些薄弱环节（如微裂纹），随着循环次数的增加，裂纹沿零件的某一截面向深处扩展，至某一时刻剩余截面承受不了所受的应力，便会突然断裂。即零件的疲劳断裂过程可分为裂纹产生、裂纹扩展和瞬间断裂三个阶段。

（二）疲劳强度

在测定材料的疲劳强度时要用较多的试样，在不同循环应力作用下进行试验，做

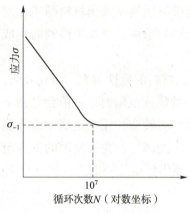

图 1-10 疲劳曲线示意图

纯弯曲疲劳试验

出疲劳曲线（材料所受交变应力与其断裂前的应力循环次数的关系曲线），如图 1-10 所示。

由曲线可以看出，应力值越低，断裂前的循环次数越多；当应力降低到某一值后，曲线近乎水平直线，这表示当应力低于此值时，材料可经受无数次应力循环而不断裂。我们把试样承受无数次应力循环或达到规定的循环次数才断裂的最大应力作为材料的疲劳强度。在疲劳强度的试验中，不可能把循环次数作到无穷大，而是规定一定的循环次数作为基数，超过这个基数就认为不再发生疲劳断裂。常用钢材的循环基数为 10^7，有色金属和某些超高强度钢的循环基数为 10^8。影响疲劳强度的因素很多。除设计时在结构上注意减小零件应力集中外，改善零件表面粗糙度和进行热处理（如高频淬火、表面形变强化、化学热处理以及各种表面复合强化等）也是提高疲劳强度的方法。钢的疲劳强度为抗拉强度的 40%~50%，有色金属的疲劳强度为抗拉强度 25%~50%。

七、断裂韧性

工程上有时会出现材料在远低于 R_{el} 的情况下发生断裂的现象。研究表明，这是材料中存在微小裂纹并扩展所致。这种在低于材料屈服强度时发生的脆性断裂称为低应力脆断。

材料中存在缺陷是绝对的，常见的缺陷是裂纹。裂纹可能是由原材料生产过程中的冶金缺陷（气孔、缩孔、缩松、非金属夹杂物等）在使用过程中发展来的，也可能是加工过程中产生的，或在使用过程中产生的等。在应力作用下，裂纹将发生扩展，一旦扩展失稳，便会发生低应力脆性断裂。材料抵抗内部裂纹失稳扩展的能力称为断裂韧性。

材料中存在裂纹时，在裂纹尖端就会产生应力集中，从而形成裂纹尖端应力场，按断裂力学分析，应力场的大小可用应力强度因子 K_I 来描述，其单位为 $MPa \cdot m^{1/2}$，脚标 I 表示 I 型裂纹强度因子。K_I 值的大小取决于裂纹尺寸（$2a$）和外加应力场 σ，它们之间的关系由下式表示：

$$K_I = Y\sigma\sqrt{a}$$

式中：Y——与裂纹形状、加载方式和试样几何尺寸有关的无量纲系数；

σ——外加应力场，MPa；

a——裂纹长度的一半，mm。

由公式可见，K_I 随 σ 和 a 的增大而增大，故应力场的应力值也随之增大，造成裂纹自动扩展。当 K_I 达到某一临界值时，裂纹尖端附加的内应力达到材料的断裂强度，裂纹将发生突然的失稳扩展，导致构件脆断。这时所对应的应力场强度因子 K_I 就称为材料的断裂韧度，用 K_{IC} 表示。它表示材料抵抗裂纹失稳扩展（即抵抗脆性断裂）的能力。

断裂韧度是材料固有的力学性能指标，是强度和韧性的综合体现。它与裂纹的大小、形状、外加应力等元素有关，主要取决于材料的成分、内部组织和结构。常见工程材料的断裂韧度值参见表 1–3。

表 1–3　常见工程材料的断裂韧度值　　　　　　　　　　$MPa \cdot m^{1/2}$

材料		K_{IC}	材料		K_{IC}
金属材料	塑性纯金属	100~350	高分子材料	聚苯乙烯	2
	低碳钢	140		尼龙	3
	高强度钢	50~150		聚碳酸酯	1.0~2.6
	铝合金	23~45		聚丙烯	3
	铸铁	6~20		环氧树脂	0.3~0.5
复合材料	玻璃纤维（环氧树脂基体）	42~60	陶瓷材料	Co/WC（金属陶瓷）	14~16
	碳纤维增强聚合物	32~45		SiC	3
	普通木材（横向）	11~13		苏打玻璃	0.7~0.8

学习任务二　认知金属材料的物理性能和化学性能

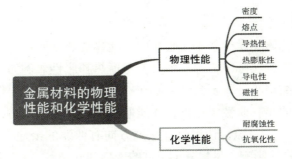

物理、化学性能虽然不是结构件设计的主要参数，但在某些特定情况下却是必须加以考虑的因素。

一、物理性能

工程材料的物理性能包括密度、熔点、导热性、热膨胀性、导电性和磁性等，各种机械零件由于用途不同，对材料的物理性能要求也有所不同。

（一）密度

材料单位体积所具有的质量称为密度。抗拉强度与密度之比称为比强度。密度是工程材料特性之一，工程上通常用密度来计算零件毛坯的质量。材料的密度直接关系到由它所制成的零件或构件的质量或紧凑程度，这点对于要求减轻机件自重的航空和宇航工业制件具有特别重要的意义，例如飞机、火箭等。用密度小的铝合金制作的零件，比用钢材制造的同样的零件重量可减轻 1/4~1/3。

（二）熔点

材料由固态转变为液态时的熔化温度称为熔点。金属都有固定的熔点，而合金的熔点取决于成分，例如，钢是铁和碳组成的合金，含碳量不同，熔点也不同。根据熔点的不同，金属材料又分为低熔点金属和高熔点金属。熔点高的金属称为难熔金属（如 W、Mo、V 等），可用来制造耐高温零件，例如，喷气发动机的燃烧室需用高熔点合金来制造。熔点低的金属（Sn、Pb 等），可用来制造印刷铅字和电路上的熔丝等。对于热加工材料，熔点是制定热加工工艺的重要依据之一，例如，铸铁和铸铝熔点不同，它们的熔炼工艺有较大区别。

（三）导热性

材料传导热量的能力为导热性。导热性是工程上选择保温或热交换材料的重要依据之一，也是确定机件热处理保温时间的一个参数，如果热处理件所用材料的导热性差则在加热或冷却时，表面与心部会产生较大的温差，造成不同程度的膨胀或收缩，导致机件破裂。一般来说，金属材料的导热性远高于非金属材料，而合金的导热性比纯金属差。例如，合金钢的导热性较差，当其进行锻造或热处理时，加热速度应慢一些，否则会形成较大的内应力而产生裂纹。

（四）热膨胀性

材料随温度变化体积发生膨胀或收缩的特性称为热膨胀性。一般材料都具有热胀和冷缩的特点。在工程实际中，许多场合要考虑热膨胀性。例如，相互配合的柴油机活塞和缸套之间间隙很小，既要允许活塞在缸套内往复运动又要保证气密性，这就要求活塞与缸套材料的热膨胀性要相近，才能避免二者卡住或漏气；铺设铁轨时，两根钢轨衔接处应留有一定空隙，让钢轨在长度方向有伸缩的余地；制定热加工工艺时，应考虑材料的热膨胀性影响，尽量减小工件的变形和开裂等。

（五）导电性

材料的导电性常用电阻率表示，电阻率表示单位长度、单位面积导体的电阻，其

单位为 Ω·m。电阻率越低，材料的导电性越好。金属通常具有较好的导电性，其中最好的是银，铜和铝次之。金属具有正的电阻温度系数，即随温度升高，电阻增大。含有杂质或受到冷变形会使金属的电阻上升。

（六）磁性

材料在磁场中能被磁化或导磁的能力称为导磁性或磁性，金属材料可分为铁磁性材料、抗磁性材料和顺磁性材料。铁磁性材料（如铁、钴等）在外磁场中能强烈地被磁化，可用于制造变压器、电动机、测量仪表等；抗磁性材料（如铜、锌等）能抗拒或削弱外磁场对材料本身的磁化作用，可用于要求避免电磁场干扰的零件和结构材料，如航海罗盘等；顺磁性材料（如锰、铬等）在外磁场中只能微弱地被磁化，多用于磁量子放大器和光量子放大器，在工业上应用极少。

二、化学性能

金属及合金的化学性能主要指它们在室温或高温时抵抗各种介质的化学侵蚀能力，主要有耐腐蚀性、抗氧化性。

（一）耐腐蚀性

腐蚀是材料在外部介质作用下发生失效现象的主要原因。材料抵抗各种介质腐蚀破坏的能力称为耐腐蚀性。一般来说，非金属材料的耐腐蚀性要高于金属材料。在金属材料中，碳钢、铸铁的耐腐蚀性较差，而不锈钢、铝合金、铜合金、钛及其合金的耐腐蚀性较好。

（二）抗氧化性

材料抵抗高温氧化的能力称为抗氧化性。抗氧化的金属材料常在表面形成一层致密的保护性氧化膜，阻碍氧的进一步扩散，这类材料的氧化随时间的变化一般遵循抛物线规律，而形成多孔疏松或挥发性氧化物材料的氧化则遵循直线规律。

耐腐蚀性和抗氧化性统称为材料的化学稳定性。高温下的化学稳定性称为热化学稳定性。在高温下工作的热能设备（锅炉、汽轮机、喷气发动机等）上的零件应选择热稳定性好的材料制造；在海水、酸、碱等腐蚀环境中工作的零件，必须采用化学稳定性良好的材料，例如，化工设备通常采用不锈钢来制造。

学习任务三　认知金属材料的工艺性能

知识导图

学习笔记

工艺性能是指材料适应加工工艺要求的能力。按加工方法的不同，可分为铸造性、锻造性、焊接性、切削加工性及热处理工艺性能等。在设计零件和选择工艺方法时，都要考虑材料的工艺性能，以降低成本，获得质量优良的零件。

一、铸造性

铸造性是指浇注铸件时，材料能充满比较复杂的铸型并获得优质铸件的能力。

对金属材料而言，评价铸造性能好坏的主要指标有流动性、收缩率、偏析倾向等。流动性好、收缩率小、偏析倾向小的材料铸造性也好。一般来说，共晶成分的合金铸造性好。

二、锻造性

锻造性是指材料是否易于进行压力加工的性能。锻造性好坏主要以材料的塑性和变形抗力来衡量。

三、焊接性

焊接性是指材料是否易于焊接在一起并能保证焊缝质量的性能，一般用焊接处出现各种缺陷的倾向来衡量。

低碳钢具有优良的焊接性，而铸铁和铝合金的焊接性就很差。

四、切削加工性

切削加工性是指材料是否易于切削加工的性能。它与材料种类、成分、硬度、韧性、导热性及内部组织状态等许多因素有关。有利于切削的材料硬度为 160~230 HB。切削加工性好的材料，切削容易，刀具磨损小，加工表面光洁。

课后习题

一、选择题

1. 在设计拖拉机缸盖螺钉时应考虑哪种强度指标？（　　）
   A. 抗拉强度　　　B. 屈服强度　　　C. 规定非比例延伸强度
2. 在做疲劳试验时，试样承受的载荷类型为（　　）。
   A. 静载荷　　　B. 冲击载荷　　　C. 交变载荷
3. 洛氏硬度标尺 HRC 使用的压头是（　　）。
   A. 淬火钢球　　　B. 硬质合金球　　　C. 金刚石锥体

二、简答题

1. 什么是材料的力学性能，力学性能主要包括哪些指标？
2. 什么是强度？什么是塑性？衡量这两种性能的指标有哪些？各用什么符号表示？
3. 什么是硬度，HBW、HRC 各代表用什么方法测出的硬度？各种硬度测试方法的特点有何不同？
4. 什么是疲劳现象？什么是疲劳强度？
5. 什么是材料的工艺性能？包括哪几种？
6. 某钢材的抗拉强度为 538 MPa，用其制成直径为 10 mm 的钢棒，在拉伸断裂时直径变为 8 mm，请问此钢棒能承受的最大载荷是多少？断面收缩率是多少？

学习情境二　金属的晶体结构和结晶

情境导入

石墨烯是一种以 sp^2 杂化连接的碳原子紧密堆积成单层二维蜂窝状晶格结构的新材料，具有优异的光学、电学、力学特性，由英国曼彻斯特大学物理学家安德烈·盖姆和康斯坦丁·诺沃肖洛夫首先发现，二人因此获得诺贝尔物理学奖。石墨烯一层层叠起来就是石墨，厚 1 mm 的石墨大约包含 300 万层石墨烯。

情境解析

石墨烯与石墨、金刚石、碳 60、碳纳米管等都是碳元素的单质，但性能上差别显著，其原因在于碳原子的排列方式不同。

学习目标

序号	学习内容	知识目标	技能目标	创新目标
1	金属晶体结构的基本概念	√		
2	常见金属的晶格类型	√	√	
3	金属的晶体缺陷类型及对性能的影响	√	√	√

续表

序号	学习内容	知识目标	技能目标	创新目标
4	金属结晶过程	√		
5	细化晶粒的意义及方法	√	√	√
6	铁的同素异构转变	√	√	
7	金属的铸锭组织	√	√	

学习流程

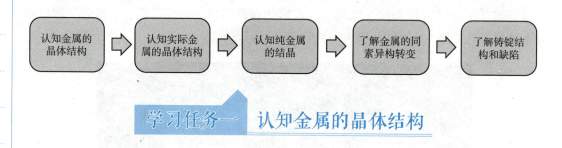

学习任务一　认知金属的晶体结构

知识导图

一切物质都是由原子组成的,根据原子在物质内部排列的特征,固态物质可分为晶体与非晶体两类。晶体内部原子在空间呈一定的有规则排列,具有固定熔点和各向异性的特征。非晶体内部原子是无规则堆积在一起的,没有固定熔点,并具有各向同性特征。在自然界中,除少数物质(如普通玻璃、松香、石蜡等)是非晶体外,绝大多数固态无机物都是晶体。

一、晶体结构的基本概念

晶体结构就是晶体内部原子排列的方式及特征。只有研究金属的晶体结构,才能从本质上说明金属性能的差异及变化的实质。

晶体结构模型

(一)晶格

如果把组成晶体的原子(或离子、分子)看作刚性球体,那么晶

体心立方结构模型

体就是由这些刚性球体按一定规律周期性地堆垛而成的,如图 2-1(a)所示。不同晶体的堆垛规律不同。为研究方便,假设将刚性球体视为处于球心的点,称为节点。由节点所形成的空间点的阵列称为空间点阵。用假想的直线将这些节点连接起来所形成的三维空间格架称为晶格,如图 2-1(b)所示。晶格直观地显示了晶体中原子(或离子、分子)的排列规律。

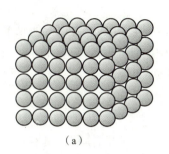
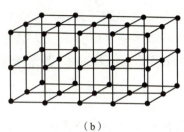
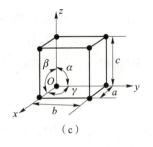

图 2-1 简单立方晶体示意图

(二)晶胞

从微观上看,晶体是无限大的。为便于研究,常从晶格中选取一个能代表晶体原子排列规律的最小的几何单元来进行分析,这个最小的几何单元称为晶胞,如图 2-1(c)所示。晶胞在三维空间中重复排列便可构成晶格和晶体。

晶胞的大小和形状以晶胞的棱边长度 a、b、c,以及棱边夹角 α、β、γ 表示,其中晶胞的棱边长度 a、b、c 一般称为晶格常数。

各种晶体由于其晶格类型与晶格常数不同,故呈现出不同的物理、化学及力学性能。

(三)致密度与配位数

晶胞中原子密度最大方向上相邻原子间距的一半称为原子半径,处于不同晶体结构中的同种原子的半径是不相同的。一个晶胞内所包含的原子数目称为晶胞原子数。晶胞中原子本身所占有的体积与晶胞体积之比称为致密度,晶体结构中与任一原子最近邻、等距离的原子数目称为配位数。致密度和配位数反映了原子排列的紧密程度。不同晶体结构的晶胞原子数、配位数和致密度均不相同,配位数越大的晶体致密度越高。

二、常见纯金属的晶格类型

在工业上使用的金属元素中,除了少数具有复杂的晶体结构外,绝大多数都具有比较简单的晶体结构,其中最常见最典型的晶体结构有体心立方结构、面心立方结构和密排六方结构三种类型。

（一）体心立方晶格

体心立方晶格的晶胞示意图如图2-2所示，晶胞的三个棱边长度相等，三个轴间夹角均为90°。在立方体的8个顶角上各有1个与相邻晶胞共有的原子，立方体中心还有1个原子。由于晶格常数相等，因此只用一个参数 a 表示即可。原子半径为体对角线（原子排列最密的方向）上原子间距的一半，即 $r=\dfrac{\sqrt{3}}{4}a$。

由于立方体顶角上的原子为8个晶胞所共有，而立方体中心的原子为该晶胞所独有，因而晶胞原子数为2（=8×1/8+1）。体心立方晶胞中的任一原子与8个原子接触且距离相等，因而体心立方晶格的配位数为8。其致密度为

$$k = n\dfrac{4}{3}\pi r^3/a^3 = 0.68$$

即在体心立方晶格中，有68%的体积为原子所占据，其余32%为间隙体积。具有体心立方结构的金属有 α-Fe、Cr、V、W、Mo、Nb 等多种。

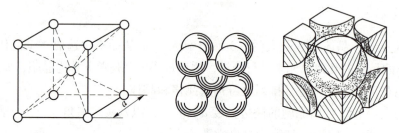

图2-2 体心立方晶格的晶胞示意图

（二）面心立方晶格

面心立方晶格的晶胞示意图如图2-3所示，在晶胞的8个角上各有1个原子，在立方体6个面的中心各有1个原子。与体心立方晶格一样，晶格常数也只用1个参数 a 表示即可。原子半径为面的对角线（原子排列最密的方向）上原子间距的一半，即 $r=\dfrac{\sqrt{2}}{4}a$。

由于立方体顶角上的原子为8个晶胞所共有，每个晶胞实际占有该原子的1/8，而位于6个面中心的原子为相邻的2个晶胞所共有，每个晶胞只分到面心原子的1/2，因而晶胞原子数为4（=8×1/8+6×1/2）。面心立方晶胞中的原子，与之最相邻的是它周围顶角上的4个原子，这5个原子构成了一个平面，这样的平面共有3个，所以与该原子最近邻等距离的原子共有12（=3×4）个，因而面心立方晶格的配位数为12。其致密度为

$$k = n\dfrac{4}{3}\pi r^3/a^3 = 0.74$$

属于这类晶格的金属有 γ-Fe、Al、Cu、Ni、Au、Ag、Pb 等。

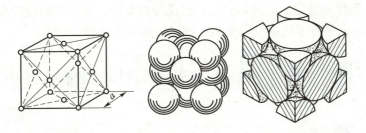

图 2-3　面心立方晶格的晶胞示意图

(三) 密排六方晶格

密排六方晶格的晶胞示意图如图 2-4 所示，是一个正六面棱柱体，在晶胞的 12 个角上各有 1 个原子，上底面和下底面中心各有 1 个原子，晶胞内还有 3 个原子，故晶胞中的原子数为 6（= 1/6×12 + 1/2×2 + 3）。密排六方晶格的晶格常数有两个：一个是正六边形底边长 a；另一个是上下两底面之间的距离 c，$c/a = 1.633$。

原子半径为底面边长的一半，即 $r = \dfrac{a}{2}$。密排六方晶格中每一个原子（以底面中心的原子为例）与 12 个原子（同底面上周围有 6 个，上下各有 3 个原子）接触且距离相等，因而配位数为 12。其致密度与面心立方晶格相同，为 0.74。属于这类晶格的金属有 Mg、Zn、Be、Cd 等。

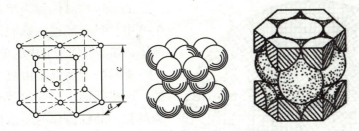

图 2-4　密排六方晶格的晶胞示意图

三、晶体的各向异性

晶体中各种方位上的原子面叫晶面；各种方向上的原子列叫晶向。由于晶体中不同晶面和晶向上的原子密度不同，因而便造成了它在不同方向上的性能差异，晶体的这种"各向异性"的特点是它区别于非晶体的重要标志之一。例如，体心立方的 Fe 晶体，由于它在不同晶向上的原子密度不同，原子结合力不同，因而其弹性模量 E 便不同。许多晶体物质如石膏、云母、方解石等常沿一定的晶面易于破裂，具有一定的解理面，也都是这个道理。

晶体的各向异性不论在物理、化学还是力学性能方面，即不论在弹性模量、破断抗力、屈服强度，还是在电阻、导磁率、线胀系数，以及在酸中的溶解速度等许多方面都会表现出来，并在工业上得到了应用，指导生产，以获得优异性能的产品。如制作变压品的硅钢片，因它在不同的晶向的磁化能力不同，我们可通过特殊的轧制工艺，使其易磁化的晶向平行于轧制方向从而得到优异的导磁率等。

学习任务二　认知实际金属的晶体结构

知识导图

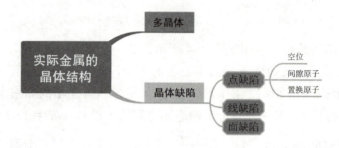

一、多晶体

以上在研究金属的晶体结构时，是把晶体看成由原子按一定几何规律作周期性排列而成，即晶体内部的晶格位向是完全一致的，这种晶体称为单晶体。在工业生产中，只有经过特殊制作才能获得单晶体，如半导体工业中的单晶硅。

实际的金属都是由很多小晶体组成的，这些外形不规则的颗粒状小晶体称为晶粒。晶粒内部的晶格位向是均匀一致的，晶粒与晶粒之间，晶格位向却彼此不同。每一个晶粒相当于一个单晶体。晶粒与晶粒之间的界面称为晶界。这种由许多晶粒组成的晶体称为多晶体，如图2-5所示。

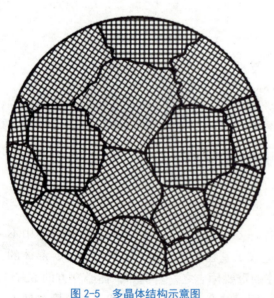

图2-5　多晶体结构示意图

多晶体的性能在各个方向基本是一致的，这是由于在多晶体中，虽然每个晶粒都是各向异性的，但它们的晶格位向彼此不同，晶体的性能在各个方向相互补充和抵消，再加上晶界的作用，因而表现出各向同性。这种各向同性被称为伪各向同性。

晶粒的尺寸很小，如钢铁材料的晶粒尺寸一般为 $10^{-3} \sim 10^{-1}$ mm，必须在显微镜下才能观察到。在显微镜下才能观察到的金属中晶粒的种类、大小、形态和分布称显微组织，简称组织。金属的组织对金属的力学性能有很大的影响。

每个晶粒内部，实际上也并不像理想单晶体那样位向完全一致，而是存在着许多尺寸更小、位向差也很小（一般是 10′~20′，最大到 2°）的小晶块。它们相互镶嵌成一颗晶粒，这些在晶格位向上彼此有微小差别的晶内小区域称为亚结构（或称亚晶粒）。因其组织尺寸较小，所以需在高倍显微镜或电子显微镜下才能观察到。

二、晶体缺陷

实际金属的晶体结构不像理想晶体那样规则和完整。由于各种因素的作用，晶体中不可避免地存在着许多不完整的部位，这些部位称为晶体缺陷。根据几何特征，可将晶体缺陷分为点缺陷、线缺陷和面缺陷三种类型。

在金属中偏离规则排列位置的原子数目很少，至多占原子总数的千分之一，所以实际金属材料的结构还是接近完整的。但是尽管数量少，这些晶体缺陷却对金属的塑性变形、强度、断裂等起着决定性作用，并且还在金属的固态相变、扩散等过程中起重要作用。

因此，晶体缺陷的分析研究具有重要理论和实际意义。

（一）点缺陷

点缺陷是指在三维尺度上都很小的，不超过几个原子直径的缺陷，亦称为零维缺陷。点缺陷主要有空位、间隙原子、置换原子三种，如图 2-6 所示。

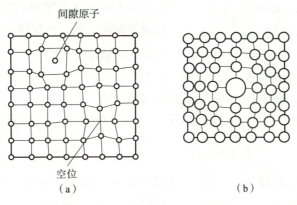

图 2-6　晶体中的点缺陷

1. 空位

晶格中某个原子脱离了平衡位置，形成空节点，称为空位。当晶格中的某些原子由于某种原因（如热振动等）脱离其晶格节点将产生此类点缺陷。这些点缺陷的存在会使其周围的晶格产生畸变。

2. 间隙原子

在晶格节点以外存在的原子，称为间隙原子。在金属的晶体结构中都存在着间隙，一些尺寸较小的原子容易进入晶格的间隙形成间隙原子。

3. 置换原子

杂质元素占据金属晶格的节点位置称为置换原子。当杂质原子的直径与金属原子的半径相当或较大时，容易形成置换原子。

点缺陷的存在，破坏了原子的平衡状态，使晶格发生扭曲（称为晶格畸变），从而引起性能变化，使金属的电阻率增加，强度、硬度升高，塑性、韧性下降。

（二）线缺陷

线缺陷是指晶体内沿某一条线附近原子的排列偏离了完整晶格所形成的线形缺陷区。其特征是：二维尺度很小，而第三维尺度很大，亦称为一维缺陷。位错就是一种最重要的线缺陷。位错在晶体的塑性变形、断裂、强度等一系列结构敏感性的问题中均起着主要的作用，位错理论是材料强化的重要理论。

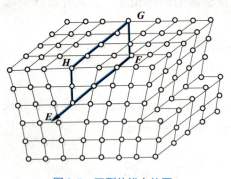

图2-7　刃型外错立体图

位错是在晶体中某处有一列或若干列原子发生了有规律的错排现象。这种错排现象是晶体内部局部滑移造成的，根据局部滑移的方式不同，可形成不同类型的位错，如图2-7所示为常见的一种刃型位错。由于该晶体的右上部分相对于右下部分局部滑移，结果在晶格的上半部中挤出了一层多余的原子面EFGH，好像在晶格中额外插入了半层原子面一样，该多余半原子面的边缘EF便是位错线。沿位错线的周围，晶格发生了畸变。

金属晶体中的位错很多，相互连接成网状分布。位错线的密度可用单位体积内位错线的总长度表示，通常在$10^4 \sim 10^{12} cm/cm^3$范围内。位错密度愈大，塑性变形抗力愈大，因此，目前通过塑性变形提高位错密度，是强化金属的有效途径之一。

（三）面缺陷

面缺陷是指二维尺度很大而第三维尺度很小的缺陷，亦称二维缺陷，包括晶界和亚晶界。如前所述，晶界是晶粒与晶粒之间的界面，由于晶界原子需要同时适应相邻两个晶粒的位向，就必须从一种晶粒位向逐步过渡到另一种晶粒位向，成为不同晶粒之间的过渡层，因而晶界上的原子多处于无规则状态或两种晶粒位向的折中位置上（如图2-8所示）。另外，晶粒内部也不是理想晶体，而是由位向差很小的称为嵌镶块的小块所组成的，称为亚晶粒，尺寸为$10^{-6} \sim 10^{-4} cm$。亚晶粒的交界称为亚晶界（如图2-9所示）。

面缺陷是晶体中不稳定区域，原子处于较高能量状态，它能提高材料的强度和塑性。细化晶粒，增大晶界总面积是强化晶体材料力学性能的有效手段。同时，它对晶体的性能及许多过程均有极重要的作用。

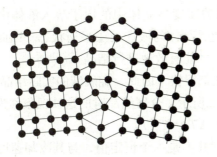
图 2-8　晶界示意图

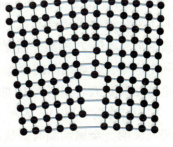
图 2-9　亚晶界示意图

晶体缺陷在晶体的塑性、强度、扩散以及其他的结构敏感性问题中起着主要的作用。近年来对晶体缺陷的理论和实验的研究，进展非常快。还需指出，上述缺陷都存在于晶体的周期性结构之中，它们都不能取消晶体的点阵结构。我们既要注意晶体点阵结构的特点，又要注意到其非完整性的一面，才能对晶体结构有一个比较全面的认识。

学习任务三　认知纯金属的结晶

知识导图

纯金属的结晶过程

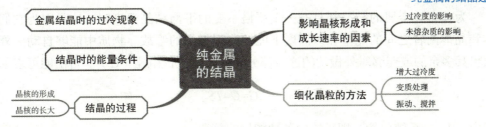

金属自液态经冷却转变为固态的过程是原子从排列不规则的液态转变为排列规则的晶态的过程，此过程称为金属的结晶过程。研究金属结晶过程的基本规律，对改善金属材料的组织和性能，具有重要的意义。

一、金属结晶时的过冷现象

纯金属的结晶过程可用热分析实验测绘的冷却曲线来描述，首先将坩埚中的纯金属熔化成液体，然后缓冷，观察并记录温度随时间变化的数据，将其绘制在温度－时间坐标中，便得到如图 2-10 所示的冷却曲线。由冷却曲线 1 可知，金属液缓慢冷却时，随着热量向外散失，温度不断下降，当温度降到 T_0 时开始结晶。由于结晶时放出的结晶潜热补偿了冷却时向外散失的热量，故冷却过程中温度不变，则冷却曲线上出现了一条水平线段，水平线段所对应的温度称为理论结晶温度（T_0）。当温度为理论结

晶温度 T_0 时，液体中的原子结晶为晶体的速度与晶体中的原子溶入液体中的速度相等。从宏观上看，这时既不结晶也不熔化，晶体与液体处于平衡状态。因此，只有当温度低于理论结晶温度 T_0 的某一温度时，才能有效地进行结晶。

在实际生产中，金属结晶的冷却速度都很快，因此，金属液的实际结晶温度 T_1 总是低于理论结晶温度 T_0，如图 2-10 曲线 2 所示。金属结晶时的这种现象称为过冷，两者温度之差称为过冷度，以 ΔT 表示，即 $\Delta T = T_0 - T_1$。

实验研究证明，金属结晶时的过冷度并不是一个恒定值，与其冷却速度有关。冷却速度越大，过冷度就越大，金属的实际结晶温度就越低。在实际生产中，金属都是在过冷情况下结晶的，过冷是金属结晶的必要条件。

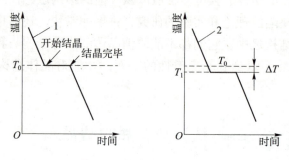

图 2-10　纯金属的冷却曲线

二、结晶时的能量条件

为什么纯金属的结晶都具有一个严格不变的平衡结晶温度呢？这是因为它们的液体和晶体两者之间的能量在该温度下能够达到平衡的缘故。物质中能够自动向外界释放出其多余的或能够对外做功的这一部分能量叫作"自由能（G）"。自由能可表示为

$$G = U - TS$$

式中：U——系统内能，即系统中各种能量的总和；

T——热力学温度；

S——熵（系统中表征原子排列混乱程度的参数）。

对于固态金属和液态金属，可将它们的自由能分别用 $G_{固}$（$G_{固} = U_{固} - TS_{固}$）和 $G_{液}$（$G_{液} = U_{液} - TS_{液}$）来表示。由于液体与晶体的结构不同，同一物质中它们在不同温度下的自由能变化是不同的，如图 2-11 所示，因此它们便会在一定的温度下出现一个平衡点，即理论结晶温度（T_0）。低于理论结晶温度时，由于液相的自由能（$G_{液}$）高于固

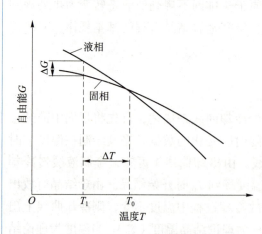

图 2-11　液体与晶体在不同温度下的自由能变化

相晶体的自由能（$G_{固}$），液相晶体的转变便会使能量降低，于是便发生结晶；高于理论结晶温度时，由于液相晶体的自由能（$G_{液}$）低于固相晶体的自由能（$G_{固}$），晶体将要熔化。换句话说，要使液体进行结晶，就必须使其温度低于理论结晶温度，造成液体与晶体间的自由能差（$\Delta G = G_{液} - G_{固} > 0$），即具有一定的结晶推动力才行。即过冷度是金属结晶的必要条件。

三、结晶的过程

金属的结晶都要经历晶核的形成和晶核的长大两个过程（如图 2-12 所示）。

（一）晶核的形成

液态金属中原子做不规则运动，随着温度的降低，原子活动能力减弱，原子的活动范围也随之缩小，相互之间逐渐接近。当液态金属的温度下降到接近 θ_1 时，某些原子按一定规律排列聚集，形成极细微的小集团。这些小集团很不稳定，遇到热流和振动就会消失。当低于理论结晶温度时，这些小集团的一部分就成为稳定的结晶核心，称为晶核，这种形核是自发形核。在实际金属溶液中总是存在某些未熔的杂质粒子，以这些粒子为核心形成晶核称为非自发形核。

（二）晶核的长大

晶核向液体中温度较低的方向发展长大，如同树枝的生长，先生长出主干再形成分枝，在长大的同时又有新晶核出现、长大，当相邻晶体彼此接触时，被迫停止长大，而只能向尚未凝固的液体部分伸展，直到全部结晶完毕，成为树枝状的晶体。金属结晶时先形成晶核，晶核长大后成为晶体的颗粒，简称晶粒。

柱状树枝晶生长录像

冷却速度越快，过冷度越大，晶核的数量越多，晶粒越细小，金属的力学性能越好。

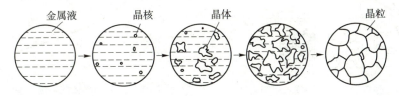

图 2-12　金属结晶过程示意图

四、影响晶核形成和成长速率的因素

影响晶核的形成率和成长率的最重要因素是结晶时的过冷度和液体中的不熔杂质。

（一）过冷度的影响

金属结晶时的冷却速度越大，其过冷度便越大，不同过冷度 ΔT 对晶核的形成率 N [晶核形成数目/($s \cdot mm^3$)] 和成长率 G (mm/s) 的影响如图 2-13 所示。过冷度等于零时，晶核的形成率和成长率均为零。随着过冷度的增加，晶核的形成率和成长率都增大，并各自在一定的过冷度时达到一最大值。而后当过冷度再进一步增大时，它们又逐渐减小,直到在很大过冷度的情况下,两者都先后各趋于零。过冷度对晶核的形成率和成长率的这些影响,主要是因为在结晶过程中有两个相反的因素同时在起作用。其中之一即如前所述的晶体与液体的自由能差(ΔG),它是晶核的形成和成长的推动力;另一相反因素便是液体中原子迁移能力或扩散系数(D),这是形成晶核及其成长的必需条件,因为如果原子的扩散系数太小,晶核的形成和成长同样也是难以进行的。如图2-14所示,随着过冷度的增加,晶体与液体的自由能差便越大,而液体中的原子扩散系数却迅速减小。这两种随过冷度不同而作相反变化的因素的综合作用,使晶核的形成率和成长率与过冷度的关系上出现一个极大值。在过冷度较小时,虽然原子的扩散系数较大,但因为作为结晶推动力的自由能差较小,所以晶核的形成率和成长率都较小;在过冷度较大时,虽然作为结晶推动力的自由能差很大,但由于原子的扩散在此情况下相当困难,故也难使晶核形成和成长;而只有两种因素在中等过冷情况下都不存在明显不利的影响时,晶核的形成率和成长率才会达到最大值。

在图2-13中,我们还从晶核的形成率与成长率之间的相对关系示意地表达出了几种不同过冷度下所得到的晶粒度的对比,从中可以得到一个十分重要的结论,即在一般工业条件下(图中曲线的前半部实线部分),结晶时的冷却速度越大或过冷度越大时,金属的晶粒度便越细。

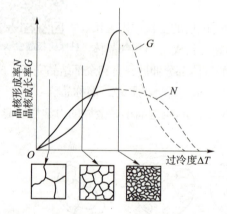

图2-13 晶核的形成率和成长率与过冷度的关系

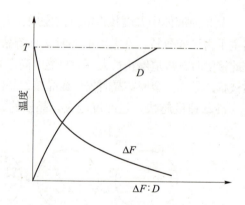

图2-14 液体与晶体的自由能差(ΔF)和扩散系数(D)与过冷度(ΔT)的关系

图2-13中曲线的后半部分,因为在工业实际中金属的结晶一般达不到这样的过冷度,故用虚线表示,但近年来通过对金属液滴施以每秒上万摄氏度的高速冷却发现,在高度过冷的情况下,其晶核的形成率和成长率却能再度减小为零,此时金属将不再通过结晶的方式发生凝固,而是形成非晶质的固态金属。

(二)未熔杂质的影响

任何金属中总不免含有或多或少的杂质,有的可与金属一起熔化,有的则不能,而是以未熔的固体质点悬浮于金属液体中。这些未熔的杂质,当其晶体结构在某种程度上与金属相近时,常可显著地加速晶核的形成,使金属的晶粒细化。因为当液体中有这种未熔杂质存在时，金属可以沿着这些现成的固体质点表面产生晶核，减小它暴露于液体中的表面积，使表面能降低，其作用甚至会远大于加速冷却增大过冷度的影响。

在金属结晶时向液态金属中加入某种难熔杂质来有效地细化金属的晶粒，以达到提高其力学性能的目的，这种细化晶粒的方法叫作"变质处理"，所加入的难熔杂质叫"变质剂"或"人工晶核"。

五、细化晶粒的方法

由于晶粒的细化对提高金属材料的性能有重要影响，工程上常采用以下几种方法控制晶粒的大小。

晶体大小与力学性能的关系及细化晶粒

（一）增大过冷度

由以上讨论可知过冷度越大，晶粒越细小。所以，在铸造生产中，采用金属型或石墨型代替砂型，以提高冷却速度；也可采用降低浇注温度、慢浇注等方法。

（二）变质处理

增加过冷度的方法只适用于小型或薄壁铸件，对于较大壁厚的铸件就不适用。因为当铸件断面较大时，只是表层冷得快，而心部冷得慢，因此无法使整个铸件体积内都获得细小而均匀的晶粒。为此，工业上常采用变质处理的方法，即向液态金属中加入大量变质剂，促进形成大量非自发晶核来细化晶粒。

（三）振动、搅拌

对即将凝固的金属进行振动或搅拌，一方面是依靠从外界输入能量促使晶核提前形成，另一方面使成长中的枝晶破碎，增加晶核数目。常用的振动方法有机械振动、超声振动、电磁搅拌等。

学习任务四　了解金属的同素异构转变

多数固态纯金属的晶格类型不会改变，但有些金属的晶格会因温度的改变而发生变化，如通常所说的锡疫，即为四方结构的白锡在13 ℃下转变为金刚石立方结构的

灰锡。

固态金属在不同温度区间具有不同晶格类型的性质，称为同素异构性。材料在固态下改变晶格类型的过程称为同素异构转变。同素异构转变也遵循形核、长大的规律，但它是一个固态下的相变过程，即固态相变。在金属中，除锡之外，铁、锰、钴、钛等也都存在同素异构转变。

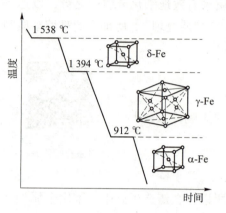

图2-15　纯铁的同素异构转变

一、纯铁的同素异构转变

铁在结晶后继续冷却至室温的过程中，将发生两次晶格转变，其转变过程如图2-15所示。铁在1 394 ℃以上时具有体心立方晶格，称为δ-Fe；冷却至1 394~912 ℃，转变为面心立方晶格，称为γ-Fe；继续冷却至912 ℃以下又转变为体心立方晶格，称为α-Fe。

由于面心立方晶格比体心立方晶格排列紧密，所以由γ-Fe转变为同质量的α-Fe时，体积要膨胀而引起内应力，这是钢在淬火时变形开裂的原因之一。

二、固态转变的特点

固态转变又称二次结晶或重结晶，它与结晶的特点不同。

（1）发生固态转变时，形核一般在某些特定部位发生，如晶界、晶内缺陷、特定晶面等。因为这些部位或与新相结构相近，或原子扩散容易。

（2）由于固态下扩散困难，因此固态转变的过冷倾向大。固态相变组织通常要比结晶组织细。

（3）固态转变往往伴随着体积变化，因而易产生很大的内应力，使材料发生变形或开裂。

了解铸锭结构和缺陷

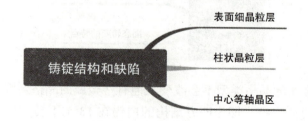

铸锭的结晶是大体积液态金属的结晶，虽然其结晶还是遵循了上述的基本规律，但其结晶过程还将受到其他各种因素（如金属纯度、熔化温度、浇注温度、冷却条件等）的影响。图 2-16 为铸锭剖面组织示意图，其组织是由如下三层不同的晶粒组成的。

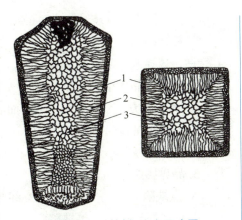

图 2-16 铸锭剖面组织示意图
1—表面细晶层；2—柱状晶粒层；3—中心等轴晶区

一、表面细晶粒层

表层细晶粒的形成主要是因为钢液刚浇入铸模时，由于模壁温度较低，表层金属遭到剧烈的冷却，造成了较大的过冷所致，此外，模壁的人工晶核作用也是这层晶粒细化的原因之一。

二、柱状晶粒层

柱状晶粒的形成主要受铸锭模壁散热的影响。在表面细晶粒形成后，随着模壁温度的升高，剩余液态金属的冷却逐渐减慢，并且由于结晶潜热的释放，细晶区前沿液体的过冷度减小，晶核的形核率不如生长速率大，各晶粒便可得到较快的成长，而此时凡枝干垂直于模壁的晶粒，不仅因其沿着枝干向模壁传热比较有利，而且它们的成长也不至因相互抵触而受限制，所以只有这些晶粒才能优先得到成长，从而形成柱状晶粒。

三、中心等轴晶区

随着柱状晶粒成长到一定程度，通过已结晶的柱状晶层和模壁向外散热的速度越来越慢，在铸锭中心部的剩余液体温差也越来越小，散热方向性已不明显，而趋于均匀冷却的状态；同时由于种种原因如液体金属的流动可能将一些未熔杂质推至铸锭中心，或将柱状晶的枝晶分枝冲断，飘移到铸锭中心，它们都可以成为剩余液体的晶核，这些晶核由于在不同方向上的成长速度相同，因此形成较粗大的等轴晶区。

由上述可知，铸锭组织是不均匀的。从表层到心部依次由细小的等轴晶粒、柱状晶粒和粗大的等轴晶粒所组成。改变凝固条件可以改变这三层晶区的相对大小和晶粒的粗细，甚至获得只有两层或单独一个晶区所组成的铸锭。

在铸锭中一般不希望得到柱状晶组织，因为其塑性较差，而且柱状晶平行排列呈现各向异性，在锻造或轧制时容易发生开裂，尤其在柱状晶层的前沿及柱状晶彼此相遇处，当存在低熔点杂质而形成一个明显的脆弱界面时，更容易发生开裂，所以生产上经常采用振动浇注或变质处理等方法来抑制结晶时柱状晶粒层的扩展。但对于某些铸件如涡轮叶片，则常采用定向凝固法有意使整个叶片由同一方向、平行排列的柱状晶构成。对于塑性极好的有色金属希望得到柱状晶组织，因为这种组织较致密，对力学性能有利，而在压力加工时，由于这些金属本身具有良好的塑性，并不至于发生开裂。

在金属铸锭中，除组织不均匀外，还经常存在有各种铸造缺陷，如缩孔、疏松、气孔及偏析等。

一、选择题

1. 纯铜的晶体结构类型为（　　）。
   A. 体心立方　　　　　B. 面心立方　　　　　C. 密排六方
2. α-Fe 的晶体结构类型为（　　）。
   A. 体心立方　　　　　B. 面心立方　　　　　C. 密排六方
3. 晶界属于（　　）缺陷。
   A. 点缺陷　　　　　　B. 线缺陷　　　　　　C. 面缺陷
4. 位错属于（　　）缺陷。
   A. 点缺陷　　　　　　B. 线缺陷　　　　　　C. 面缺陷
5. 金属结晶时，冷却速度越快，其实际结晶温度（　　）。
   A. 越高　　　　　　　B. 越低　　　　　　　C. 越接近理论结晶温度

二、名词解释

晶体结构　晶胞　晶格常数　致密度　结晶　晶体缺陷　同素异构转变

三、简答题

1. 简述常见的金属晶体结构类型，绘出其晶胞图，说明其主要特征。
2. 请计算面心立方晶格的原子半径和致密度（晶格常数为 a）。
3. 有哪些常见的晶体缺陷？简述晶体缺陷对材料力学性能的影响。
4. 什么叫过冷度？过冷度与冷却速度有何关系？为什么金属结晶时必须过冷？
5. 简述影响晶核的形成和成长速率的因素。
6. 铸锭组织中有哪几个区？其形成原因分别是什么？

学习情境三　合金的结构和相图

情境导入

汽车轮毂是汽车零部件的一个重要组成部分，市场上的轮毂按照材质可以分为钢轮毂和合金轮毂。与钢质汽车轮毂相比，铝合金轮毂的优点比较明显：密度小、热导率高、时尚美观。

铝合金轮毂

情境解析

纯金属在生活和生产中的应用十分广泛。主要的应用都是利用了纯金属的导电性、导热性、化学稳定性等性能。但由于纯金属种类有限，而且几乎所有的纯金属的强度、硬度、耐磨性等力学、物理性能都比较差,并不能满足人们对材料多样性的需要。通过合金化过程,可以显著地改变金属材料的结构、组织和性能,从而极大地提高金属材料的力学、物理性能,同时其电、磁、耐蚀性等物理、化学性能也得到了保持或提高。因此,同纯金属相比,合金的应用更为广泛。

由两种或两种以上的金属元素或金属元素和非金属元素组成的具有金属特性的物质称为合金。

学习目标

序号	学习内容	知识目标	技能目标	创新目标
1	有关合金的一些基本概念	√		
2	相图的基本概念及分析方法	√	√	
3	铁碳合金相图	√	√	√

学习流程

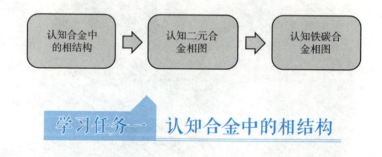

学习任务一 认知合金中的相结构

知识导图

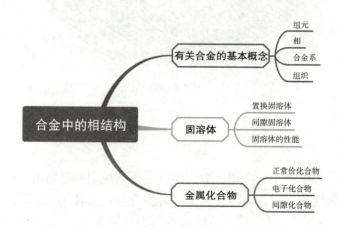

一、有关合金的基本概念

1. 组元

组成合金最基本的、独立的物质称为组元，或简称为元。一般来说，组元就是组成合金的元素，但也可以是稳定的化合物。例如，黄铜的组元是铜和锌，碳钢的组元是铁和金属化合物 Fe_3C。由两个组元组成的合金称为二元合金，由三个组元组成的合金称为三元合金。

2. 相

固态合金中的相是合金组织的基本组成部分，它具有一定的晶体结构和性质，具有均匀的化学成分。合金的组织可以由一种或多种相组成，相与相之间由界面隔开，越过界面，结构与性质都会发生突变。例如，铁碳合金在固态下有铁素体、奥氏体和渗碳体等基本相。

3. 合金系

由给定的组元可以配制成一系列成分不同的合金，这些合金组成一个合金系统，称为合金系。

4. 组织

在金属学中，组织是指用肉眼或借助各种不同放大倍数的显微镜所观察到的金属材料内部的情景，包括晶粒的大小、形状、种类以及各种晶粒之间的相对数量和相对分布。习惯上用放大几十倍的放大镜或用肉眼所观察到的组织，称为低倍组织或宏观组织；用放大 100~2 000 倍的光学显微镜所观察到的组织，称为显微组织；用放大几千倍到几十万倍的电子显微镜观察到的组织，称为电镜组织或精细组织。

合金的性质取决于它的组织，而组织的性质又取决于其组成相的性质。因此，由不同相组成的组织，具有不同的性质。为了了解合金的组织与性能，有必要先了解合金的固态相结构及其性质。

在液态下，大多数合金的组元均能相互溶解，成为均匀的液体，因而只有液相。在凝固以后，由于各组元的晶体结构、原子结构等不同，各组元之间的相互作用也不同，因此在固态合金中就可能出现不同的相结构。

固态合金中的相，按其晶格结构的基本属性来分，可以分为固溶体和化合物两大类。

二、固溶体

合金在固态时，组元之间相互溶解，形成在某一组元晶格中包含有其他组元原子的新相，这种新相称为固溶体。保持原有晶格的组元称为溶剂，而其他组元称为溶质。一般来说溶质的含量比溶剂的含量要少，其晶格可能消失。

在一定的温度和压力下，溶质在固溶体中的极限浓度称为溶解度。溶解度一般与温度和压力有关。根据溶质原子在溶剂晶格中所占位置的不同，固溶体可以分为置换固溶体和间隙固溶体。

1. 置换固溶体

当溶质原子代替了一部分溶剂原子而占据溶剂晶格的某些结点位置时，所形成的固溶体称为置换固溶体，如图3-1所示。按照溶质原子在溶剂中的溶解度是否有限制，置换固溶体可以分为有限固溶体和无限固溶体。当溶质原子和溶剂原子直径差别不大时，易形成置换固溶体。当两者直径差别增大时，则溶质原子在溶剂晶格中的溶解度减小。如果溶质原子和溶剂原子直径差别很小，两个元素在周期表中位置又靠近，且两者晶格类型又相同，则这两个组元往往能互相无限溶解，即可以任何比例形成置换固溶体，这种固溶体称为无限固溶体。如铁和铬形成具有体心立方晶格的无限固溶体，铁和镍形成具有面心立方晶格的无限固溶体。反之，则溶质在溶剂中的溶解度是有限的，这种固溶体称为有限固溶体。如铜和锌、铜和锡都形成有限固溶体。

2. 间隙固溶体

若溶质原子分布于溶剂晶格各节点之间的空隙中，所形成的固溶体称为间隙固溶体，如图3-2所示。

由于溶剂晶格的空隙有限，通常只有当溶质原子直径与溶剂原子直径之比小于0.59时，才能形成间隙固溶体，因此形成间隙固溶体的溶质原子都是原子直径较小的非金属元素，如氢、氧、氮、硼、碳等，如碳钢中的铁素体和奥氏体就是碳原子溶入α-Fe和γ-Fe中所形成的两种间隙固溶体。

由于溶剂晶格中的间隙是有限的，故间隙固溶体只能形成有限固溶体，且间隙固溶体的溶解度一般都不大。

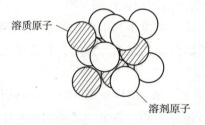

图3-1 置换固溶体晶格结构示意图

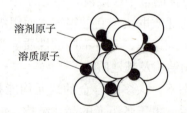

图3-2 间隙固溶体晶格结构示意图

3. 固溶体的性能

一般来说，固溶体的强度、硬度总比组成它的纯金属的平均值高，随着固溶度的增加，强度、硬度也随之提高。固溶体的塑性韧性，如伸长率、断面收缩率和冲击韧度等比组成它的纯金属的平均值稍低，但比一般化合物高得多。因此，固溶体比纯金属和化合物具有较为优越的综合力学性能。各种金属材料大都是以固溶体作为基体的。

在物理性能方面，随着溶质原子浓度的增加，固溶体的电阻率升高，因此工业上应用的精密电阻和电热材料等，都广泛应用固溶体合金。

通过溶入溶质原子形成固溶体而使金属的强度、硬度升高的现象称为固溶强化。造成固溶强化的原因，一是由于溶质原子周围引起晶格畸变（如图 3-3 所示），形成了晶格畸变应力场，该应力场和位错应力场产生交互作用，使位错运动受阻；二是溶质原子会聚集于刃型位错附近，形成"柯垂尔"气团，对位错起钉扎作用。

通常，形成间隙固溶体的晶格畸变比置换固溶体大，因此，间隙固溶体的强化效果大于置换固溶体。

实践证明，适当控制固溶体中的溶质含量，可以在显著提高金属材料的强度、硬度的同时，使其仍然保持相当好的塑性和韧性。不过，通过单纯的固溶强化所达到的最高强度仍然有限，常常不能满足人们的要求，因而还需在固溶强化的基础上再进行其他强化处理。

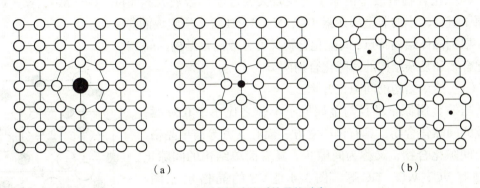

图 3-3　形成固溶体时的晶格畸变
（a）置换固溶体（b）间隙固溶体

三、金属化合物

金属化合物是指合金组元间按一定比例发生相互作用而形成的一种新相，又称中间相，其晶格类型及性能均不同于任何一组元，一般可用分子式大致表示其组成。在金属化合物中，主要以金属键结合，因而它具有一定的金属性质，所以称之为金属化合物。碳钢中的 Fe_3C、黄铜中的 $CuZn$、铝合金中的 $CuAl_2$ 等都是金属化合物。除金属化合物外，合金中还有一类为非金属化合物，没有金属键作用，没有金属特性，如 FeS、MnS。在这里我们只研究金属化合物。

金属化合物一般具有熔点高、硬度高、脆性大等性能特点，当合金中存在金属化合物时，将使合金的强度、硬度及耐磨性提高，但会使塑性降低。所以，金属化合物是结构材料及工具材料的重要组成相。

某些金属化合物具有特殊的物理化学性能，例如半导体材料砷化镓、形状记忆合金和、储氢材料、核反应堆材料等。

根据形成条件及结构特点，金属化合物主要有以下几类：

1. 正常价化合物

符合一般化合物的原子价规律，成分固定，并可用确定的化学式表示。它通常是由在周期表上相距较远、电化学性质相差很大的两种元素形成的，如 Mg_2Si、Mg_2Sn、Mg_2Pb 等。它们的晶体结构随化学组成不同会发生较大的变化。

2. 电子化合物

不遵守化合价规律，但按照一定电子浓度（化合物中价电子数与原子数之比）形成的化合物称为电子化合物，如 CuZn、Cu_3Al 等。电子化合物的晶体结构与电子浓度值有一定的对应关系。

电子化合物主要以金属键结合，具有明显的金属特性，可以导电。它们的熔点和硬度很高，但塑性较差，在许多有色金属中作强化相。

3. 间隙化合物

间隙化合物一般是由原子直径较大的过渡族金属元素（Fe、Cr、Mo、W、V 等）和原子直径较小的非金属元素（C、N、B、H 等）所组成的。

根据晶体结构特点，间隙化合物又可分成简单结构的间隙化合物和复杂结构的间隙化合物两类。

（1）简单结构的间隙化合物。

当非金属原子半径与金属原子半径之比小于 0.59 时，形成的间隙化合物，具有体心立方、面心立方等简单晶格，称为间隙化合物，又称为间隙相。具有简单结构的间隙化合物有 VC、WC、TiC 等。图 3-4 是 VC 的晶格示意图。VC 为面心立方晶格，V 原子占据晶格的正常位置，而 C 原子则规则地分布在晶格的空隙之中。

（2）具有复杂结构的间隙化合物。

当非金属原子半径与金属原子半径之比大于 0.59 时，形成的间隙化合物，具有十分复杂的晶体结构，如 Fe_3C、Cr_7C_3、Fe_4W_2C 等。图 3-5 是 Fe_3C 的晶格结构，碳原子构成一个正交晶格（即三个轴间夹角 $\alpha = \beta = \gamma = 90°$，三个晶格常数 $a \neq b \neq c$），在每个碳原子周围都有六个铁原子构成八面体，各个八面体的轴彼此倾斜一角度，每个八面体内都有一个碳原子，每个铁原子为两个八面体所共有。故 Fe_3C 中 Fe 与 C 原子数的比例为

$$\frac{Fe}{C} = \frac{\frac{1}{2} \times 6}{1} = \frac{3}{1} = 3$$

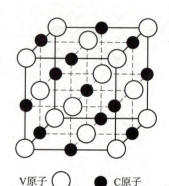

图 3-4　VC 的晶格示意图

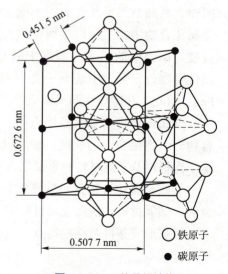

图 3-5　Fe_3C 的晶格结构

学习任务二　认知二元合金相图

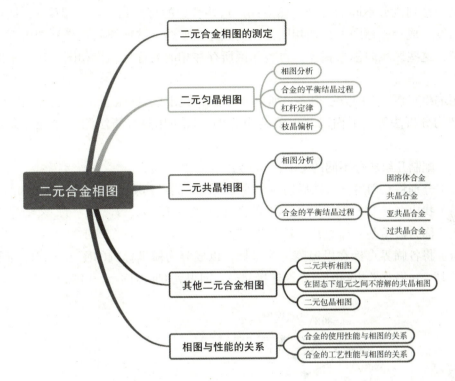

合金结晶后得到何种组织与合金的成分、结晶过程等因素有关。不同成分的合金，在不同的温度条件下，得到的合金组织不同。可以是单相的固溶体或化合物，也可以是由几种不同的固溶体或由固溶体和化合物组成的多相组织。与纯金属的结晶相比，合金的结晶有如下特点：一个特点是合金的结晶在很多情况下是在一个温度范围内完成的；另一个特点是合金的结晶不仅会发生晶体结构的变化，还会伴有成分的变化。

相图是表示合金系中，合金的状态与温度、成分之间关系的图解，是表示合金系在平衡条件下，在不同温度和成分时各相关系的图解，因此又称为状态图或平衡图。所谓平衡，也称为相平衡，是指合金在相变过程中，原子能充分扩散，各相的成分相对质量保持稳定，不随时间改变的状态。在实际的加热或冷却过程中，控制十分缓慢的加热或冷却速度，就可以认为是接近了相平衡条件。

相图是研究合金材料的十分重要的工具。利用相图可以表示不同成分的合金、在不同温度下，由哪些相组成、相的成分和相的相对量如何，以及合金在加热或冷却过程中可能发生的转变等。相图中，有二元合金相图、三元合金相图和多元相图，作为相图基础和应用最广的是二元合金相图。下面就介绍一下二元合金相图的相关知识。

一、二元合金相图的测定

目前所用的相图大部分都是用实验方法建立起来的。随着电子计算机技术的发展，也有人根据热力学函数，更加精确地计算出二元相图。通过实验测定相图时，首先配制一系列成分不同的合金，然后测定这些合金的相变临界点（温度），把这些点标在温度–成分坐标图上，把相同意义的点连接成线，这些线就在坐标图中划分出一些区域，这些区域即称为相区。将各相区所存在相的名称标出，相图的建立工作即告完成。

测定相变临界点的方法很多，如热分析法、金相法、膨胀法、磁性法、电阻法、X射线结构分析法等。下面以 Cu-Ni 合金为例，说明用热分析法测定二元合金相图的过程。

（1）配制几组成分不同的 Cu-Ni 合金；

（2）分别将它们熔化，然后极缓慢冷却，同时测定其从液态到室温的冷却曲线；

（3）找出各冷却曲线上开始结晶的温度点 T_{Ni}、T_1、T_2、T_3、T_4、T_{Cu} 及结晶终了的温度点（称为临界点）T_{Ni}、$T_{1'}$、$T_{2'}$、$T_{3'}$、$T_{4'}$、T_{Cu} ；

（4）将各临界点标在以温度为纵坐标，以成分为横坐标轴的图形中相应合金的成分垂线上，并将意义相同的临界点连接起来，即得到 Cu-Ni 合金相图，如图 3-6 所示。

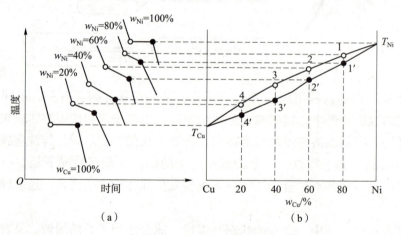

图 3-6 Cu-Ni 相图的测定

由图 3-6（a）可以发现，纯铜和纯镍的冷却曲线上都有一水平线段，表明纯金属是在恒温条件下结晶的。在固溶体合金的冷却曲线上没有水平线段，而是一段倾斜线段，相的从上到下的两个转折点分别表示开始结晶温度点及结晶终了温度点，表明固溶体合金是在一定温度范围内不断降温完成结晶过程的。

相图中各点、线、区都有一定含义，由结晶开始点连接起来的相界线称为液相线，表示不同成分的合金开始结晶的温度；由结晶终了点连接起来的相界线称为固相线，表示不同成分的合金结晶终了的温度。由相界线划分的区域称为相区，液相线以上为液相区，液、固相线之间是液、固两相共存区，固相线一下为固相区。

二、二元匀晶相图

两组元在液态和固态下均能无限互溶时所构成的相图称为二元匀晶相图。匀晶相图是最简单的二元相图，Cu-Ni、Ag-Au、Fe-Cr、Fe-Ni、Cr-Mo、Mo-W 等合金都形成这类相图。在这类合金中，结晶时都由液相结晶出单相的固溶体。这种从液相中结晶出单一固相的转变称为匀晶转变或匀晶反应。现以 Cu-Ni 合金相图为例进行分析二元匀晶相图的图形及结晶过程特点。

1. 相图分析

Cu-Ni 二元匀晶相图如图 3-7 所示。A 点（1 083 ℃）为 Cu 的熔点、B 点（1 452 ℃）为 Ni 的熔点。二元匀晶相图的图形较简单，只有两条曲线，即液相线（上面一条线），表示合金开始结晶的温度，固相线（下面一条线）表示合金结晶终了温度。液相线代表各种成分的合金在缓慢冷却时开始结晶的温度；或是在缓慢加热时合金熔化终了温度。固相线则代表各种成分的合金冷却时结晶的终了线，或加热时开始熔化的温度。两条线将相图分隔成三个相区，液相线以上是液相区（L），在液相区内各种成分的合金均为液态；固相线以下是单相 α 固溶体区（α），在此区域内各种成分的合金呈单相 α 固溶体状态；液、固两线之间是 L、α 两相并存区（L+α），在此区域内各种成分的合金正在进行结晶，由液相中结晶出 α 固溶体。L 是铜与镍两组元形成的均匀的液相，α 则是铜与镍在固态下互溶形成的固溶体。

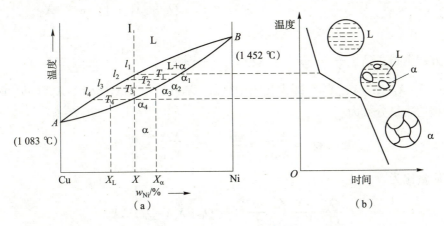

图 3-7　Cu-Ni 二元匀晶相图

2. 合金的平衡结晶过程

除纯组元外，其他成分合金结晶过程相似，以 I 合金为例进行平衡结晶过程的分析。合金在 T_1 温度以上时，合金为液相；合金自液态缓慢冷却到液相线上的 T_1 温度时，发生匀晶反应，开始从液相中结晶出成分为 $α_1$ 的固溶体，其镍含量高于合金的平均含量。随温度下降，结晶出的固溶体量逐渐增多，剩余的液相逐渐减少，同时，剩余的液相和已结晶出来的固溶体的成分通过原子的扩散也不断地变化，即液相成分沿着液相线变化，固相成分沿着固相线变化。例如温度降到 T_2 时，液相成分变化到 l_2，固溶体成分变化到 $α_2$；当合金冷到固相线上的 T_4 温度时，最后一滴 l_4 成分的液体也变为成分为 $α_4$ 的固溶体，此时固溶体的成分又回到合金成分 I 上来。

由此可见，液、固相线不仅是相区分界线，也是结晶时的两相成分变化线。还可以看出，匀晶转变是变温转变，在结晶过程中，液、固两相的成分随温度而变化。在以后所接触的相图中，除水平线和垂直线外其他相线都是成分随温度的变化线。

3. 杠杆定律

在液、固两相区内，温度一定时，由相图不仅可以知道液、固两相平衡相的成分，还可以用杠杆定律求出两平衡相的质量分数。现以 Cu-Ni 合金为例推导杠杆定律。

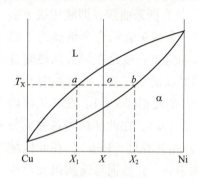

图 3-8 杠杆定律的证明

如图 3-8 所示，设合金成分为 X，过 X 作成分垂线。在结晶至温度 T_X 时，由于成分垂线与温度 T_X 水平线的交点处于液、固两相共存区，所以在该温度下合金是液、固两相共存。过温度 T_X 作水平线，其与液、固相线的交点 a, b 所对应的成分 X_1, X_2 分别为液相和固相的成分。设合金的质量为 1，液相相对质量为 Q_L，其成分为 X_1，固相相对质量为 $Q_α$，其成分为 X_2，则

$$Q_L + Q_α = 1$$
$$Q_L + X_1 + Q_α + X_2 = X$$

解方程组得：$Q_L = \dfrac{X_2 - X}{X_2 - X_1}$ $Q_α = \dfrac{X - X_1}{X_2 - X_1}$

式中 $X_2 - X_1$，$X_2 - X$，$X - X_1$ 即为相图中线段 $XX_2(ab)$，$X_1X_2(ab)$，$X_1X(ob)$ 的长度。因此两相的质量分数为

$$Q_L = \dfrac{XX_2}{X_1X_2} = \dfrac{ob}{ab} \quad Q_α = \dfrac{X_1X}{X_1X_2} = \dfrac{ao}{ab}$$

两相的质量比为

$$\dfrac{Q_L}{Q_α} = \dfrac{XX_2}{X_1X} \left(= \dfrac{ob}{ab}\right) \text{ 或 } Q_L \cdot X_1X = Q_α \cdot XX_2$$

这个公式与力学中的杠杆定律非常相似，因此也称之为杠杆定律。即合金在某温度下两平衡相的质量比等于该温度下与各自相区距离较远的成分线段之比。在杠杆定律中，杠杆的支点是合金的成分，杠杆的两个端点是所求的两平衡相（或两组织组成物）的成分。

杠杆定律表明，在某温度下合金中两平衡相的质量之比等于这两相成分点到合金成分点距离的反比。

需要注意的是，杠杆定律只适用于相图中的两相区。单相区中相的成分和质量，即合金的成分和质量，没有必要使用杠杆定律。由后面的分析可知，杠杆定律不适用于三相区，并且只能在平衡状态下使用。

4. 枝晶偏析

在固溶体合金结晶过程中，只有在极其缓慢冷却，使原子能进行充分扩散的条件下，固相的成分才能沿着固相线均匀地变化，最终获得与原合金成分相同的均匀 α 固溶体。但实际结晶过程不可能是无限缓慢的，而且固态下原子扩散又很困难，致使固溶体内部原子扩散来不及充分进行，结果先结晶的固溶体含高熔点组元（如 Cu-Ni 合金中的 Ni）较多，后结晶的固溶体含低熔点组元（如 Cu-Ni 合金中的 Cu）较多。这种在一个晶粒内部化学成分不均匀的现象称为晶内偏析。因为固溶体的结晶一般是按树枝状方式长大，首先结晶出枝干，剩余的液体填入枝间，这就使先结晶的枝干成分与后结晶的枝间成分不同，由于这种晶内偏析成树枝分布，故又称枝晶偏析。

三、二元共晶相图

组成合金的两组元在液态时无限互溶，固态时有限互溶，结晶时发生共晶转变的合金系所形成的二元合金相图称为共晶相图。例如，Pb-Sn、Pb-Sb、Ag-Cu、Al-Si 合金相图均属于这类相图。下面以 Pb-Sb 合金相图为例分析其图形及结晶过程特点。

1. 相图分析

Pb-Sn 相图如图 3-9 所示。T_A 为 Pb 的熔点，T_B 为 Sn 的熔点，E 点为共晶点。AEB 为液相线，AMENB 为固相线、MEN 为共晶线、MF 为 Sn 在 Pb 中的溶解度曲线，NG 为 Pb 在 Sn 中的溶解度曲线，这两条曲线也称为固溶线。

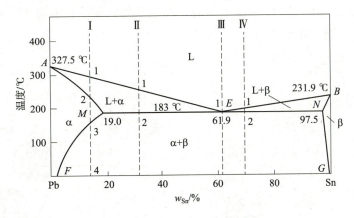

图 3-9　Pb-Sn 相图

Pb-Sn 合金系有三个基本相，L 是 Pb 与 Sn 两组元形成的均匀的液相，α 是 Sn 溶于 Pb 的固溶体，β 是 Pb 溶于 Sn 的固溶体。相图中有三个单相区，即 L、α、β 相区。在这些单相区之间，相应地有三个两相区，即 L+α、L+β、α+β 相区。在三个两相区之间有一根水平线 MEN，是 L+α+β 三相并存区。

成分位于（E）点的合金，在温度达到水平线 MEN 所对应的温度（T_E=183 ℃）时，将同时结晶出成分为 M 点的 α 相及成分为 N 点的 β 相。其转变式为

$$L_E \xleftrightarrow{\text{恒温（183 ℃）}} α_M + β_N$$

这种在一定温度下，由一定成分的液相同时结晶出一定成分的两个固相的转变过程，称为共晶转变或共晶反应。共晶转变的产物（$α_M+β_N$）是由两个固相组成的机械混合物，称为共晶组织。

成分在 M 点至 N 点之间的所有合金在共晶温度时都要发生共晶反应。成分位于 E 点以左、M 点以右的合金称为亚共晶合金，成分位于 E 点以右、N 点以左的合金称为过共晶合金。

2. 合金的平衡结晶过程

（1）固溶体合金（合金Ⅰ）。

成分位于 M 点以左（即 w_{Sn} ≤ 19%）或 N 点以右（即 w_{Sn} ≥ 97.5%）的合金称为固溶体合金。合金Ⅰ的冷却曲线和结晶过程如图 3-10 所示。

液态合金缓冷至温度 1，开始从 L 相中结晶出 α 固溶体。随温度的降低，液相的数量不断减少，α 固溶体的数量不断增加，至温度 2 合金全部结晶成 α 固溶体。温度 2~3 范围内合金无任何转变，这是匀晶转变过程。冷却至温度 3 时，Sn 在 α 中的溶解度减小，从 α 中析出 β 是二次相（$β_Ⅱ$）。α 成分沿固溶线 MF 变化，这一过程一直进行至室温，所以合金Ⅰ室温平衡组织为 $α+β_Ⅱ$。

（2）共晶合金（合金Ⅲ）。

成分为 w_{Sn}=61.9% 的合金Ⅱ即为共晶合金，其冷却曲线和结晶过程如图 3-11 所示。合金缓冷至温度 1（即 T_E=183 ℃）时，发生共晶转变，在恒温下进行，所以冷却曲线上相应温度出现一水平线段。

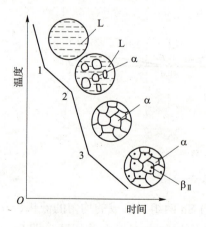

图 3-10 合金Ⅰ的冷却曲线和结晶过程

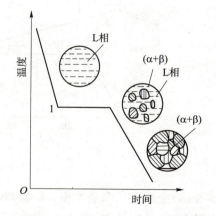

图 3-11 合金Ⅲ冷却曲线和结晶过程

共晶转变完成后合金全部成为共晶组织（$α_M+β_N$）。继续冷却，随着温度下降 α、β 相的成分将分别沿固溶度曲线 MF、NG 变化，α 相将析出 $β_Ⅱ$，β 相则析出 $α_Ⅱ$。

由于 $α_Ⅱ$、$β_Ⅱ$ 与共晶组织中的 α、β 连接在一起且量小难以分辨，所以共晶组织的二次析出一般可忽略不计。因此共晶合金的室温平衡组织为共晶组织（α+β）。其组织组成物只有 1 个，即共晶体，相组成物有两个，即 α 相和 β 相。

（3）亚共晶合金（Ⅱ）。

成分位于 M、E 点之间（即 w_{Sn}=19%~61.9%）的合金即为亚共晶合金。以 w_{Sn}=50% 的合金Ⅱ为例，分析亚共晶合金的结晶过程及其组织。合金Ⅱ的冷却曲线及结晶过程如图 3-12 所示。

液态合金缓冷至温度 1 时开始从液相中结晶出初生的 α 固溶体。随着温度下降 α 相不断增加，温度 1~2 范围内的结晶过程与合金Ⅰ的匀晶转变完全相同。L 相不断减少，α 的成分沿固相线 AM 变化；L 的成分沿液相线 AE 变化。冷至温度 2（即 T_E=183 ℃）时，α 相为 M 点处成分，L 相则为 E 点处成分。液相 L_E 发生共晶转变形成共晶组织（α+β），$α_M$ 固溶体保持不变。所以合金在共晶转变刚结束时，其组织为 $α_M$+（$α_M$+$β_N$）。

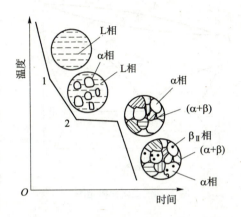

图 3-12 合金Ⅱ冷却曲线和结晶过程

从共晶温度继续冷却时，$α_M$、$β_N$ 将分别析出 $β_Ⅱ$、$α_Ⅱ$，共晶组织的二次析出如前所述可忽略不计。所以，合金Ⅱ冷却至室温时其平衡组织为 α+$β_Ⅱ$+（α+β）。

（4）过共晶合金（Ⅳ）。

成分位于 E、N 点之间（即 w_{Sn}=61.9%~97.5%）的合金为过共晶合金，其结晶过程与亚共晶合金相似，不同的是初生相是 β 固溶体，二次相是 $α_Ⅱ$。所以，合金Ⅳ的室温平衡组织为 β+$α_Ⅱ$+（α+β），其组织组成物有三种，即 β、$α_Ⅱ$、（α+β）；相组成物仍为两种，即 α 相 β 相。

以组织组成物填写的 Pb-Sn 相图如图 3-13 所示。

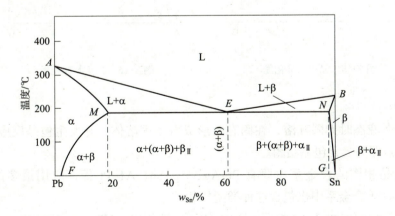

图 3-13 以组织组成物填写的 Pb-Sn 相图

四、其他二元合金相图

1. 二元共析相图

二元共析相图与二元共晶相图的形式相似，只是二元共析相图中的某固相对应于二元共晶相图中的液相。二元合金的两组元为 A 和 B，图 3-14 的下半部为二元共析相图。ECF 线与共晶线类似，称为共析线，C 点与共晶点类似，称为共析点，共析反应式为

$$\gamma_C \xrightarrow{恒温} (\alpha_E + \beta_F)$$

这种在恒温（共析温度）下由一种固相同时析出两种固相的过程称为共析反应。反应的产物称为共析体或共析组织。由于共析反应是在固态下进行的，原子的扩散困难，转变的过冷度大，因此与共晶体相比，为更加细小的均匀的两种相晶粒交错分布的致密的机械混合物，其主要形态有片层状和粒状两种。与共晶体一样，常用片层状形态示意共析体。

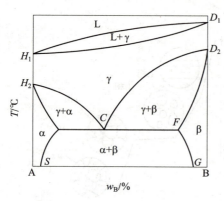

图 3-14 二元共析相图

2. 在固态下组元之间不溶解的共晶相图

图 3-15 为二元合金的两组元 A 和 B 在固态时彼此不溶解的共晶相图，称为简单共晶相图。图 3-16 为在固态下组元 B 不能溶解组元 A，而组元 A 能溶解组元 B 的二元共晶相图。

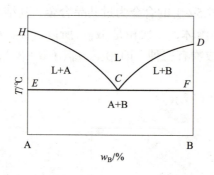

图 3-15 简单共晶相图

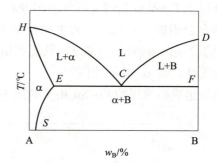

图 3-16 二元共晶相图

3. 二元包晶相图

两组元在液态时无限互溶，在固态时形成有限固溶体，并发生包晶反应的合金系构成的相图，即为二元包晶相图。

具有包晶相图的合金系主要有 Pt-Ag、Ag-Sn、Al-Pt 等，应用最多的 Cu-Zn、Cu-Sn、Fe-C 等合金系中也包含这种类型的相图。

二元包晶相图如图 3-17 所示。图中 HCI 为液相线，HDEI 为固相线，DF 为 A 组

元在 α 固溶体中的溶解度曲线，EG 是 B 组元在 β 固溶体中的溶解度曲线，DEC 是包晶线，E 是包晶点。包晶线代表在这个合金系统中发生包晶反应的温度和成分范围。成分在 D 点与 C 点间的合金，在包晶温度下，均发生包晶反应。所谓包晶反应是指由一种液相与一种固相在恒温下相互作用而转变为另一种固相的反应。可用下式表达：

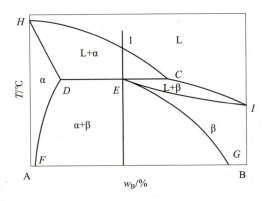

图 3-17 二元包晶相图

$$\alpha_D + L_C \xrightleftharpoons[]{恒温} \beta_E$$

现以图中 E 点成分的合金为例，分析其结晶过程。液态合金冷却至 1 点温度时结晶出 α 固溶体，在 1 点与 E 点温度间，按匀晶相图的结晶进行。冷却至 E 点时，液相具有 C 点成分，α 相具有 D 点成分，在所对应的包晶温度下，发生包晶反应。包晶反应结束时，α 相与液相耗尽，合金成为单一的 β 相。从包晶温度降至室温的过程中，β 相的溶解度沿 EG 线不断下降，同时从 β 中析出 α_{II}。故室温下的组织为 $\beta + \alpha_{II}$。

在上述各类相图中，图中的每一点都代表一定成分的合金在一定温度下所处的状态。在单相区中表示合金由单相组成，相的成分即合金的成分。两个单相区之间必定存在一个两相区。在两相区中，通过某点的合金的两个平衡相的成分由通过该点的水平线与相应单相区分界线的交点确定。三相等温线（水平线）必然联系三个单相区，这三个单相区分别处于等温线的两端和中间，它表示三相平衡共存。三相等温线主要有共晶线、共析线和包晶线。

五、相图与性能的关系

相图表达了合金的组织成分和温度之间的关系，而成分和组织是决定合金性能的主要因素，因此，在合金的相图与性能之间必定存在着某种联系。我们可以通过对合金相图的分析得知合金的性能特点及其变化规律。这可以作为配制合金、选择材料和制定工艺的参考。

1. 合金的使用性能与相图的关系

二元合金在室温下的平衡组织可分为两大类，一类是由单相固溶体构成的组织，这种合金称为（单相）固溶体合金；另一类是由两固相构成的组织，这种合金称为两相混合物合金。共晶转变、共析转变、包晶转变都会形成两相混合物合金。

固溶体合金的物理性能和力学性能与合金成分之间呈曲线关系，如图 3-18（a）所示。固溶体合金随着溶质含量的增加，合金的强度、硬度、电阻率也随之增大，而电阻温度系数却随之减小。在一定成分下，它们分别达到最大值或最小值。固溶体合金同时具有较高的塑性和韧性，故形成的单相固溶体合金具有较好的综合力学性能。但在一般情况下，固溶强化对强度与硬度的提高有限，还不能完全满足工程结构对材料性能的要求。

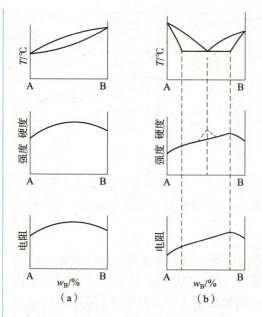

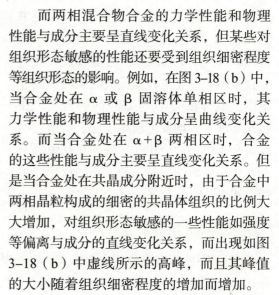

图 3-18 合金的物理及力学性能与相图的关系

而两相混合物合金的力学性能和物理性能与成分主要呈直线变化关系，但某些对组织形态敏感的性能还要受到组织细密程度等组织形态的影响。例如，在图 3-18（b）中，当合金处在 α 或 β 固溶体单相区时，其力学性能和物理性能与成分呈曲线变化关系。而当合金处在 α+β 两相区时，合金的这些性能与成分主要呈直线变化关系。但是当合金处在共晶成分附近时，由于合金中两相晶粒构成的细密的共晶体组织的比例大大增加，对组织形态敏感的一些性能如强度等偏离与成分的直线变化关系，而出现如图 3-18（b）中虚线所示的高峰，而且其峰值的大小随着组织细密程度的增加而增加。

应当指出，只有当两相晶粒比较粗大且均匀分布时，或是对组织形态不敏感的一些性能如密度、电阻等，才符合直线变化关系。

2. 合金的工艺性能与相图的关系

图 3-19 为合金的铸造性能与相图的关系。由图可见，合金的铸造性能取决于结晶区间的大小，这是因为结晶区间越大，就意味着相图中液相线与固相线之间的距离越大，合金结晶时的温度范围也越大，这使得形成枝晶偏析的倾向增大，同时容易使先结晶的枝晶阻碍未结晶的液体的流动，从而增多了分散缩孔或缩松，因此铸造性能差。反之结晶区间小，则铸造性能好。铸造合金在其他条件允许的情况下应尽量选用共晶体较多的合金。

单相固溶体合金的变形抗力小，不易开裂，有较好的塑性，故压力加工性能好。当合金中出现第二相，特别是存在较多的很脆的化

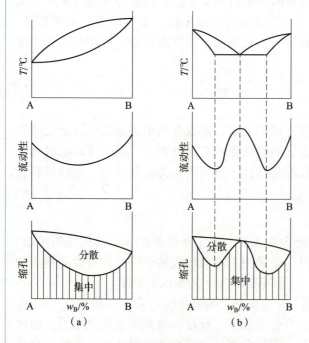

图 3-19 合金的铸造性能与相图的关系

合物时，其压力加工性能更差。

单相固溶体合金的切削加工性能差，其原因是硬度低，容易粘刀，表现为不易断

屑、表面粗糙度大等，而当合金为两相混合物时，切削加工性能得到改善。

学习任务三　认知铁碳合金相图

知识导图

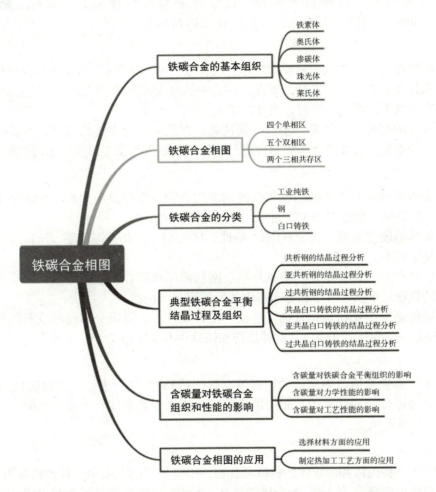

碳钢和铸铁是现代机械制造工业中应用最广泛的金属材料，它们是由铁和碳为主构成的铁碳合金。合金钢和合金铸铁实际上是有目的地加入一些合金元素的铁碳合金。为了合理地选用钢铁材料，必须掌握铁碳合金的成分、组织结构与性能之间的关系。铁碳合金相图是研究铁碳合金最基本的工具。熟悉铁碳合金相图，对于研究碳钢和铸铁的成分、组织及性能之间关系，钢铁材料的使用，各种热加工工艺的制定及工艺废品原因的分析等，都具有重要的指导意义。

一、铁碳合金的基本组织

铁碳合金在液态时铁和碳可以无限互溶；在固态时根据含碳量的不同，碳可以溶解在铁中形成固溶体，也可以与铁形成化合物，或者形成固溶体与化合物组成的机械混合物。因此，铁碳合金在固态下出现以下几种基本组织。

1. 铁素体

碳溶解在 α-Fe 中形成的间隙固溶体，以符号"F"或"α"表示。铁素体中溶解碳的能力很小，最大溶解度在 727 ℃时，为 0.021 8%，随着温度的降低，其溶解度逐渐减小，室温时铁素体中只能溶解 0.000 8% 的碳。

铁素体的力学性能以及物理、化学性能与纯铁极相近，塑性、韧性很好（A=30%~50%），强度、硬度很低（R_m=180~280 MPa）。

2. 奥氏体

碳溶解在 γ-Fe 形成的间隙固溶体，以符号"A"或"γ"表示。奥氏体的溶碳能力比铁素体强，在 1 148 ℃时，碳在 γ-Fe 中的最大溶解度为 2.11%，随着温度降低，其溶解度也减小，在 727 ℃时，为 0.77%。

奥氏体的强度、硬度低，塑性、韧性高。在铁碳合金平衡状态下，奥氏体为高温下存在的基本相，也是绝大多数钢种进行锻压、轧制等加工变形所要求的组织。

3. 渗碳体

渗碳体是具有复杂晶格的铁与碳的间隙化合物，每个晶胞中有一个碳原子和三个铁原子。渗碳体一般以"Fe_3C"表示，其含碳量为 6.69%。

渗碳体的硬度很高，为 800 HB，塑性、韧性很差，几乎等于零，所以渗碳体的性能特点是硬而脆。

渗碳体在钢与铸铁中，一般呈片状、网状或球状存在。渗碳体是钢中重要的硬化相，它的数量、形状、大小和分布对钢的性能有很大的影响。

渗碳体是一个亚稳定化合物，它在一定的条件下，可以分解而形成石墨状态的自由碳：$Fe_3C \rightarrow 3Fe+C$（石墨），这种反应在铸铁中有重要意义。

4. 珠光体

珠光体是铁素体与渗碳体的机械混合物，用符号"P"表示。其含碳量为 0.77%。珠光体由渗碳体片和铁素体片相间组成，其性能介于铁素体和渗碳体之间，强度、硬度较好、脆性不大。

5. 莱氏体

莱氏体是奥氏体和渗碳体的机械混合物，用符号"Ld"表示，其含碳量为 4.3%。

莱氏体由含碳量为 4.3% 的金属液体在 1 148 ℃时发生共晶反应时生成。在室温时变为变态莱氏体，用称号"Ld'"表示。莱氏体硬度很高，塑性很差。

二、铁碳合金相图

铁碳合金相图是研究铁碳合金的基础。由于 $w_C > 6.69\%$ 的铁碳合金脆性极大，没有使用价值。另外，渗碳体中 $w_C = 6.69\%$，是个稳定的金属化合物，可以作为一个组元。因此研究的铁碳合金相图实际上是 $Fe-Fe_3C$ 相图，如图 3-20（a）所示，由于该图中左上角包晶反应部分对实际工业生产的指导意义不大，通常将其用两条光滑曲线简化处理，变为图 3-20（b）所示情况，该图称为简化的 Fe-

Fe₃C 相图，后续学习过程中，我们提到铁碳合金相图即为简化的 Fe-Fe₃C 相图。

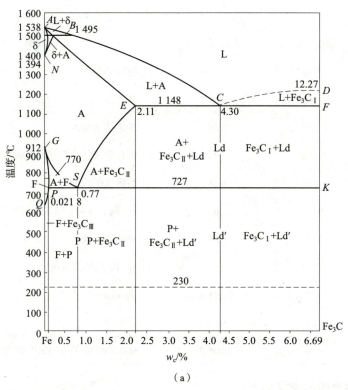

(a)

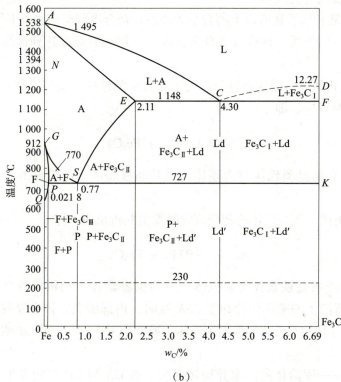

(b)

图 3-20　Fe-Fe₃C 相图

相图中各主要点的温度、含碳量及含义见表3-1。

表3-1　Fe-Fe$_3$C相图中各主要点的温度、含碳量及含义

点的符号	温度 /℃	含碳量 /%	说明
A	1 538	0	纯铁的熔点
C	1 148	4.3	共晶点
D	1 227	6.69	渗碳体的熔点
E	1 148	2.11	碳在奥氏体中的最大溶解度
F	1 148	6.69	渗碳体的成分
G	912	0	α-Fe、γ-Fe 同素异构转变点
K	727	6.69	渗碳体的成分
N	1 394	0	γ-Fe 的转变温度
P	727	0.021 8	碳在 α-Fe 中的最大溶解度
S	727	0.77	共析点
Q	600	0.005 7	600℃时碳在 α-Fe 中的溶解度

相图中各主要线的意义如下：

ACD 线——液相线，该线以上的合金为液态，合金冷却至该线以下便开始结晶。

AECF 线——固相线，该线以下合金为固态。加热时温度达到该线后合金开始熔化。

ECF 线——共晶线，碳的质量分数大于 2.11% 的铁碳合金当冷却到该线时，液态合金均要发生共晶反应，即

$$L_C \xrightleftharpoons[\text{恒温}]{1\,148\,℃} Ld(A_E + Fe_3C)$$

共晶反应的产物是奥氏体与渗碳体（或共晶渗碳体）的机械混合物，即莱氏体（Ld）。

PSK——共析线。当奥氏体冷却到该线时发生共析反应，即

$$A_S \xrightleftharpoons[\text{恒温}]{727\,℃} P(F_P + Fe_3C)$$

共析反应的产物是铁素体与渗碳体（或共析渗碳体）的机械混合物，即珠光体（P）。共晶反应所产生的莱氏体冷却至 PSK 线时，内部的奥氏体也要发生共析反应转变成为珠光体，这时的莱氏体叫低温莱氏体（或变态莱氏体），用 Ld' 表示。PSK 线又称 A_1 线。

GS、GP 线——固溶体的同素异构转变线。在 GS 与 GP 之间发生 γ-Fe、α-Fe 转变，GS 线又称 A_3 线。

ES 和 PQ 线——溶解度曲线，分别表示碳在奥氏体和铁素体中的极限溶解度随温度的变化线，ES 线又称 A_{cm} 线。当奥氏体中碳的质量分数超过 ES 线时，就会从奥氏体中析出渗碳体，称为二次渗碳体，用 Fe_3C_{II} 表示。同样，当铁素体中碳的质量分数超过 PQ 线时，就会从铁素体中析出渗碳体，称为三次渗碳体，用 Fe_3C_{III} 表示。

此外，CD 线是从液体中结晶出渗碳体的起始线，从液体中结晶出的渗碳体称为一次渗碳体（Fe_3C_I）。

需要说明的是，本节讲述的一次渗碳体、二次渗碳体、三次渗碳体以及共晶渗碳体、共析渗碳体，它们的化学成分、晶体结构、力学性能都是完全一致的，并没有本质上的差别，不同的命名仅表示它们的来源、结晶形态及在组织中分布情况有所不同而已。

铁碳合金相图可以分为以下相区。

（1）四个单相区。

ACD 线以上的液相区（L）；$AESG$ 线围着的奥氏体相区（A）；$GPQG$ 线围着的铁素体相区（F）；DFK 线垂线代表的渗碳体相区（Fe_3C）。

（2）五个双相区。

ACE 线围着的 L+A 相区；DCF 线围着的 L+Fe_3C 相区；$EFKS$ 线围着的 A+Fe_3C 相区；GSP 线围着的 A+F 相区；$QPSK$ 线围着的 F+Fe_3C 相区。

（3）两个三相共存区。

ECF 线为 L、A、Fe_3C 三相区；PSK 线为 A、F、Fe_3C 三相区。

三、铁碳合金的分类

根据铁碳合金的含碳量及组织不同，可将其分为三类：

（1）工业纯铁（$w_C<0.0218\%$）。

组织为铁素体和极少量的三次渗碳体；

（2）钢（$w_C=0.0218\%\sim2.11\%$）。

根据室温组织不同，钢又可分为：

亚共析钢（$w_C<0.77\%$）：组织是铁素体和珠光体；

共析钢（$w_C=0.77\%$）：组织是珠光体；

过共析钢（$w_C>0.77\%$）：组织是珠光体和二次渗碳体。

（3）白口铸铁（$w_C=2.11\%\sim6.99\%$）。

根据室温组织的不同，白口铸铁又可分为：

亚共晶白口铸铁（$w_C<4.3\%$）：组织是珠光体、二次渗碳体和莱氏体；

共晶白口铸铁（$w_C=4.3\%$）：组织是莱氏体；

过共晶白口铸铁（$w_C>4.3\%$）：组织是一次渗碳体和莱氏体。

四、典型铁碳合金平衡结晶过程及组织

为了认识钢和白口铸铁组织的形成规律,现选择几种典型的合金,分析其平衡结晶过程及组织变化。图 3-21 中标有的 6 条垂直线,分别是钢和白口铸铁的典型合金所在位置。

典型铁碳合金的结晶过程分析

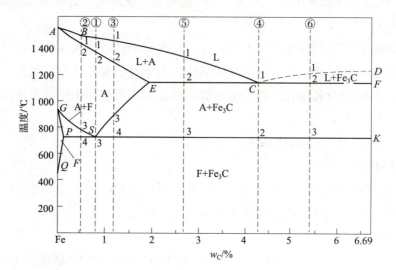

图 3-21　6 种典型的铁碳合金结晶过程分析

1. 共析钢的结晶过程分析

图 3-21 中,合金①是共析钢(w_C=0.77%),结晶过程如图 3-22 所示。S 点成分的液态钢合金缓冷至 1 点温度时,其成分垂线与液相线相交,于是从液相中开始结晶出奥氏体。在 1~2 点温度间,随着温度的下降,奥氏体量不断增加,其成分沿 AE 线变化,而液相的量不断减少,其成分沿 AC 线变化。当温度降至 2 点时,合金的成分垂线与固相线相交,此时合金全部结晶成奥氏体,在 2~3 点是奥氏体的简单冷却过程,合金的成分、组织均不发生变化。当温度降至 3 点(727 ℃)时,将发生共析反应。

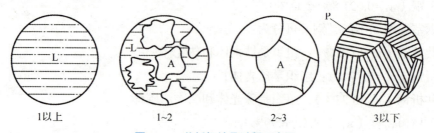

图 3-22　共析钢结晶过程示意图

随着温度的继续下降,铁素体的成分将沿着溶解度曲线 PQ 变化,并析出三次渗碳体(数量极少,可忽略不计,对此问题,后面各合金的分析处理皆相同)。因此,共析钢的室温平衡组织全部为珠光体(P),其显微组织如图 3-23 所示。

图 3-23 共析钢的室温平衡组织（500×）

2. 亚共析钢的结晶过程分析

此合金为图 3-21 中的②，结晶过程如图 3-24 所示。亚共析钢在 3 点温度以上的结晶过程与共析钢相似。当缓冷到 3 点温度时，合金的成分垂线与 GS 相交，此时由奥氏体析出铁素体。随着温度的下降，奥氏体和铁素体的成分分别沿 GS 和 GP 线变化。当温度降至 4 点（727 ℃）时，铁素体的成分变为 P 点成分（0.021 8%），奥氏体的成分变为 S 点成分（0.77%），此时，剩余奥氏体发生共析反应转变成珠光体，而铁素体不变化。从 4 点温度继续冷却至室温，可以认为合金的组织不再发生变化。因此，亚共析钢的室温组织为铁素体和珠光体（F+P）。图 3-25 是亚共析钢的显微组织，其中亮色块状为 F，暗色的片层状为 P。

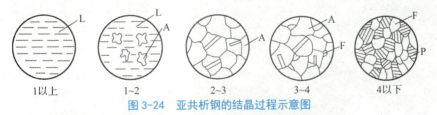

图 3-24 亚共析钢的结晶过程示意图

图 3-25 亚共析钢的室温平衡组织（500×）

3. 过共析钢的结晶过程分析

此合金为图 3-21 中的③，结晶过程如图 3-26 所示。过共析钢在 1~3 点温度间的结晶过程与共析钢相似。当缓慢冷却至 3 点温度时，合金的成分垂线与 ES 线相交，此时由奥氏体开始析出二次渗碳体。随着温度的下降，奥氏体成分沿 ES 线变化，且奥氏体的数量愈来愈少，二次渗碳体的相对量不断增加。当温度降至 4 点（727 ℃）时，奥氏体的成分变为 S 点成分（0.77%），此时，剩余奥氏体发生共析反应转变成珠光体，而二次渗碳体不变化。从 4 点温度继续冷却至室温，合金的组织不再发生变化。因此，过共析钢的室温组织为二次渗碳体和珠光体（Fe_3C_{II}+P）。

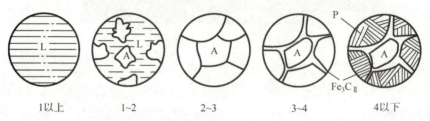

图 3-26 过共析钢的结晶过程示意图

图 3-27 过共析钢的室温平衡组织（400×）

图 3-27 是过共析钢的显微组织，其中 Fe_3C_{II} 呈白色的细网状，它分布在片层状的 P 周围。

4. 共晶白口铸铁的结晶过程分析

此合金为图 3-21 中的④，结晶过程如图 3-28 所示。共晶铁碳合金冷却至 1 点共晶温度（1 148 ℃）时，将发生共晶反应，生成莱氏体（Ld），在 1~2 点温度间，随着温度降低，莱氏体中的奥氏体的成分沿 ES 线变化，并析出二次渗碳体（它与共晶渗碳体连在一起，在金相显微镜下难以分辨）。随着二次渗碳体的析出，奥氏体的含碳量不断下降，当温度降至 2 点（727 ℃）时，莱氏体中的奥氏体的含碳量达到 0.77%，此时，奥氏体发生共析反应转变为珠光体，于是莱氏体也相应转变为低温莱氏体 Ld'（P+Fe_3C_{II}+Fe_3C）。因此，共晶白口铸铁的室温组织为低温莱氏体（Ld'）。

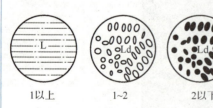

图 3-28 共晶白口铸铁的结晶过程示意图

图 3-29 是共晶白口铸铁的显微组织，其中珠光体呈黑色的斑点状或条状，渗碳体呈白色的基体。

图 3-29　共晶白口铸铁的显微组织（250×）

5. 亚共晶白口铸铁的结晶过程分析

此合金为图 3-21 中的⑤，结晶过程如图 3-30 所示。1 点温度以上为液相，当合金冷却至 1 点温度时，从液体中开始结晶出初生奥氏体。在 1～2 点温度间，随着温度的下降，奥氏体不断增加，液体的量不断减少，液相的成分沿 BC 线变化。奥氏体的成分沿 AE 线变化。当温度至 2 点（1 148 ℃）时，剩余液体发生共晶反应，生成 Ld（A+Fe$_3$C），而初生奥氏体不发生变化。2～3 点温度间，随着温度降低，奥氏体的含碳量沿 ES 线变化，并析出二次渗碳体。当温度降至 3 点（727 ℃）时，奥氏体发生共析反应转变为珠光体（P），从 3 点温度冷却至室温，合金的组织不再发生变化。因此，亚共晶白口铸铁室温组织为 P+Fe$_3$C$_{II}$+Ld'，如图 3-31 所示。图中黑色带树枝状特征的是 P，分布在 P 周围的白色网状的是 Fe$_3$C$_{II}$，具有黑色斑点状特征的是 Ld'。

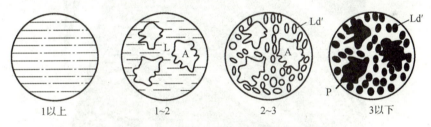

图 3-30　亚共晶白口铸铁的结晶过程示意图

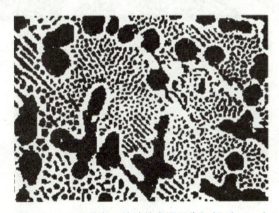

图 3-31　亚共晶白口铸铁的室温平衡组织（200×）

6. 过共晶白口铸铁的结晶过程分析

此合金为图 3-21 中的⑥，结晶过程如图 3-32 所示。1 点温度以上为液相，当合金冷却至 1 点温度时，从液体中开始结晶出一次渗碳体。在 1～2 点温度间，随着温度的下降，一次渗碳体不断增加，液体的量不断减少，当温度至 2 点（1 148 ℃时，剩余液体的成分变为 C 点成分（4.3%），发生共晶反应，生成 Ld（A+Fe$_3$C），而一次渗碳体不发生变化。2～3 点温度间，莱氏体中的奥氏体的含碳量沿 ES 线变化，并析出二次渗碳体。当温度降至 3 点（727 ℃）时，奥氏体的含碳量达到 0.77%，发生共析反应转变为珠光体（P），从 3 点温度冷却至室温，合金的组织不再发生变化。因此，过共晶白口铸铁的室温组织为 Fe$_3$C$_I$+Ld'。图 3-33 是过共晶白口铸铁的显微组织，图中白色带状的是 Fe$_3$C$_I$，具有黑色斑点状特征的是 Ld'。

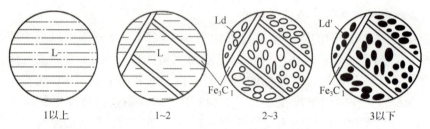

图 3-32 过共晶白口铸铁的结晶过程示意图

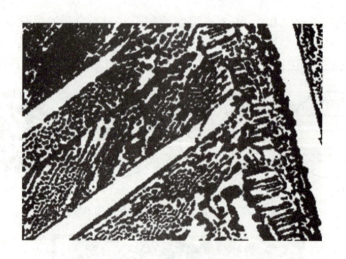

图 3-33 过共晶白口铸铁的室温平衡组织（400×）

五、含碳量对铁碳合金组织和性能的影响

1. 含碳量对铁碳合金平衡组织的影响

根据上述对各种不同含碳量的铁碳合金结晶过程的分析，在常温下铁碳合金的平衡组织与含碳量的关系如表 3-2 所示。

表 3-2 常温下铁碳合金的平衡组织

合金名称	w_C/%	室温平衡组织
工业纯铁	<0.021 8	$Fe+Fe_3C_{III}$（少量）
亚共析钢	0.021 8~0.77	F+P
共析钢	0.77	P
过共析钢	0.77~2.11	$P+Fe_3C_{II}$
亚共晶白口铸铁	2.11~4.3	$P+Fe_3C_{II}+Ld'$
共晶白口铸铁	4.3	Ld'
过共晶白口铸铁	4.3~6.69	$Ld'+Fe_3C_I$

根据杠杆定律可以计算出铁碳合金中相组成物和组织组成物的相对量与碳的质量分数的关系。图 3-34 为铁碳合金中含碳量与平衡组织组分及相组分间的定量关系。

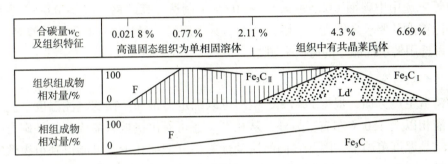

图 3-34 铁碳合金的含碳量与组织的关系

2. 含碳量对力学性能的影响

铁碳合金的力学性能受含碳量的影响很大，含碳量的多少直接决定着铁碳合金中铁素体和渗碳体的相对比例。含碳量越高，渗碳体的相对量越多。由于铁素体是软韧相，而渗碳体是硬脆的强化相，所以渗碳体含量越多，分布越均匀，材料的硬度和强度越高，塑性和韧性越低；但当渗碳体以网状形态分布在晶界或作为基体存在时，会使铁碳合金的塑性和韧性大为下降，且强度也随之降低。这就是平衡状态的过共析钢和白口铸铁脆性高的原因。图 3-35 所示为含碳量对钢的力学性能的影响。

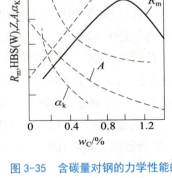

图 3-35 含碳量对钢的力学性能的影响

3. 含碳量对工艺性能的影响

（1）铸造性。铸铁的流动性比钢好，易于铸造，特别是靠近共晶成分的铸铁，其结晶温度低，流动性好，铸造性能最好。从相图上看，结晶温度越高，结晶温度区间越大，越容易形成分散缩孔和偏析，铸造性能越差。

（2）可锻性。低碳钢比高碳钢好。由于钢加热呈单相奥氏体状态时，塑性好、强度低，便于塑性变形，所以一般锻造都是在奥氏体状态下进行的。

（3）可焊性。含碳量越低，钢的焊接性能越好，所以低碳钢比高碳钢更容易焊接。

（4）切削加工性。含碳量过高或过低，都会降低其切削加工性能。一般认为中碳钢的塑性比较适中，硬度为160~230 HB时，切削加工性能最好。

六、铁碳合金相图的应用

1. 选择材料方面的应用

根据铁碳合金成分、组织、性能之间的变化规律，可以根据零件的工作条件来选择材料。如果要求有良好的焊接性能和冲压性能的机件，应选用组织中铁素体较多、塑性好的低碳钢（$w_C < 0.25\%$）制造，如冲压件、桥梁、船舶和各种建筑结构；对于一些要求具有综合力学性能（强度、硬度和塑性、韧性都较高）的机器构件，如齿轮、传动轴等应选用中碳钢（$0.25\% < w_C < 0.6\%$）制造；高碳钢（$w_C > 0.6\%$）主要用来制造弹性零件及要求高硬度、高耐磨性的工具、磨具、量具等；对于形状复杂的箱体、机座等可选用铸造性能好的铸铁来制造。

2. 制定热加工工艺方面的应用

在铸造生产方面，根据Fe–Fe$_3$C相图可以确定铸钢和铸铁的浇注温度。浇注温度一般在液相以上150 ℃左右。另外，从相图中还可看出接近共晶成分的铁碳合金，熔点低、结晶温度范围窄，因此它们的流动性好，分散缩孔少，可能得到组织致密的铸件。所以，铸造生产中，接近共晶成分的铸铁得到较广泛的应用。

在锻造生产方面，钢处于单相奥氏体时，塑性好、变形抗力小，便于锻造成形，因此钢材的热轧、锻造时要将钢加热到单相奥氏体区。始轧和始锻温度不能过高，以免钢材氧化严重和发生奥氏体晶界熔化（称为过烧）。一般控制在固相线以下100~200 ℃。而终轧和终锻温度也不能过高，以免奥氏体晶粒粗大。但又不能过低，以免塑性降低，导致产生裂纹。一般对亚共析钢的终轧和终锻温度控制在稍高于GS线即A_3线；过共析钢控制在稍高于PSK线即A_1线。实际生产中各种碳钢的始轧和始锻温度为1 150~1 250 ℃，终轧和终锻温度为750~850 ℃。

在焊接方面，由焊缝到母材在焊接过程中处于不同温度条件，因而整个焊缝区会出现不同组织，引起性能不均匀，可以根据Fe–Fe$_3$C相图来分析碳钢的焊接组织，并用适当的热处理方法来减轻或消除组织不均匀性和焊接应力。

对热处理来说，Fe–Fe$_3$C相图更为重要。热处理的加热温度都以相图上的A_1、A_3、A_{cm}线为依据，这将在后续章节详细讨论。

课后习题

一、名词解释

相　组织　合金系　组元　固溶强化　相图　枝晶偏析　共晶反应　共析反应

二、选择题

1. 金属化合物的性能特点是（　　）。
   A. 熔点高、硬度低　　　　B. 熔点低、硬度高
   C. 熔点高、硬度高　　　　D. 熔点低、硬度低

2. 在 Fe-Fe_3C 合金中，其平衡组织中含有二次渗碳量最多的合金的含碳量为（　　）。
   A. 0.000 8%　　　　　　　B. 0.021%
   C. 0.77%　　　　　　　　D. 2.11%

3. 下列二元合金的恒温转变中，哪个是共析转变？（　　）
   A. L+α → β　　　　　　　B. L → α+β
   C. γ → α+β　　　　　　　D. α+β → γ

4. 碳钢的下列各组织中，哪个是复相组织？（　　）
   A. 珠光体　　　　　　　　B. 铁素体
   C. 渗碳体　　　　　　　　D. 马氏体

5. 钢中的二次渗碳体是指从（　　）中析出的渗碳体。
   A. 钢液　　　　　　　　　B. 奥氏体
   C. 铁素　　　　　　　　　D. 马氏体

6. 亚共晶白口铸铁的平衡组织中，不可能有下列中的哪种组织？（　　）
   A. 二次渗碳体　　　　　　B. 共析渗碳体
   C. 一次渗碳体　　　　　　D. 共晶渗碳体

7. 白口铸铁件不具有下列哪个性能？（　　）
   A. 高强度　　　　　　　　B. 高硬度
   C. 高耐磨性　　　　　　　D. 高脆性

8. 珠光体是一种（　　）。
   A. 单相固溶体　　　　B. 两相混合物　　　　C. 铁和碳的化合物

9. 固溶体的晶体结构与（　　）相同。
   A. 溶剂　　　　　　　B 溶质　　　　　　　C. 其他晶型

10. 奥氏体是碳在（　　）中形成的间隙固溶体。
    A. α-Fe　　　B. β-Fe　　　C. γ-Fe　　　　　D. δ-Fe

三、判断题

1. 置换固溶体必是无限固溶体。（　　）
2. 铁素体是置换固溶体。（　　）
3. 渗碳体是钢中常见的固溶体相。（　　）

4. 无限固溶体必是置换固溶体。（　　）
5. 纯铁在室温下的晶体结构为面心立方晶格。（　　）
6. 珠光体的晶体结构类型为体心立方晶格。（　　）
7. 一次渗碳体和二次渗碳体是不同的相。（　　）
8. 共析钢的平衡室温组织中不含奥氏体相。（　　）
9. 过共晶白口铸铁的平衡室温组织中含有一次渗碳体。（　　）
10. 共析钢的强度大于亚共析钢。（　　）

四、简答题

1. 金属化合物可以分为几类？试比较它们之间的差别。
2. 合金的结晶和纯金属相比有哪些特点？
3. 何谓合金？为什么比纯金属应用广泛？
4. 二元合金相图表达了合金的哪些关系？各有哪些实际意义？
5. 试分析共晶反应、包晶反应和共析反应的异同点。
6. 说明下列各渗碳体的生成条件：一次渗碳体、二次渗碳体、三次渗碳体、共晶渗碳体、共析渗碳体。
7. 何谓铁素体、奥氏体、渗碳体、珠光体、莱氏体？分别写出它们的符号及性能特点。
8. 为什么铸造合金常选用接近共晶成分的合金，而压力加工合金常选用单相固溶体成分合金？
9. 含碳量对钢铁材料的力学性能和工艺性能有何影响？

学习情境四　金属的塑性变形与再结晶

情境导入

锻压是锻造和冲压的合称，是一种利用锻压机械对金属坯料施加压力，使其产生塑性变形以获得具有一定力学性能、一定形状和尺寸锻件的加工方法。锻压主要用于加工金属制件，也可用于加工某些非金属，如工程塑料、橡胶、陶瓷坯、砖坯以及复合材料的成形等，是一种非常重要的零件生产方法。

自由锻场景

情境解析

在工业生产中，由于铸态金属材料的晶粒粗大、组织不均、成分偏析及组织不致密等缺陷，工业上用的金属材料大多要在浇注成金属铸锭后经过压力加工再使用，如经过轧制、拉拔和挤压等制成成品或半成品，所有这些都必须要进行塑性变形，否则这些工艺过程实现不了。

金属经塑性变形后，不仅改变了外观和尺寸，内部组织和结构也发生了变化，进而其性能也发生变化，因此，塑性变形也是改善金属材料性能的一个重要手段。此外，金属的常规力学性能，如强度、塑性等，也是根据其变形行为来评定的。但是，在工程上也常常要求消除塑性变形给金属造成的不良影响，也就是说必须在加工过程中及加工后对金属进行加热，使其发生再结晶，恢复塑性变形以前的性能。

因此，研究金属的塑性变形过程及其机理，变形后金属的组织、结构与性能的变化规律，以及加热对变形后金属的影响，将对改进金属材料加工工艺、提高产品质量和合理使用金属材料等具有重要意义。

学习目标

序号	学习内容	知识目标	技能目标	创新目标
1	单晶体、多晶体的塑性变形	√		
2	塑性变形对组织和性能的影响	√		
3	金属回复、再结晶的概念及应用	√	√	
4	金属冷热加工的概念及区别	√	√	√

学习流程

学习任务一　认知金属的塑性变形

知识导图

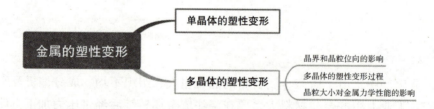

工程上应用的金属材料几乎都是多晶体，为了研究金属多晶体的塑性变形过程，应先了解金属单晶体的塑性变形。

一、单晶体的塑性变形

如图 4-1（a）所示，当我们对一单晶体试样进行拉伸时，外力 P 在晶内任一晶面上分解为两种应力，一种是平行于该晶面的切应力（τ），另一种是垂直于该晶面的正应力（σ）。如图 4-1（b）所示，正应力只能引起晶格的弹性伸长，或进一步把晶格拉断；而切应力则可使晶格在发生歪扭之后，进一步造成塑性变形，即正应力去除后晶格将恢复原状。所以，正应力只能使晶体产生弹性变形或者脆性断裂，不能产生塑性变形。如图 4-1（c）所示，单晶体在切应力作用下，当切应力较小时，晶格的剪切变形也是弹性的，但当切应力达到一定值时，晶格将沿着某个晶面产生相对移动，移动的距离为原子间距的整数倍，因此移动后原子可在新位置上重新平衡下来，形成永久的塑性变形。这时，即使消除切应力，晶格仍将保留移动后的形状。当然，当切应力超过了晶体的切断抗力时，晶体也要发生断裂，但这种断裂与正应力引起的脆断不同，它在晶体断裂之前首先产生了塑性变形，为了加以区别，将其称为塑性断裂。由此可知，塑性变形只有在切应力作用下才会发生。

单晶体金属塑性变形的基本方式是滑移和孪生，其中滑移是最主要的变形方式。

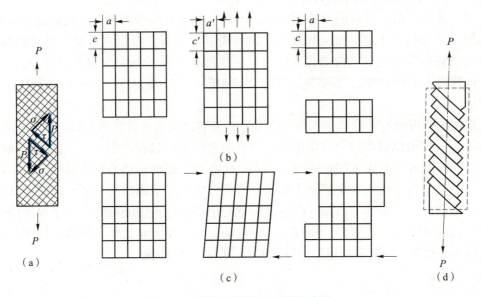

图 4-1　单晶体试样拉伸变形示意图

所谓滑移是指晶体的一部分沿着一定的晶面（滑移面）和晶向（滑移方向）相对于另一部分产生相对滑动的过程。滑移变形有如下特点：

（1）滑移只能在切应力作用下发生。

（2）滑移常沿晶体中原子密度最大的晶面和晶向发生。这是由于原子排列最密晶面之间的面间距及最密晶向之间的原子间距最大，原子间的结合力最小，故沿着这些晶面和晶向进行滑移所需的外力最小，最容易实现。图 4-2 所示为不同原子密度晶面间的距离，图中标注

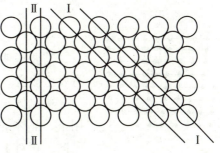

图 4-2　晶格中不同晶面的面间距

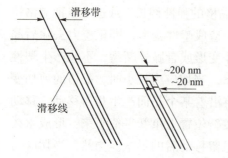

图 4-3　滑移带和滑移线的示意图

Ⅰ的晶面的原子密度大于标注Ⅱ的晶面，由几何关系可知Ⅰ晶面之间的距离也大于Ⅱ晶面。当有外力作用时，Ⅰ晶面则会首先开始滑移。一个滑移面与这个滑移面上的一个滑移方向构成一个滑移系。在其他条件相同时，滑移系越多，塑性越好，金属晶体发生滑移的可能性越大。

（3）滑移的距离为滑移方向上原子间距的整数倍。滑移后，滑移面两侧的原子排列与滑移前一样，但是，会在晶体的表面形成一条条台阶状变形痕迹，即滑移带。滑移带实际上是由滑移线构成的，如图 4-3 所示。

（4）滑移的同时伴随着晶体的转动。计算表明，当滑移面分别和滑移方向、外力轴向呈 45° 时，滑移方向上的切应力分量 τ 最大，因而最容易产生滑移。

（5）滑移是由于滑移面上的位错运动而产生的。对滑移的机理，人们最初认为是晶体的一部分相对于另一部分做整体的刚性滑动。但是，根据这种刚性滑移的模型，计算出滑移所需的临界切应力比实际金属晶体滑移所需的临切应力大得多。例如铜，理论计算值为 1 540 MPa，而实测值仅为 0.98 MPa。这一现象可用位错在晶体中的运动来解释。

现代大量理论与实验证明，晶体的滑移就是通过位错在滑移面上的运动来实现的。图 4-4 为一刃型位错在切应力作用下在滑移面上的运动过程。当一个位错移动到晶体表面时，便造成一个原子间距的滑移，当晶体通过位错的移动而产生滑移时，实际上并不需要整个滑移面上的全部原子移动，只需位错中心上面的两列原子向右做微量的位移，位错中心下面的一列原子向左做微量的位移，位错中心便产生一个原子间距的右移，如图 4-5 所示。所以，通过位错的运动而产生的滑移比整体刚性滑移所需的临界切应力小得多。位错容易运动的特点称为"位错的易动性"。

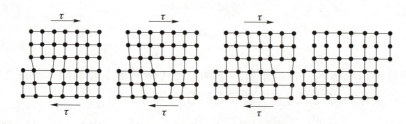

图 4-4　晶体通过位错运动而造成滑移的示意图

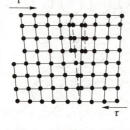

图 4-5　位错运动时的原子位移图

需要说明的是，滑移后，滑移面两侧晶体的位向关系并没有发生改变。

单晶体塑性变形另一种形式是孪生。孪生是指在切应力作用下，晶体的一部分沿着一定的晶面（孪生面）和晶向（孪生晶向）相对于另一部分发生均匀的切变（如图 4-6 所示）。发生孪生变形部分称为孪晶带或孪晶。孪生的结果，使孪生面两侧的晶体呈镜面对称。由于孪生变形较滑移变形一次移动的原子更多，故其临界切应力较大，因此，只有不易产生滑移的金属（如 Cd、Mg、Be 等）才产生孪生变形。

滑移和孪生虽然都是在切应力作用下产生的，但孪生所需要的切应力比滑移所需要的切应力要大得多。当密排六方晶体和体心立方晶体在低温或受到冲击时容易产生孪生。孪生对塑性变形的直接贡献不大，但孪生能引起晶体位向的改变，有利于滑移发生。

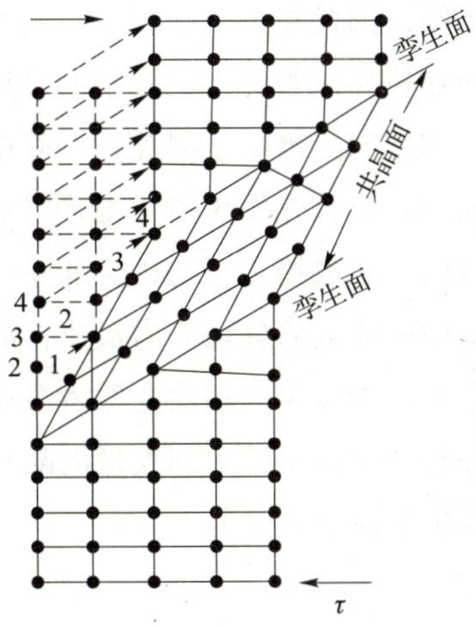

孪生和滑移的主要区别如下：

（1）孪生变形使孪晶内晶体发生均匀的切变，并改变其位向；而滑移变形是晶体中两部分晶体发生滑动，并不发生晶体位向的变化。

图 4-6　孪生变形过程示意图

（2）孪生时孪晶带内原子沿孪生方向的位移都是原子间距的分数倍，而且相邻原子面原子的相对位移量小于一个原子间距，并与距孪晶面的距离成正比；而滑移时原子在滑移方向的相对位移是原子间距的整数倍。

（3）在晶体滑移和孪生变形的比较中可了解到，孪生变形区域包含许多原子面，即变形区内有许多原子在同时移动；而滑移变形是在滑移面一层原子面上移动，且又是逐步滑移的。当然，孪生变形所需的切应力比滑移变形大得多，因此，一般在不易滑移的条件下产生孪生变形。例如在面心立方晶体中不易产生孪生，而在密排六方晶体中则易产生孪生。

二、多晶体的塑性变形

工程上使用的金属绝大多数是多晶体。多晶体金属的塑性变形与单晶体比较，并无本质上的差别，即每个晶粒（单晶体）的塑性变形仍以滑移或孪生的方式进行，但由于晶界的存在和每个晶粒中的晶格位向不同，因此多晶体中的塑性变形过程要比单晶体的塑性变形复杂得多。

1. 晶界和晶粒位向的影响

晶界附近是两晶粒晶格位向过渡的地方。在这里，原子排列紊乱，而且该区域杂质原子较多，增大了其晶格的畸变，因而位错运动在该处受到的阻力较大，使之难以发生变形，即具有较高的塑性变形抗力。此外，各晶粒晶格位向不同也会增大其滑移的抗力，这是因为其中任一晶粒的滑移都必然会受到它周围不同位向晶粒的约束和阻碍，各晶粒必须相互协调，才能发生塑性变形。多晶体的滑移必须克服较大的阻力，因而使多晶体材料的强度增高。

2. 多晶体的塑性变形过程

在多晶体金属中，由于每个晶粒的晶格位向不同，其滑移面和滑移方向的分布便不同，因此在外力作用下，每个晶粒中不同滑移面和滑移方向上受到的分切应力也不同。而在拉伸试验时，试样中的分切应力在与外力呈45°的方向上最大，在与外力相平行或垂直的方向上最小。因此在试验中，凡滑移面和滑移方向位于或接近于与外力呈45°方位的晶粒必将首先发生滑移变形，通常称这些位向的晶粒为处于"软位向"；而滑移面和滑移方向处于或接近于与外力相平行或垂直的晶粒，则称它们处于"硬位向"，因为在这些晶粒中所受到的分切应力最小，最难发生变形。由此可见，多晶体金属中的每个晶粒的位向不同，则金属的塑性变形将会在不同晶粒中逐步发生，是不均匀的塑性变形过程。从少量晶粒开始逐步扩大到大量的晶粒，从不均匀变形逐步发展到比较均匀的变形，变形过程要比单晶体复杂得多。

3. 晶粒大小对金属力学性能的影响

由于晶界和晶粒间的位向差会提高变形抗力，所以金属晶粒越细小，晶界面积越大，每个晶粒周围具有不同位向的晶粒数目也越多，其塑性变形的抗力（即强度、硬度）就越高。细晶粒金属不仅强度、硬度高，而且塑性、韧性也好。这是因为，晶粒越细，在一定体积内的晶粒数目越多，则在同样变形量下，变形分散在更多晶粒内进行，同时每个晶粒内的变形也比较均匀，因而不会产生应力过分集中，所以减少了应力集中，推迟了裂纹的形成与扩展，使金属在断裂之前可发生较大的塑性变形。由于细晶粒金属的强度、硬度较高，塑性较好，所以断裂时需要消耗较大的功，因而韧性也较好。因此，细化晶粒是金属的一种非常重要的强韧化手段。

学习任务二　认知塑性变形对金属组织和性能的影响

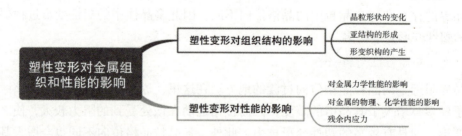

金属的塑性变形不仅是为了得到所需要的尺寸和形状，更主要的是作为强化金属的一种手段。例如高碳弹簧钢丝采用常规热处理后其强度为1 000~1 150 MPa；若经冷拔，通过塑性变形使钢丝强化，其强度可达2 000 MPa以上。性能的变化是由组织的变化引起的，下面我们来讨论塑性变形对金属组织和性能的影响。

一、塑性变形对组织结构的影响

在外力的作用下,随着外形的变化,金属内部组织也要发生如下变化:

(1)晶粒形状的变化。塑性变形后晶粒的外形沿着变形方向被压扁或拉长,形成细条状或纤维状,晶界变得模糊不清,且随变形量增大而加剧。这种组织通常叫作"纤维组织"。

(2)亚结构的形成。在未变形的晶粒内部存在着大量的位错壁(亚晶界)和位错网,随着塑性变形的发生,即位错运动,在位错之间产生一系列复杂的交互作用,使大量的位错在位错壁和位错网旁边堆积和相互纠缠,产生了位错缠结现象。随着变形的增加,位错缠结现象进一步发展,便会把各晶粒破碎成为细碎的亚晶粒。变形越大,晶粒的碎细程度便越大,亚晶界也越多,位错密度显著增加。同时,细碎的亚晶粒也随着变形的方向被拉长。

(3)形变织构的产生。在定向变形情况下,金属中的晶粒不仅被破碎拉长,而且各晶粒的位向也会朝着变形的方向逐步发生转动。当变形量达到一定值(70%~90%)时,金属中的每个晶粒的位向都趋于大体一致,这种现象称为"织构"现象,或称"择优取向"。

二、塑性变形对性能的影响

1. 对金属力学性能的影响

在金属冷塑性变形过程中,随着内部组织的变化,其力学性能也将发生明显的变化。随着变形程度的增加,金属的强度、硬度显著升高,而塑性、韧性显著下降,这一现象称为加工硬化(形变强化)。

加工硬化的产生,目前普遍认为与位错密度增大有关。随着冷塑性变形的进行,位错密度大大增加,位错间距越来越小,晶格畸变程度也急剧增大;加之位错的交互作用加剧,因此位错运动的阻力增大,变形抗力增加。这样金属的塑性变形就变得困难,要继续变形就必须增大外力,因此就提高了金属的强度。

加工硬化现象在金属材料的生产与使用过程中有重要的实际意义。首先,它是一种非常重要的强化手段,可用来提高金属的强度,特别是对那些无法用热处理强化的合金(如铝、铜、某些不锈钢等)尤其重要。汽轮发电机的无磁钢护环就是通过冷锻成形来提高强度。其次,加工硬化是某些工件或半成品能够拉伸或冷冲压加工成形的重要基础,有利于金属均匀变形。冷拔钢丝时,当钢丝拉过模孔后,其断面尺寸相应减小,单位面积上所受的力自然增加,如果金属不产生加工硬化使强度提高,那么钢丝将会被拉断。正是由于钢丝经冷塑性变形后产生了加工硬化,尽管钢丝截面尺寸减小,但由于其强度显著增加,因而不再继续变形,从而使变形转移到尚未拉拔的部分,这样,钢丝可以持续地、均匀地经拉拔而成形。金属薄板在冲压时也是利用加工硬化现象保证得到厚薄均匀的冲压件。

但是,加工硬化到一定程度后,变形抗力会增加,继续变形越来越困难,欲进一步变形就必须加大设备功率、增加动力消耗及设备损耗,同时因屈服强度和抗拉强度差值减小、载荷控制要求严格,生产操作相对困难;那些已进行了深度冷变形加工的材料,塑性、韧性大大降低,若直接投入使用,会因无塑性储备而处于较脆的危险状态。为此,要消除加工硬化,使金属重新恢复变形的能力,以便于继续进行塑性加工或使其处于韧性的安全状态,就必须对其适时进行退火,但因此将提高生产成本、延长生产周期。

2. 对金属的物理、化学性能的影响

经冷塑性变形以后,金属的物理、化学性能也会发生明显的变化,如磁导率、电导率、电阻温度系数等下降,而磁矫顽力等增加。由于塑性变形提高了金属的内能,加速了金属中的扩散过程,提高了金属的化学活性,故金属的耐蚀性下降。

3. 残余内应力

金属塑性变形时,外力所做的功 90% 以上以热量的形式失散掉,只有不到 10% 的功转变为内应力残留于金属中。所谓内应力是指平衡于金属内部的应力。内应力主要是由于金属在外力作用下,内部变形不均匀而引起的。

残余内应力还会使金属耐蚀性下降,引起加工、淬火过程中零件的变形和开裂,因此金属在塑性变形后,通常要进行退火处理,以消除或降低残余内应力。

学习任务三 认知回复与再结晶

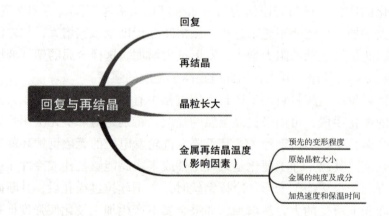

如前所述,金属经冷塑性变形后,其内部组织结构发生了很大变化,并有残余应力存在,晶格内部储存了较高能量,处于不稳定状态,具有自发恢复到变形前组织较为稳定状态的倾向。但在常温下由于原子扩散能力不足,这种不稳定状态不会发生明显的变化。而加热则使原子扩散能力提高,随加热温度的提高,加工硬化金属的组织和性能就会出现如图 4-7 所示的显著变化,这些变化过程可划分为回复、再结晶和晶

粒长大三个阶段。

一、回复

加热温度较低时，变形金属中的一些点缺陷和位错，在某些晶内发生迁移变化的过程，称为回复。通过点缺陷的迁移，晶格畸变减小；通过位错的迁移，原来在变形晶粒中分散杂乱的位错，重新按一定规律排列，组成亚晶界，形成新的亚晶粒，这一过程称为"多边形化"。总之，由于回复阶段原子活动能力不大，金属的晶粒大小和形状无明显变化（仍为纤维组织），故金属的强度和塑性变化不大，而内应力和电阻等理化性能显著降低。

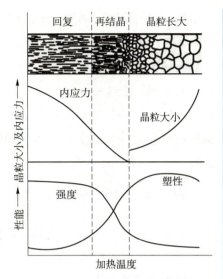

图 4-7　变形金属加热温度与晶粒大小、性能变化之间的关系

工程上所称的去应力退火，就是利用回复的原理，使冷加工的金属件在基本上保持加工硬化状态的条件下降低内应力，降低电阻，改善塑性和韧性。例如，用冷拉钢丝卷制弹簧，在卷成之后，要在250~300 ℃进行回复退火，以降低应力并使之定形，而硬度和强度则基本保持不变。对于精密零件，如机床丝杠，在每次车削加工之后，都要进行消除内应力的退火处理，防止变形和翘曲，保持尺寸精度。

二、再结晶

变形金属加热到较高温度时，原子具有较强的活动能力，有可能在破碎的亚晶界处重新形核和长大，使原来破碎拉长的晶粒变成新的、内部缺陷较少的等轴晶粒。这一过程，使晶粒的外形发生了变化，而晶格的类型无任何改变，故称为"再结晶"。再结晶的驱动力与回复一样，也是冷变形所产生的储存能。新的无畸变等轴晶粒的形成及长大，在热力学上更为稳定。再结晶与重结晶（即同素异晶转变）的共同点是：两者都是形核与长大的过程。两者的区别是：再结晶前后各晶粒的晶格类型不变，成分不变；而重结晶则发生了晶格类型的变化。

再结晶得到了新的等轴晶，消除了变形金属的一切组织特征，加工硬化和内应力也被完全消除，各种性能完全恢复到变形前的状态。所以再结晶退火常作为金属进一步加工时的中间退火工序。

三、晶粒长大

由再结晶后得到的细的无畸变等轴晶粒，在温度继续升高或保温时，会相互吞并长大。这个过程是总界面能减小的过程，故也称自发过程。晶粒的长大，实质上是晶粒的边界，从一个晶粒向另一个晶粒中迁移，并将另一晶粒的晶格位向逐渐变成与这个晶粒相同的位向，则另一个晶粒似乎被这个晶粒"吞并"为一个大晶粒。

通常再结晶后获得细而均匀的等轴状晶粒。如果温度继续升高或保温较长时间后，少数晶粒会吞并周围许多晶粒而急剧长大，形成极粗的晶粒，为了与通常晶粒的正常长大相区别，把这种现象称为"二次再结晶"。此时晶粒异常粗大，使金属的力学性能显著降低，故一般不希望发生。二次再结晶的原因，通常认为是由于晶界处存在阻碍晶粒正常长大的弥散质点发生了溶解所造成的。所以，正确掌握再结晶的温度是很重要的。

四、金属再结晶温度

变形金属开始进行再结晶的最低温度称为金属的再结晶温度。应该指出，在金属再结晶时，新旧晶粒的结构（晶格类型）和成分完全相同，所以再结晶不是相变过程，没有恒定的转变温度，而是随着温度的升高从某一温度开始，逐渐形核和长大的连续过程。再结晶过程的驱动力主要是变形晶粒的畸变能，它的发展必须通过金属内部的原子扩散，因而再结晶过程能否进行主要取决于晶粒畸变能的高低和原子扩散的能力。不言而喻，没有变形的金属即使在加热条件下也不会发生再结晶。影响再结晶温度的因素如下：

（1）预先的变形程度。变形程度越大，金属畸变能越高，向低能量状态变化的倾向也越大，因此再结晶温度越低。

（2）原始晶粒大小。金属原始晶粒越小，则变形的抗力越大，变形后储存的能量较高，再结晶温度则较低。

（3）金属的纯度及成分。金属的化学成分对再结晶温度的影响比较复杂，当金属中含有少量元素，特别是高熔点元素时，常会阻碍原子扩散或晶界的迁移，而使再结晶温度升高。如纯铁的再结晶温度约为 450 ℃，加入少量碳变成钢时，其再结晶温度提高至 500~650 ℃。在钢中再加入少量的 W、Mo、V 等，还会进一步提高再结晶温度。当合金元素含量较高时，可能提高也可能降低再结晶温度，这要依合金元素对基体金属原子扩散速度对再结晶形核时表面能的影响而定。有利于原子扩散和降低表面能的则降低再结晶温度；反之，则升高再结晶温度。

（4）加热速度和保温时间。再结晶过程需要有一定时间才能完成，故加热速度的增加会使再结晶推迟到较高温度才发生；而保温时间延长，原子扩散充分，可使再结晶过程在较低温度下完成。在工业生产中，通常把大变形量（70%以上）金属，经 1 h 保温能完全再结晶的温度，定义为该金属的"最低再结晶温度"。大量的实验资料证明，工业纯金属的最低再结晶温度与其熔点间存在以下关系：$T_{再} \approx 0.4 T_{熔}$，式中各温度值均以绝对温度计算。实际生产中为了缩短退火时间，经常加热到最低再结晶温度 100~200 ℃进行再结晶退火，如表 4-1 所示。

表 4-1 工业纯金属的再结晶退火温度

金 属	$T_{熔}$/℃	$T_{再}$/℃	$T_{退}$/℃
Fe	1 535	437	600~700
Al	657	100	250~350
Cu	1 083	270	400~500

注：$T_{熔}$为金属熔点；$T_{再}$为再结晶温度；$T_{退}$为再结晶退火温度。

学习任务四　认知金属的热加工

知识导图

金属的热加工
- 热加工与冷加工的区别
- 热加工对金属组织和性能的影响

一、热加工与冷加工的区别

由于金属在高温下强度、硬度低，而塑性、韧性高，在高温下对金属进行加工变形比在较低温度下容易，因此，生产上便有冷、热加工之分。

从金属学的观点来看，热加工与冷加工的区别是以金属材料的再结晶温度为分界。凡是在材料再结晶温度以上所进行的塑性变形加工称为热加工；而在材料再结晶温度以下所进行的塑性变形加工称为冷加工。

热加工时产生的加工硬化能很快以再结晶方式自动消除，因而热加工不会带来强化效果。

二、热加工对金属组织和性能的影响

热加工虽不能引起加工硬化，但它能使金属的组织和性能发生显著的变化。热加工（如锻、轧）能消除铸态金属与合金的某些缺陷，如使气孔焊合，使粗大的树枝晶和柱状晶破碎从而使材料组织致密，晶粒细化，成分均匀，力学性能提高。

热加工使铸态金属中的夹杂物及枝晶偏析沿变形方向拉长，使枝晶间富集的杂质及夹杂物的分布逐渐与变形方向一致，形成彼此一致的宏观条纹，称为流线，由这种流线所体现的组织称为纤维组织。纤维组织使钢产生各向异性，与流线平行的方向强度高，而垂直方向上强度低，在制定加工工艺时，应使流线分布合理，尽量使流线与工件工作时所受到的最大拉应力方向一致，与剪切或冲击应力方向相垂直。

在热加工亚共析钢时，常发现钢中的铁素体与珠光体呈带状或层状分布，这种组织称为带状组织。带状组织是由于枝晶偏析或夹杂物在压力加工过程中被拉长所形成

的。带状组织不仅降低钢的强度，而且还降低塑性和冲击韧度。轻微的带状组织可通过多次正火或高温扩散退火加正火来消除。

热加工可用较小的能量消耗来获得较大的变形量，但在热加工过程中钢材表面易氧化，因而其表面粗糙度增大、尺寸精度降低。热加工一般用于截面尺寸和变形量较大，在室温下硬度大、塑性差的工件，而冷加工一般用于截面尺寸较小，塑性好、尺寸精度和表面粗糙度要求较高的工件。

课后习题

一、名词解释

滑移 孪生 加工硬化 再结晶 热加工 冷加工

二、填空

1. 单晶体金属塑性变形的基本方式是（　　）和（　　）。
2. 单晶体塑性变形时的滑移带实际上是由（　　）构成的。
3. 在外力的作用下，随着外形的变化，金属内部组织发生的变化有（　　）、（　　）、（　　）。

三、简答题

1. 用手来回弯折一根铁丝时，开始感觉省劲，后来逐渐感到有些费劲，最后铁丝被弯断。试解释过程演变的原因。
2. 当金属继续冷拔有困难时，通常需要进行什么热处理？为什么？
3. 热加工对金属组织和性能有什么影响？钢材在热加工（如锻造）时，为什么不产生加工硬化现象？
4. 锡在20 ℃、钨在1 100 ℃时的塑性变形加工各属于哪种加工？为什么？（锡的熔点为232 ℃，钨的熔点为3 380 ℃）

学习情境五 钢的热处理

情境导入

《天工开物》是明朝科学家宋应星所著的世界上第一部关于农业和手工业生产的综合性著作，记载了明朝中叶以前中国古代的各项技术，是一部百科全书式的著作。其中就有许多有关热处理的记载，比如"凡治地生物，锄镈之属，熟铁锻成，熔化生铁淋口，入水淬健，即成刚劲。每锄耨重一斤者，淋生铁三钱为率，少则不坚，多则过刚而折"描述的就是擦渗工艺，即在熟铁或低碳钢锻坯上，擦上或淋上一薄层生铁，在经过多次冷锻，成形后再加热淬火，使工件一面渗碳，并有生铁熔覆层，使表面强化，因而工件既耐磨又锋利。

情境解析

古人就知道通过热处理来提高各种零件的性能，现代化的工业生产中，热处理更是必不可少。

钢的热处理是指将钢在固态下进行加热、保温和冷却，以改变其内部组织，从而获得所需要性能的一种工艺方法。

热处理的作用和地位

热处理同铸造、压力加工和焊接等工艺不同，它不改变零件的外形和尺寸，只改变金属的内部组织和性能。热处理的主要目的是改善钢的工艺性能和提高钢的使用性能，所以机械制造业中大多数的机器零件都有经过热处理，以提高产品的质量和使用寿命，如在机床制造中，60%~70% 的零件要热处理。在汽车、拖拉机制造中，需要经过热处理的零件占 70%~80%。至于刀具、量具、模具和滚动轴承等，则要 100% 进行热处理。随着工业和科技的发展，热处理在改善和强化金属材料、提高产品质量、节省材料和提高经济效益等方面将发挥更大的作用。

钢的热处理的种类很多，根据加热和冷却方法不同，大致分类如下：

$$
\text{热处理}\begin{cases}\text{普通热处理：退火、正火、淬火、回火等}\\\text{表面热处理：}\begin{cases}\text{表面淬火：火焰加热、感应加热}\\\text{化学热处理：渗碳、渗氮、碳氮共渗等}\end{cases}\end{cases}
$$

学习目标

序号	学习内容	知识目标	技能目标	创新目标
1	奥氏体化的过程及影响奥氏体晶粒大小的因素	√		
2	奥氏体的等温冷却转变过程及转变产物	√		
3	奥氏体的连续冷却与等温冷却的异同	√		
4	退火、正火的概念、方法、区别及应用场合	√	√	√
5	淬火、回火的概念、目的、方法及应用场合	√	√	√
6	钢的表面热处理的概念及分类	√	√	√
7	表面淬火的概念、种类及工艺路线的安排	√	√	√
8	表面化学热处理的概念、种类及工艺路线的安排	√	√	√

学习任务一 认知钢在加热时的转变

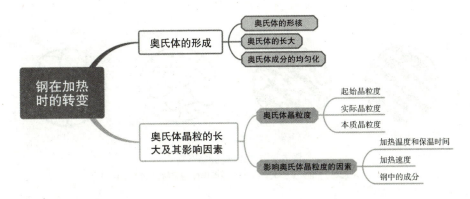

热处理的加热和冷却设备

热处理的种类虽然很多,但一般是由加热、保温和冷却三个阶段组成的,因此,要了解各种热处理方法对钢的组织和性能的影响,必须研究钢在加热(包括保温)和冷却过程中的规律。图 5-1 为钢的热处理工艺曲线。

研究钢在加热和冷却时的相变规律是以 Fe-Fe$_3$C 相图为基础的。Fe-Fe$_3$C 相图临界点 A_1、A_3、A_{cm} 是碳钢在极其缓慢地加热或冷却的情况下测定的。但在实际生产中,加热和冷却并非如此,所以,钢的相变过程不可能在平衡临界点进行,即有过冷过热现象。升高和降低的幅度,随加热和冷却速度的增加而增大。

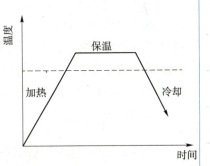

图 5-1 钢的热处理工艺曲线

通常实际加热时各临界点标注脚标 c,即 A_{c1}、A_{c3}、A_{ccm};冷却时标注脚标 r,即 A_{r1}、A_{r3}、A_{rcm},如图 5-2 所示。

钢加热到 A_{c1} 点以上时,会发生珠光体向奥氏体的转变;加热到 A_{c3} 和 A_{ccm} 点以上时,便会全部转变为奥氏体。热处理加热最主要的目的就是得到奥氏体,因此这种加

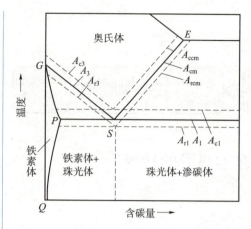

图 5-2　钢加热和冷却时各临界点的实际位置

热转变的过程称为钢的奥氏体化。

一、奥氏体的形成

奥氏体的形成过程

钢加热时奥氏体的形成遵循结晶过程的基本规律，即包括奥氏体的形核和长大两个基本过程。以共析钢（含碳量0.77%）为例，奥氏体的转变过程可分为四个阶段进行，即奥氏体的形核、奥氏体晶核的长大、残余奥氏体的溶解以及奥氏体成分的均匀化，如图5-3所示。

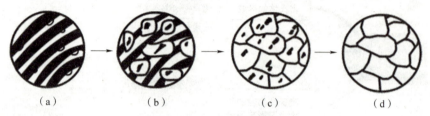

图 5-3　奥氏体的形成过程

（a）A 形核；（b）A 长大；（c）残余奥氏体的溶解；（d）A 均匀化

（一）奥氏体的形核

珠光体是由铁素体和渗碳体相间分布构成的层片状结构，在 F 和 Fe_3C 两相交界处，原子排列处于过渡状态，能量较高，碳浓度的差别也比较大，有利于在奥氏体形成时碳原子的扩散。此外，由于界面原子排列的不规则，也有利于 Fe 原子的扩散，导致晶格的改组重建，这样为奥氏体晶核的形成提供了能量、浓度和结构条件，因此，奥氏体优先在 F 和 Fe_3C 的界面处形核。

（二）奥氏体的长大

刚形成的奥氏体晶核内部的碳浓度是不均匀的，与渗碳体相接的界面上碳浓度大于与铁素体相接的界面浓度。由于存在碳的浓度梯度，使碳不断从 Fe_3C 界面通过奥氏体晶核向低浓度的铁素体界面扩散，这样破坏了原来 F 和 Fe_3C 界面的碳浓度关系，为维持原界面的碳浓度关系，铁素体通过 Fe 原子的扩散（短程），晶格不断改组为奥氏体，而 Fe_3C 则通过碳的扩散，不断溶入奥氏体中，结果奥氏体晶粒不断向铁素体和渗碳体两边长大，直至铁素体全部转变为奥氏体为止。

由于 Fe_3C 的晶格结构和含碳量与奥氏体的差别远大于铁素体与奥氏体的差别。所以铁素体优先转变为奥氏体后，还有一部分渗碳体残留下来，被奥氏体包围，这部分残余的 Fe_3C 在保温过程中，通过碳的扩散继续溶于奥氏体，直至全部消失。

（三）奥氏体成分的均匀化

Fe_3C 全部溶解时，奥氏体中原先属于 Fe_3C 的部位含碳较高，属于 Fe 的部位含碳较低，随着保温时间的延长，通过碳原子的扩散，奥氏体的含碳量逐渐趋于均匀。

亚共析钢和过共析钢的奥氏体的形成过程与共析钢基本相同，但其完全奥氏体化的过程则有所不同。亚共析钢加热到 A_{c1} 以上时，还存在着自由铁素体，这部分铁素体只有继续加热到 A_{c3} 以上时，才能全部转变为奥氏体；过共析钢则只有加热到 A_{cm} 以上时，才能获得单一的奥氏体组织。

二、奥氏体晶粒的长大及其影响因素

奥氏体晶粒大小对后续的冷却转变以及转变产物的性能有重要的影响。

（一）奥氏体晶粒度

奥氏体晶粒度是指将钢加热到临界点（A_{c3}、A_{c1} 或 A_{cm}）以上的某一温度，并保温规定的时间所得到奥氏体晶粒的大小。

钢的奥氏体晶粒大小直接影响冷却后组织和性能。奥氏体晶粒均匀而细小，冷却后奥氏体转变产物也均匀细小，其强度、塑性、韧性都较高，尤其对钢淬火、回火的韧性具有很大的影响，因此加热时总是力求获得均匀细小的奥氏体晶粒。

生产中一般采用与标准晶粒度等级比较法来测定奥氏体晶粒度大小，如图 5-4 所示。晶粒度通常分为 8 级，1~4 级为粗晶粒度；5~8 级为细晶粒度；超过 8 级为超细晶粒度。

根据奥氏体的形成过程和晶粒长大情况，奥氏体晶粒度可分为以下三种：

1. 起始晶粒度

起始晶粒度是指在临界温度以上，奥氏体形成刚刚完成，其晶粒边界刚刚接触时的晶粒大小。通常情况下，起始晶粒度总是比较细小均匀的。

2. 实际晶粒度

实际晶粒度是指在某一具体的热处理加热条件下所得到的晶粒尺寸。

3. 本质晶粒度

本质晶粒度根据国家标准，在（930±10）℃保温 3~8 h，冷却后，测得的奥氏体晶粒的大小称为本质晶粒度。它表示钢在上述规定加热条件下奥氏体晶粒长大的倾向，但不表示晶

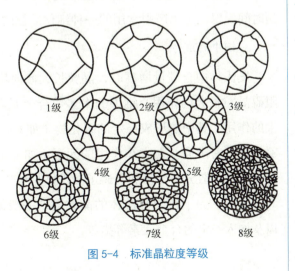

图 5-4 标准晶粒度等级

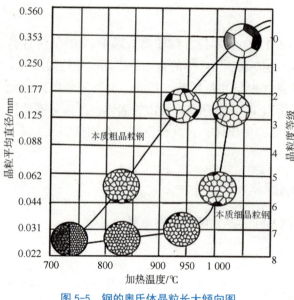

图 5-5　钢的奥氏体晶粒长大倾向图

粒的大小。生产中发现，不同牌号的钢，其奥氏体晶粒的长大倾向是不同的。有些钢的奥氏体晶粒随着加热温度升高会迅速长大；而有些钢的奥氏体晶粒则不容易长大，只有加热到更高温度时才开始迅速长大，一般称前者为"本质粗晶粒钢"，后者为"本质细晶粒钢"（如图 5-5 所示）。

钢的本质晶粒度在热处理生产中具有重要意义。在设计时，凡需热处理或经焊接的零件一般尽量选用本质细晶粒钢，以减小过热倾向。

（二）影响奥氏体晶粒度的因素

1. 加热温度和保温时间

奥氏体刚形成时晶粒很小，随着加热温度升高晶粒将逐渐长大。奥氏体晶粒长大伴随着晶界面积的减小，导致体系能量下降。所以在高温下，奥氏体晶粒长大是一个自发过程，温度越高，晶粒长大越明显。在一定温度下保温时间越长，奥氏体晶粒也越粗大。

2. 加热速度

当加热温度确定后，加热速度越快，奥氏体晶粒越细小，因此，快速高温加热和短时间保温，是生产中常用的一种细化晶粒的方法。

3. 钢中的成分

奥氏体中含碳量增高时，晶粒长大倾向增大。碳以未溶碳化物的形式存在，起了阻碍晶粒长大的作用。钢中的大多数合金元素（除 Mn 以外）都有阻碍奥氏体晶粒长大的作用。其中能形成稳定的碳化物（如 Cr、W、Mo、Ti、Nb 等）和能生成氧化物、氮化物、有阻碍晶粒大小作用的元素（如适量的 Al），其碳化物、氧化物、氮化物在晶界上的弥散分布，强烈阻碍了奥氏体晶粒长大，使晶粒保持细小。

因此，为了控制奥氏体的晶粒度，一般都会采取合理选择加热温度和保温时间，以及加入一定的合金元素等措施。

学习任务二　认知钢在冷却时的转变

知识导图

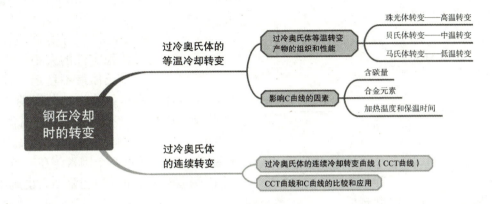

冷却过程是热处理的关键工序，其冷却转变温度决定了冷却后的组织和性能。实际生产中采用的冷却方式主要有连续冷却（如炉冷、空冷、水冷等）和等温冷却（如等温淬火）。

所谓等温冷却是指将奥氏体化的钢件迅速冷却至 A_{r1} 以下某一温度并保温，使其在该温度下发生组织转变，然后再冷却至室温，如图5-6所示。连续冷却则是将奥氏体化的钢件连续冷却至室温，并在连续冷却过程中发生组织转变。

当温度在临界转变温度（A_{r1}）以上时，奥氏体是稳定的。当温度降到临界转变温度以下后，在热力学上奥氏体处于不稳定状态，要发生转变，奥氏体即处于过冷状态，这种奥氏体称为过冷奥氏体（过冷A）。钢在冷却时的组织转变，实质是过冷奥氏体的组织转变。

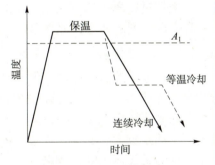

图5-6　两种冷却方式示意图

一、过冷奥氏体的等温冷却转变

在不同的过冷度下，反映过冷奥氏体转变产物与时间关系的曲线称为过冷奥氏体等温转变曲线。由于曲线形状像字母C，故又称为C曲线（或称TTT曲线）。如图5-7所示为共析钢的过冷奥氏体等温转变曲线。图中左边一条曲线为等温转变开始线，右边一条曲线为等温转变终了线；M_s（≈230 ℃）线、M_f（≈-50 ℃）线分别为马氏体转变开始温度线和终了温度线。在 A_1 以上是奥氏体稳定区；在两曲线之间是转变过渡区（过冷奥氏体＋转变产物）；M_s 线、M_f 线之间为马氏体转变区。由于在不同等温温度下，过冷奥氏体转变经历的时间相差很大（从不足1 s到长达几天），所以等温转变图中的

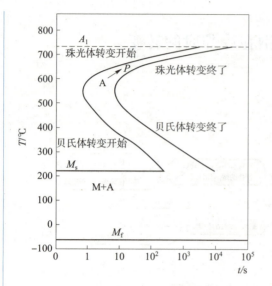

图 5-7 共析钢过冷奥氏体等温转变曲线

横坐标采用对数坐标标出时间。

从等温转变图中可看出，过冷奥氏体在各个温度等温时，都要在该温度下经过一段时间后才能发生转变。把金属及合金在一定过冷度条件下等温转变时，等温停留开始至转变开始之间的时间称为"孕育期"（它以转变开始线上的各点与温度坐标的距离表示）。孕育期的长短反映了过冷奥氏体稳定性的大小。孕育期最短处，过冷奥氏体最不稳定，转变最快，孕育期最短处称为 C 曲线的"鼻尖"。对于碳钢，"鼻尖"处的温度为 550 ℃。过冷奥氏体的稳定性取决于相变驱动力和扩散这两个因素。在"鼻尖"以上，过冷度越小，相变驱动力也越小；在"鼻尖"以下，温度越低，原子扩散越困难，两者都使奥氏体稳定性增加，孕育期增长，转变速度减慢。

（一）过冷奥氏体等温转变产物的组织和性能

根据过冷奥氏体不同温度（A_{r1} 线以下）下转变产物的不同，奥氏体的变化可分为三种不同类型的转变，即高温珠光体转变、中温贝氏体转变和低温马氏体转变。

1. 珠光体转变——高温转变（A_{r1}~550 ℃）

共析成分的奥氏体过冷到 A_{r1}~550 ℃ 高温区等温停留时，将发生共析转变，转变产物为珠光体型组织，都是由铁素体和渗碳体的层片组成的机械混合物。由于过冷奥氏体向珠光体转变温度不同，珠光体中铁素体和渗碳体片厚度也不同。在 A_{r1}~650 ℃ 范围内，片间距较大，称为珠光体（P），如图 5-8 所示；在 650~600 ℃ 范围内，片间距较小，称为索氏体（S），如图 5-9 所示；在 600~550 ℃ 范围内，片间距很小，称为托氏体（T），如图 5-10 所示。

（a） （b）

图 5-8 珠光体的显微组织
（a）光镜下形貌 （b）电镜下形貌

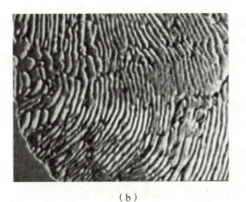

图 5-9 索氏体的显微组织

(a) 光镜下形貌；(b) 电镜下形貌

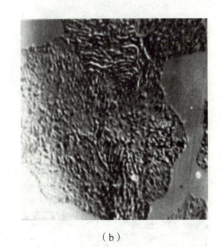

图 5-10 托氏体的显微组织

(a) 光镜下形貌；(b) 电镜下形貌

实际上，这三种组织都是珠光体，其差别只是珠光体组织的"片间距"大小，形成温度越低，片间距越小。这个"片间距"越小，组织的硬度越高，托氏体的硬度高于索氏体，远高于粗珠光体。表 5-1 为共析钢的珠光体型组织及特征。

表 5-1 共析钢的珠光体型组织及特征

名称（符号）	形成温度 / ℃	层片间距 /μm	硬度 / HRC
珠光体（P）	A_{r1}~550	>0.4	15~25
索氏体（S）	650~600	≈0.4~0.2	25~35
托氏体（T）	600~550	<0.2	35~42

2. 贝氏体转变——中温转变（550 ℃ ~M_s）

共析成分的奥氏体过冷到 550 ℃ ~M_s 的中温区停留时，将发生过冷奥氏体向贝氏体的转变，形成贝氏体（B）。由于过冷度较大，转变温度较低，贝氏体转变时只发生碳原子的扩散而不发生铁原子的扩散。因而，贝氏体是由含过饱和碳的铁素体和碳化物组成的两相混合物。

按组织形态和转变温度，可将贝氏体组织分为上贝氏体（B$_上$）和下贝氏体（B$_下$）两种。上贝氏体是在 550~350 ℃温度范围内形成的。由于脆性较高，基本无实用价值，这里不予讨论。下贝氏体是在 350 ℃ ~M_s 温度范围内形成的。它由含过饱和的细小针片状铁素体和铁素体片内弥散分布的碳化物组成，因而，它具有较高的强度和硬度、塑性和韧性。在实际生产中常采用等温淬火来获得下贝氏体。典型的上贝氏体呈羽毛状态，如图 5-11 所示；下贝氏体呈黑色针片状或竹叶状，如图 5-12 所示。

上贝氏体转变

 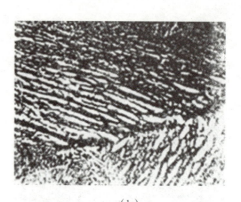

（a） （b）

图 5-11 羽毛状上贝氏体的显微组织

（a）光学显微照片；（b）电子显微照片

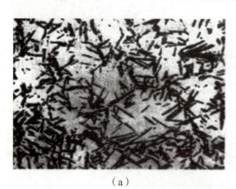 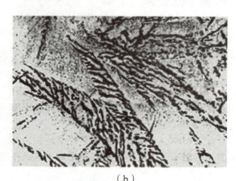

（a） （b）

图 5-12 针、叶状下贝氏体的显微组织

（a）光学显微照片；（b）电子显微照片

3. 马氏体转变——低温转变（M_s 以下）

当过冷奥氏体被快速冷却到 M_s 点以下时，便发生马氏体转变，形成马氏体（M），它是奥氏体冷却转变最重要的产物。奥氏体为面心立方晶体结构。当过冷至 M_s 以下时，其晶体结构将转变为体心立方晶体结构。由于转变温度较低，原奥氏体中溶解的过多碳原子没有能力进行扩散，致使所有溶解在原奥氏体中的碳原子

马氏体　　奥氏体转变为马氏体

难以析出，从而使晶格发生畸变，含碳量越高，畸变越大，内应力也越大。马氏体实质上就是碳溶于α-Fe中的过饱和间隙固溶体。

马氏体的强度和硬度主要取决于马氏体的碳含量。当w_C低于0.2%时，可获得呈一束束尺寸大体相同的平行条状马氏体，称为板条状马氏体，如图5-13所示。当钢的组织为板条状马氏体时，具有较高的硬度和强度、较好的塑性和韧性。当马氏体中w_C大于0.6%时，得到针片状马氏体。片状马氏体具有很高的硬度，但塑性和韧性很差，脆性大。当w_C为0.2%~0.6%时，低温转变得到板条状马氏体与针状马氏体混合组织。随着碳含量的增加，板条状马氏体量减少而针片状马氏体量增加。

马氏体组织转变观察

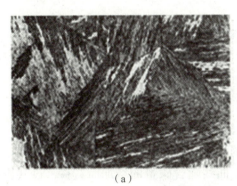 

（a） （b）

图5-13 马氏体的显微组织
（a）板条马氏体形貌（b）针状马氏体形貌

与前两种转变不同的是，马氏体转变不是等温转变，而是在一定温度范围内（$M_s \sim M_f$）快速连续冷却完成的转变。随温度降低，马氏体量不断增加。而实际在进行马氏体转变的淬火处理时，冷却只进行到室温，这时奥氏体不能全部转变为马氏体，还有少量的奥氏体未发生转变而残余下来，称为残余奥氏体。过多的残余奥氏体会降低钢的强度、硬度和耐磨性，而且因残余奥氏体为不稳定组织，在钢件使用过程中易发生转变而导致工件产生内应力，引起变形、尺寸变化，从而降低工件精度。因此，对硬度要求高或精度要求高的工件，生产中常在淬火后迅速将其置于接近M_f的温度下，促使残余奥氏体进一步转变成马氏体，这一工艺过程称为"冷处理"。

综上所述，马氏体的转变有如下特点：
（1）过冷奥氏体转变为马氏体是一种非扩散型转变。
（2）马氏体的形成速度很快，无孕育期，是一个连续冷却的转变过程。
（3）马氏体转变是不彻底的，总要残留少量奥氏体。
（4）马氏体形成时体积膨胀，在钢中造成很大的内应力，严重时导致开裂。

亚共析钢和过共析钢过冷奥氏体的等温转变曲线与共析钢的奥氏体等温转变曲线相比，它们的C曲线分别多出一条先析铁素体析出线或先析渗碳体析出线，如图5-14所示。

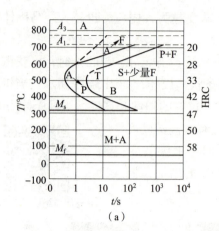 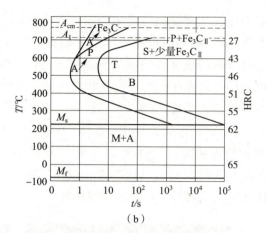

图 5-14 亚共析钢和过共析钢的 C 曲线

（a）亚共析钢；（b）过共析钢

（二）影响 C 曲线的因素

1. 含碳量

随着奥氏体中含碳量的增加，奥氏体的稳定性增大，C 曲线的位置右移，这是一般规律。在正常加热条件下，亚共析钢的 C 曲线随含碳量的增加而右移，过共析钢的 C 曲线随含碳量的增加而左移。因为过共析钢的含碳量增加，未溶解渗碳体的量增多，它们能作为结晶核心促使奥氏体分解，故在碳钢中，共析钢的过冷奥氏体最稳定。此外，奥氏体中的含碳量越高，M_s 点越低。

2. 合金元素

除 Co 以外的几乎所有合金元素融入奥氏体后，都会增加奥氏体的稳定性，使 C 曲线不同程度右移。当某些合金元素达到一定量时，还会改变 C 曲线的形状。绝大多数合金元素均会使 M_s 温度降低。

3. 加热温度和保温时间

随着加热温度的提高和保温时间的延长，奥氏体晶粒长大，晶界面积减少，奥氏体成分更加均匀。这些都不利于过冷奥氏体的转变，但提高了奥氏体的稳定性，使 C 曲线右移。

对于过共析钢与合金钢，影响其 C 曲线的主要因素是奥氏体的成分。

二、过冷奥氏体的连续转变

（一）过冷奥氏体的连续冷却转变曲线（CCT 曲线）

在实际生产中，大多数热处理工艺都是在连续冷却过程中进行的，所以，钢的连续冷却转变曲线更有实际意义。

它是由实验方法测定的，如图 5-15 所示的为共析钢的 CCT 曲线图。它与等温转变曲线的区别在于连续冷却转变曲线位于曲线的右下侧,且没有 C 曲线的下部分,即共析钢在连续冷却转变时,得不到贝氏体组织。

图中 P_s 和 P_f 分别为过冷奥氏体转变为珠光体的开始线和终止线,两线之间为转变的过渡区,KK' 线为转变的终止线,当冷却到达此线时,过冷奥氏体便终止向珠光体的转变,一直冷却到 M_s 点又开始发生马氏体转变。共析钢在连续冷却转变的过程中,不发生贝氏体转变,因而也没有贝氏体组织出现。这是因为共析钢贝氏体转变的孕育期很长,当过冷奥氏体连续冷却,通过贝氏体转变区内尚未发生转变时就已过冷到 M_s 点而发生马氏体转变,所以不出现贝氏体转变。

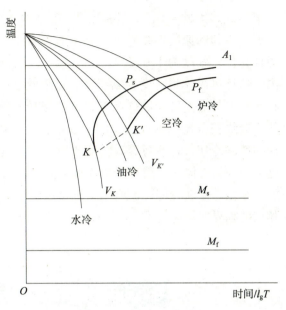

图 5-15　共析钢 CCT 曲线

由 CCT 曲线图可知,共析钢以大于 V_K 的速度冷却时,由于遇不到珠光体转变线,可得到的组织为马氏体和残余奥氏体。冷却速度 V_K 称为上临界冷却速度,$V_{K'}$ 越小,越易得到马氏体。冷却速度小于 $V_{K'}$ 时,过冷奥氏体将全部转变为珠光体,$V_{K'}$ 称为下临界冷却速度。$V_{K'}$ 越小,退火所需的时间越长。冷却速度在 $V_K \sim V_{K'}$ 之间(如油冷)时,在到达 KK' 线之前,奥氏体部分转变为珠光体,从 KK' 线到 M_s 点,剩余奥氏体停止转变,直到 M_s 点以下,才开始马氏体转变。到 M_f 点,马氏体转变完成,得到的组织为马氏体和托氏体。若冷却到 M_s 和 M_f 之间,则得到的组织为马氏体、托氏体和残余奥氏体。

(二) CCT 曲线和 C 曲线的比较和应用

将相同条件下的奥氏体冷却测得的共析钢 CCT 曲线和 C 曲线叠加在一起,如图 5-16 所示,其中虚线为连续冷却转变曲线。从图中可以看出,连续冷却时,过冷奥氏体的稳定性增加,奥氏体完成珠光体转变的温度更低,时间更长。

由于连续冷却转变曲线的测定比较困难,目前这方面的资料

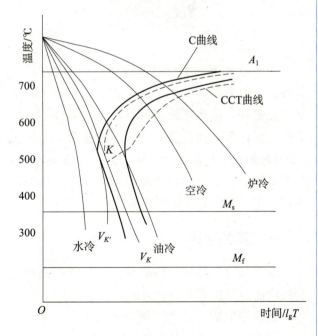

图 5-16　共析钢 CCT 曲线和 C 曲线比较及应用

还很欠缺，因此常用等温转变图较粗略地估计转变产物和性能。如图5-16所示，若以炉中冷却的速度连续转变，与C曲线相交于700~650 ℃温度范围，估计奥氏体转变为珠光体，硬度为170~220 HBS；以空冷时的冷速与C曲线相交于650~600 ℃温度范围，估计奥氏体将转变为索氏体，硬度为25~35 HRC；以油中淬火的速度冷却，大约在570 ℃与等温转变曲线相交，部分奥氏体转变为托氏体，剩余的奥氏体转变为马氏体，最终获得托氏体+马氏体+残余奥氏体的混合组织，硬度为45~55 HRC；以水淬时的速度冷却，它不与等温转变曲线相交，奥氏体一直过冷到 M_s 下转变为马氏体，最终组织为马氏体+少量残余奥氏体，硬度为55~65 HRC。

根据等温转变图（C曲线）也可以估计临界冷却速度 V_K 的大小。与等温曲线鼻尖相切的临界冷却速度用 $V_{K'}$ 表示，一般 $V_{K'}=1.5 V_K$。

学习任务三　认知钢的退火与正火

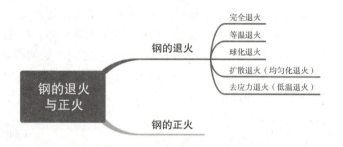

为了改善钢的力学性能，机械零件在加工过程中往往要安排不同目的的各种热处理，一般机器零件的工艺过程是：毛坯（铸造、锻造）→预备热处理→切削加工→最终热处理。最终热处理的目的是使零件达到所要求的力学性能，如强度、硬度、耐磨性、韧性等。预备热处理的目的是消除毛坯在铸造或锻造过程中所造成的某些缺陷（如晶粒粗大、枝晶偏析、硬度过高或不均匀等），同时为下道工序以及最终热处理做好组织准备。退火和正火就是钢材经常采用的预备热处理。如果零件的力学性能要求不高，退火和正火即是最终热处理。

一、钢的退火

退火是将工件加热到临界点以上或在临界点以下某一温度保温一定时间后，以十分缓慢的冷却速度（一般为随炉冷却）进行冷却的一种操作。

根据钢的成分、组织状态和退火目的的不同，退火工艺可分为：完全退火、等温退火、球化退火、扩散退火和去应力退火等。

（一）完全退火

完全退火又称重结晶退火，是将工件加热到 A_{c3} 以上 30~50 ℃，保温一定时间后，随炉缓慢冷却到 600 ℃左右，然后在空气中冷却。用于亚共析钢成分的碳钢和合金钢的铸件、锻件及热轧型材，有时也用于焊接件。

钢件完全退火和球化退火处理

这种工艺的目的是细化晶粒，降低硬度，改善工件的切削加工性能。但这种工艺过程比较费时间。为克服这一缺点，产生了等温退火工艺。

（二）等温退火

等温退火是将亚共析钢加热到 A_{c3} 以上，过共析钢加热到 A_{c1} 以上，保温一定的时间，再快速冷却至稍低于 A_{r1} 的某一温度等温停留，使过冷奥氏体完成向珠光体的转变，随后出炉或冷却至 600 ℃左右时出炉，等温退火与普通退火相比可大大缩短时间。

（三）球化退火

球化退火是将钢件加热到 A_{c1} 以上 10~30 ℃，保温一定时间后随炉缓慢冷却至 600 ℃后出炉空冷。同样为缩短退火时间，生产上常采用等温球化退火，它的加热工艺与普通球化退火相同，只是冷却方法不同。通过球化退火，层状渗碳体和网状渗碳体变为球状渗碳体，球化退火后的组织是由铁素体和球状渗碳体组成的球状珠光体。这样可降低硬度，改善切削加工性，并为以后淬火做准备。

球状珠光体形成过程动画及球化退火应用

球化退火主要用于共析或过共析成分的碳钢及合金钢。

对于有网状二次渗碳体存在的过共析钢，在球化退火之前应先进行正火来打碎渗碳体网状化组织。

（四）扩散退火（均匀化退火）

扩散退火是把钢加热到略低于固相线（固相线以下 100~200 ℃）的温度，长时间保温（10~15 h），然后缓冷至室温的工艺。其目的是消除晶内偏析，使成分均匀化。实质是使钢中各元素的原子在奥氏体中进行充分扩散。

工件经扩散退火后，奥氏体的晶粒十分粗大，因此必须进行完全退火或正火处理来细化晶粒，消除过热缺陷。

（五）去应力退火（低温退火）

这种退火是把钢加热到低于 A_{c1} 的某一温度，通常为 500~650 ℃，保温后随炉缓冷的工艺。主要目的是消除铸件、锻件、焊接件、冷冲压件（或冷拔件）及机加工的残余内应力。这些应力若不消除会导致随后的切削加工或使用中的变形开裂，降低机器的精度，甚至会发生事故。在去应力退火中不发生组织转变。

二、钢的正火

将工件加热到 A_{c3} 或 A_{cm} 以上 30~50 ℃，使钢转变为奥氏体，保温后从炉中取出在空气中冷却的热处理工艺称为正火。正火与退火的差别是冷却速度的不同，正火的冷却速度较大,获得的珠光体类组织较细,因而强度与硬度也较高。

正火后的力学性能和生产效率都较高,成本也低,因而一般情况下尽可能地用它来代替退火,正火主要应用于下列方面。

（1）用于普通结构零件,作为最终热处理,细化晶粒提高力学性能。

（2）用于低、中碳钢作为预先热处理,得到合适的硬度便于切削加工。

（3）用于过共析钢,消除网状Fe_3C_{II},有利于球化退火的进行。

综上所述,为改善切削加工性能,低、中碳钢宜用正火,高碳结构钢则宜用退火,过共析钢用正火消除网状渗碳体后,因硬度偏高,还需球化退火。应该指出的是,当中、低碳钢进行冷挤、冷铆、冷镦以前,为获得良好的塑性,也要采用退火。各种退火和正火的加热温度如图5-17所示。

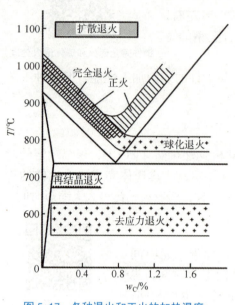

图5-17 各种退火和正火的加热温度

学习任务四 认知钢的淬火

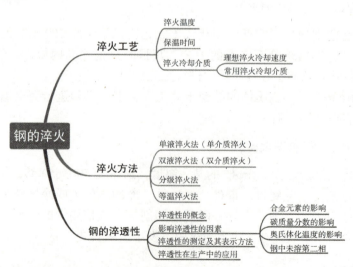

淬火就是将钢件加热到A_{c3}或A_{c1}以上30~50 ℃,保温一定时间,然后快速冷却（>V_K,一般为油冷或水冷）,从而使奥氏体转变为马氏体（或下贝氏体）的一种操作。

马氏体强化是钢的主要强化手段,因此淬火的目的就是获得马氏体,提高钢的力学性能。淬火是钢最重要的热处理工艺，也是热处理中应用最广的工艺之一。但淬火必须和回火相配合，否则淬火后得到了高硬度、高强度，但韧性、塑性低，不能得到优良的综合力学性能。

一、淬火工艺

（一）淬火温度

为了获得细小而均匀的奥氏体晶粒，钢的淬火温度应选择在临界温度线以上30~50 ℃，加热温度过高得到的是粗针状马氏体，脆性大，而且其氧化脱碳的情况十分严重，工件变形倾向大，甚至会导致开裂。

通常亚共析钢的淬火温度应在A_{c3}以上30~50 ℃，（如图5-18所示）淬火后可得到细小均匀的马氏体组织，碳的质量分数超过0.5%时，还伴有少量残余奥氏体出现。如在A_{c3}以下淬火，在淬火组织中将出现铁素体，造成硬度与强度不足。

共析钢和过共析钢的淬火温度为A_{c1}以上30~50 ℃，（如图5-18所示）淬火后得到的是细小均匀的马氏体、粒状二次渗碳体和少量残余奥氏体的混合组织，粒状渗碳体可提高淬火马氏体的硬度和耐磨性，如果加热温度超过A_{cm}线，则

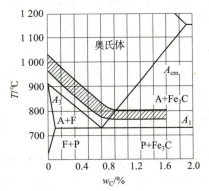

图5-18　碳钢淬火加热温度范围

淬火后会获得粗大针状马氏体和较多的残余奥氏体，这不仅会降低钢的硬度、耐磨性和韧性，而且还增大淬火变形、开裂的倾向。

除了锰外的大多数合金元素都会阻碍奥氏体晶粒的长大，为了使合金元素充分溶入奥氏体中，合金钢的加热温度通常在临界温度以上50~80 ℃。各种钢的加热温度可查看有关热处理手册。

（二）保温时间

为了使工件各部分均完成组织转变，需要在淬火加热温度保温一定的时间，通常将工件升温和保温所需的时间计算在一起，统称为加热时间。影响加热时间的因素很多，如加热介质、钢的成分、炉温、工件的形状及尺寸、装炉方式及装炉量等。通常根据经验公式估算或通过实验确定。生产中往往要通过实验确定合理的加热及保温时间，以保证工件质量。

（三）淬火冷却介质

淬火冷却是决定淬火质量的关键，为了使工件获得马氏体组织，淬火冷却速度必须大于临界冷却速度V_K，而快冷会产生很大的内应力，容易引起工件的变形和开裂。因此，淬火工艺中最重要的一个问题是既要保证淬火钢件获得马氏体组织，又要使钢

件减小变形和防止开裂。为此，合理选择冷却介质和冷却方法是十分重要的。

1. 理想淬火冷却速度

所以淬火冷却速度既不能冷速过大又不能冷速过小。经研究发现，要获得马氏体并非在整个冷却过程中都要快速冷却，理想的冷却速度应是如图5-19所示的速度。在曲线"鼻尖"附近（650~550 ℃）的过冷奥氏体最不稳定区域要快速冷却，使奥氏体不发生珠光体类型转变，而在淬火温度到650 ℃之间，以及400 ℃以下，特别是300~200 ℃范围内不需要快冷；否则，会因淬火应力引起工件变形与开裂。

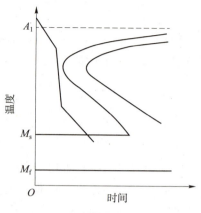

图5-19 钢的理想淬火冷却速度

2. 常用淬火冷却介质

但到目前为止还没有找到十分理想的冷却介质能符合上述这一理想冷却速度的要求。实际生产中常用的冷却介质是水、水溶性盐类和碱类、有机物的水溶液，以及油、熔盐、空气等。下面介绍几种常用的冷却介质。

（1）水。水是目前应用最广泛的淬火冷却介质，这是因为水价廉易得，使用安全。水在650~550 ℃范围内具有很大的冷却速度（>600 ℃/s），可防止珠光体的转变，但是，由于水在300~200 ℃时冷却速度仍然很快（约为270 ℃/s），这时正发生马氏体转变，如此高的冷速必然会引起淬火钢的变形和开裂。若在水中加入10%的盐（NaCl）或碱（NaOH），可将650~550 ℃范围内的冷却速度提高到1 100 ℃/s，但在300~200 ℃范围内冷却速度基本不变，因此水及盐水或碱水常被用作碳钢的淬火冷却介质，但都易引起材料变形和开裂。

（2）油。各种矿物油，也是一种应用很广泛的淬火介质，目前最常用的是L-AN15（10#机油）。油在300~200 ℃范围内的冷却速度较慢（约为20 ℃/s），可减少钢在淬火时的变形和开裂倾向，但在650~550 ℃范围内的冷却速度不够大（约为150 ℃/s），不易使碳钢淬火成马氏体。因此，生产中用油作淬火介质，只适用于过冷奥氏体稳定性较大的合金钢淬火，不适用于碳钢淬火。

（3）盐浴。熔化的$NaNO_3$、KNO_3等盐浴也可作为淬火介质，以减少工件淬火时的变形，主要用于贝氏体等温淬火、马氏体分级淬火。其特点是沸点高、冷却能力介于水和油之间，常用于处理形状复杂、尺寸较小和变形要求严格的工件。

以上介绍的几种淬火冷却介质，与理想淬火冷却的要求都存在一定的差距。国内近年来在试制新型淬火冷却介质方面已取得了较大进展。使用效果较好的新型淬火冷却介质有：水玻璃-碱（或盐）水溶液、过饱和硝盐水溶液、聚乙烯醇水溶液等。

二、淬火方法

为了使工件淬火成马氏体并防止变形和开裂，单纯依靠选择淬火介质是不行的，还必须采取正确的淬火方法。最常用的淬火方法有单液、双液、分级、等温淬火等，如图 5-20 所示。

（一）单液淬火法（单介质淬火）

将奥氏体化后的工件放入一种淬火介质中连续冷却获得马氏体组织的淬火方法称单液淬火。这种方法操作简单，容易实现机械化、自动化，如碳钢在水中淬火，合金钢在油中淬火。但其缺点是不符合理想淬火冷却速度的要求，水淬容易产生变形和裂纹，油淬容易产生硬度不足或硬度不均匀等现象。

（二）双液淬火法（双介质淬火）

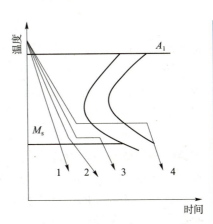

图 5-20　常用淬火方法
1—单液淬火；2—双液淬火
3—分级淬火；4—等温淬火

将奥氏体化后的工件先在快速冷却的介质中冷却，跳过 C 曲线"鼻尖"部分，到接近马氏体转变温度 M_s 时，立即转入另一种缓慢冷却的介质中冷却至室温，以降低马氏体转变时的应力，防止变形开裂，这种方法称为双液淬火法。如形状复杂的碳钢工件常采用水淬油冷的方法，即先在水中冷却到 300 ℃ 后再在油中冷却；而合金钢则采用油淬空冷，即先在油中冷却后在空气中冷却。这种操作要求的技术较高，掌握不好就会出现淬不硬和淬裂现象。

（三）分级淬火法

将奥氏体化后的工件先放入温度稍高于 M_s 温度的盐浴或碱浴中，保温 2~5 min，使零件内外的温度均匀后，立即取出在空气中冷却，使之发生马氏体转变，这种淬火方法称为分级淬火法。这种方法可以减少工件内外的温差和减慢马氏体转变时的冷却速度，从而有效地减少内应力，防止产生变形和开裂。但由于盐浴或碱浴的冷却能力低，只能适用于零件尺寸较小、要求变形小、尺寸精度高的工件，如模具、刀具等。

（四）等温淬火法

将奥氏体化后的工件放入温度稍高于 M_s 温度的盐浴或碱浴中，等温冷却以获得下贝氏体组织的淬火方法。这种淬火方法能显著降低内应力，淬火变形小。同时得到的下贝氏体与回火马氏体相比，在含碳量相近、硬度相当的情况下，前者与后者相比具有较高的塑性与韧性，而且等温淬火后一般不需进行回火，适用于尺寸较小、形状复杂、要求变形小，具有高硬度和强韧性的工具、模具等。

三、钢的淬透性

淬透性是钢的重要热处理工艺性能，也是合理选材和正确制定热处理工艺的重要依据之一。

（一）淬透性的概念

钢在一定的冷却条件下淬火时获得马氏体组织的能力称为钢的淬透性。它是钢材本身固有的一个属性。淬透性反映了钢在接受淬火后转变为马氏体的能力，通常用规定条件下得到淬透层（淬硬层）的深度来表示。

淬火钢的冷却速度大于临界冷却速度 V_K 时，就能获得马氏体组织，在同一工件中，其表面较心部冷却速度要大，当表面冷却速度大于 V_K 时就可以获得马氏体组织，而心部冷却速度如小于 V_K，就只能得到硬度较低的非马氏体组织，也就是说心部没有淬透。大截面工件就可能在表面得到一定淬硬层深度，小截面工件就可能获得表里均淬透的马氏体组织。钢淬透的深度除与工件尺寸有关外，还与冷却介质有关，介质冷却能力越强，淬硬层就越深，通常同一钢件水淬就比油淬的淬硬层深。

通常，从淬硬的工件表面测量至半马氏体区（即50%的马氏体+50%非马氏体）的垂直距离作为淬透层深度。显然，不同钢的淬透性是不一样的。在相同条件下，淬硬层深度越大，表明钢的淬透性越高；反之，淬透性高的钢淬硬层深度就大，淬透性低的钢淬硬层就浅。因此，在淬火条件相同的情况下，可根据淬硬层深度的大小来判断钢的淬透性高低。

（二）影响淬透性的因素

淬透性与实际工件的淬硬层深度是完全不同的，淬透性是钢的一种工艺性能，它是在规定条件下得到的淬透层深度，对于一种钢来说它是确定的。而实际淬透层深度是在某种具体条件下淬火得到半马氏体的厚度，它是可变的，与淬透性及许多外界因素有关。淬透性与淬硬性也是不同的概念，淬硬性是指钢淬火时能够达到的最高硬度，主要取决于马氏体中碳的质量分数。淬透性好，淬硬性不一定好，同样淬硬性好，淬透性亦不一定好。

钢的淬透性实质上取决于过冷奥氏体的稳定性，也就是临界冷却速度 V_K。V_K 越小，过冷奥氏体越稳定，则钢的淬透性越好，因此凡影响奥氏体稳定性的因素，都会影响钢的淬透性。其影响包括以下几点：

1. 合金元素的影响

除钴和铝（>2.5%）以外的合金元素能使C曲线右移，也就是说能降低临界冷却速度，使钢的淬透性提高。因此合金钢的淬透性比碳钢好。

2. 碳质量分数的影响

对于碳钢，钢中含碳量越接近共析成分，其C曲线越靠右，临界冷却速度越小，则淬透性越好，即亚共析钢的淬透性随含碳量增加而增大，过共析钢的淬透性随含碳量增加而减小。碳的质量分数超过1.2%~1.3%时淬透性明显降低。

3. 奥氏体化温度的影响

奥氏体化温度越高，保温时间越长，所形成的奥氏体晶粒也就越粗大，使晶界面积减少，这样就会降低过冷奥氏体转变的形核率，不利于奥氏体的分解，使其稳定性增大，淬透性增加。

4. 钢中未溶第二相

未溶入奥氏体中的碳化物、氮化物以及其他非金属夹杂物可以成为奥氏体转变产物的非自发核心，使 V_K 增大，淬透性降低。

（三）淬透性的测定及其表示方法

淬透性的测定方法很多，目前应用得最广泛的是"末端淬火法"，简称端淬试验。有关细则可参见国家标准 GB/T 225—2006。试验时，采用 $\phi 25\,mm \times 100\,mm$ 的标准试样，将试样奥氏体化保温后，迅速放在端淬试验台上喷水冷却。显然，试样的水冷末端速度最大，沿轴线方向上冷却速度逐渐减少，图 5-21 是末端淬火试验法的示意图和钢的淬透性曲线。

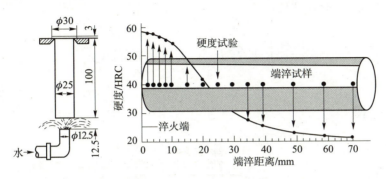

图 5-21　末端淬火试验法示意图

通过钢的淬透性曲线可以确定钢的临界淬透直径，然后用临界淬透直径来表示钢淬透性的大小，并以此来比较不同钢种的淬透性。

临界淬透直径是指钢在某种介质中淬火时，心部能得到的半马氏体的最大直径，用 D_0 来表示。同种钢用不同的淬火介质，临界淬透直径会不相同，如 $D_{0水}$ 和 $D_{0油}$ 分别表示在水中和在油中冷却时的临界淬透直径，那么 $D_{0水}$ 一定大于 $D_{0油}$。

当然临界淬透直径越大，说明该钢的淬透性越好。通常用临界淬透直径来评定钢的淬透性。

（四）淬透性在生产中的应用

淬透性是机械零件设计时选择材料和制定热处理工艺的重要依据。

淬透性不同钢材，淬火后得到的淬硬层深度不同，所以沿截面的组织和力学性能差别很大。如图 5-22 所示，表示淬透性不同的钢制成直径相同的轴，经调质后力学性能的对比。左图表示全部淬透，整个截面为回火索氏体组织，力

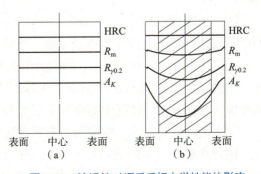

图 5-22　淬透性对调质后钢力学性能的影响

学性能沿截面是均匀分布的；右图表示仅表面淬透，由于心部为层片状组织（索氏体），冲击韧性较低。由此可见，淬透性低的钢材力学性能较差。因此机械制造中截面较大或形状较复杂的重要零件，以及应力状态较复杂的螺栓、连杆等零件，要求截面力学性能均匀，应选用淬透性较好的钢材。

受弯曲和扭转力的轴类零件，应力在截面上的分布是不均匀的，其外层受力较大，心部受力较小，可考虑选用淬透性较低、淬硬层较浅（如为直径的 1/3~1/2）的钢材。有些工件（如焊接件）不能选用淬透性高的钢件，否则容易在焊缝热影响区内出现淬火组织，造成焊缝变形和开裂。

学习任务五　认知钢的回火

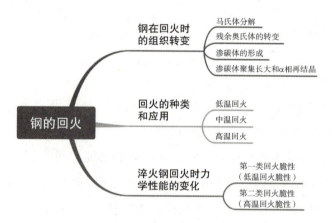

回火是将淬火钢重新加热到 A_1 点以下的某一温度，保温一定时间后，冷却到室温的一种操作。其目的如下：

（1）改善淬火钢的性能，达到要求的力学性能。如工具要求有高硬度、高耐磨性；轴类零件要求有良好的韧性；弹簧要求有较高的弹性极限和屈服强度及一定的塑性、韧性。

（2）稳定钢件尺寸。由于淬火钢硬度高、脆性大，存在着淬火内应力，且淬火后的组织马氏体和残余奥氏体都处于非平衡状态，是一种不稳定的组织，在一定条件下，经过一定的时间后，组织会向平衡组织转变，导致工件的尺寸形状改变，性能发生变化。为克服淬火组织的这些弱点而采取回火处理，使淬火组织充分转变为稳定组织，就可保证钢件在使用过程中不再发生尺寸和形状的变化。

（3）消除或减小淬火内应力，降低马氏体脆性，防止工件的变形和开裂。

钢淬火后必须立即进行回火，以防止工件在放置过程中变形与开裂。淬火钢不经回火一般是不能使用的，所以淬火－回火处理是钢热处理工艺中最重要的复合热处理方法。

一、钢在回火时的组织转变

淬火钢中的马氏体和残余奥氏体是非平衡组织,有向平衡组织即铁素体和渗碳体两相组织转变的倾向,但在室温时这种自发转变十分缓慢,给予一定的温度即所谓的回火处理,可使钢的淬火组织发生大致四个阶段的变化,如图 5-23 所示。

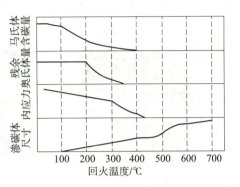

图 5-23　淬火钢回火时的转变

(一)马氏体分解(100~200 ℃)

随着温度的升高,马氏体中过饱和的碳以 ε 碳化物(分子式 $Fe_{2.4}C$)的形式析出,这种 ε 碳化物是变成 Fe_3C 前的一种过渡产物。显微组织是碳的质量分数较低的马氏体与极细 ε 碳化物的混合组织。通常把这种碳的质量分数过饱和较低的 α 固溶体和它共格的 ε 碳化物所组成的两相混合物组织称为回火马氏体(如图 5-24 所示),用 $M_回$ 表示。回火马氏体仍保持原淬火马氏体的组织形态,只是易腐蚀,颜色较暗。这一阶段内应力逐渐减小。马氏体转变要延续到 350 ℃左右,此时 α 相中的碳质量分数接近平衡。

(二)残余奥氏体的转变(200~300 ℃)

马氏体的分解会使残余奥氏体的压力减小,残余奥氏体会转变为 ε 碳化物和过饱和的 α 固溶体,即转变为下贝氏体,到 300 ℃时,基本完成转变。这个阶段转变后的组织是下贝氏体和回火马氏体,亦称为回火马氏体。这个阶段应力进一步降低,但硬度并未明显降低。

(三)渗碳体的形成(250~400 ℃)

ε 碳化物转变为渗碳体是通过亚稳定的 ε 碳化物溶入 α 相中,同时从 α 相中析出渗碳体来实现的。在 350 ℃左右时转变进行较快,此时 α 相仍保持针状,渗碳体呈细薄的短片状,这样马氏体就分解成铁素体(饱和状态)和渗碳体的机械混合物。这种针状或板条状的铁素体基体上大量弥散分布着细粒状渗碳体的两相混合物称为回火托氏体,用 $T_回$ 表示,在光学显微镜下不能分辨出渗碳体颗粒。此时钢的淬火内应力基本消除,硬度有所降低。

(四)渗碳体聚集长大和 α 相再结晶(>400 ℃)

随着温度的升高,渗碳体首先转变为细小的粒状,并逐渐聚集长大,600 ℃以上急剧粗化。同时在 450 ℃以上 α 相开始再结晶,此时失去针状形态,而成为多边形铁素体。这种由粒状渗碳体和再结晶多变形铁素体所组成的两相混合物,称为回火索氏体,用 $S_回$ 表示。在光学显微镜下能清晰分辨出渗碳体颗粒。

综上所述，回火是四种转变阶段交叉进行的过程，同一回火温度可能有几种不同的转变，不同温度的回火组织是这些转变的综合结果。总之，淬火钢经过回火可得到以下三种组织：回火马氏体（具有高硬度，较低的韧性）、回火托氏体（具有中等硬度，高强度，一定的韧性）、回火索氏体（具有良好的综合力学性能），如图5-24所示。应该指出的是，在硬度相同的条件下，回火托氏体、回火索氏体比托氏体、索氏体具有较高的强度和较好的韧性，这主要是由于回火组织中的渗碳体呈粒状存在。

(c)   (b)   (a)

图5-24 回火组织

(a) 回火马氏体；(b) 回火托氏体；(c) 回火索氏体

二、回火的种类和应用

淬火钢回火后的组织与性能右回火温度决定，钢的回火按回火温度不同可分为以下三种：

回火的种类及其应用

（一）低温回火

回火温度范围为150~250 ℃，回火后的组织为回火马氏体。内应力和脆性有所降低，但保持了马氏体的高硬度和高耐磨性。主要应用于高碳钢或高碳合金钢制造的工模具、滚动轴承及渗碳和表面淬火的零件。回火后的硬度一般为58~64 HRC。

（二）中温回火

回火温度范围为350~500 ℃，回火后的组织为回火托氏体，硬度35~45 HRC，具有一定的韧性和较高的弹性极限及屈服强度。主要应用于各类弹簧和模具等。

（三）高温回火

回火温度范围为500~650 ℃，回火后的组织为回火索氏体，硬度为25~35 HRC，具有强度、硬度、塑性和韧性都较好的综合力学性能。广泛应用于汽车、拖拉机、机床等机械中的重要结构零件，如轴、连杆、螺栓、齿轮等。

通常在生产上将淬火与高温回火相结合的热处理称为"调质处理"。应当指出，工件回火后的硬度主要与回火温度和回火时间有关，而与回火后的冷却速度关系不大。因此，在实际生产中回火工件出炉后通常采用空冷。

三、淬火钢回火时力学性能的变化

淬火钢回火时，总的变化趋势是随着回火温度的升高，碳钢的硬度、强度降低；

塑性提高，但回火温度太高，塑性会有所下降；冲击韧性随着回火温度升高而增大。但在 250~400 ℃ 和 450~650 ℃ 温度区间回火，出现冲击韧性显著降低的现象，这种随回火温度的升高而冲击韧性下降的现象称为回火脆性。

（一）第一类回火脆性（低温回火脆性）

在 250~400 ℃ 温度范围内出现的回火脆性称为第一类回火脆性。这类回火脆性无论是在碳钢还是合金钢中均会出现，它与钢的成分和冷却速度无关，即使加入合金元素及回火后快冷或重新加热到此温度范围内回火，都无法避免，一旦产生，就无法消除，故又称"不可逆回火脆性"。防止的办法是避免在此温度范围内回火或采用等温淬火工艺。

（二）第二类回火脆性（高温回火脆性）

在 500~600 ℃ 温度范围内出现的回火脆性称为第二类回火脆性，部分合金钢（主要是含 Cr、Ni、Si、Mn 等元素）易产生这类回火脆性。这类回火脆性如果在回火时快冷就不会出现，另外，如果脆性已经发生，只要再加热到原来的回火温度重新回火并快冷，则可完全消除，因此这类回火脆性又称为"可逆回火脆性"。

学习任务六　认知钢的表面热处理

知识导图

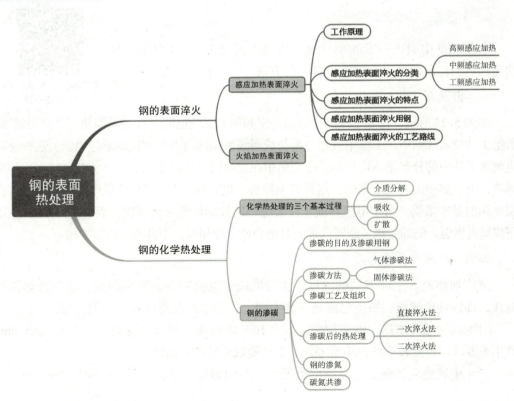

在实际生产中，一些在弯曲、扭转、冲击载荷、磨擦条件区工作的齿轮等机器零件，它们要求具有表面硬、耐磨，而心部韧，能抗冲击的特性，仅从选材方面和采用前述的普通热处理方法去考虑是很难达到此要求的。如用高碳钢，虽然硬度高，但心部韧性不足，若用低碳钢，虽然心部韧性好，但表面硬度低，不耐磨，所以工业上广泛采用表面热处理来满足上述要求，使零件达到"表硬里韧"的效果。

仅对钢件表层进行热处理，以改变其组织和性能的工艺，称为表面热处理。常用的表面热处理工艺可分为两类：一类是只改变表面组织而不改变表面化学成分的表面淬火；另一类是同时改变表面化学成分和组织的表面化学热处理。

一、钢的表面淬火

仅对工件表层进行淬火的工艺，称为表面淬火。它是利用快速加热使钢件表面奥氏体化，而中心尚处于较低温度即迅速予以冷却，表层被淬硬为马氏体，而中心仍保持原来的退火、正火或调质状态的组织。

表面淬火一般适用于中碳钢（w_C=0.4%~0.5%）和中碳低合金钢（40Cr、40MnB等），也可用于高碳工具钢、低合金工具钢（如T8、9Mn2V、GCr15等）以及球墨铸铁等。

根据加热方法的不同，表面淬火方法大致可分为：感应加热表面淬火、火焰加热表面淬火、电接触加热表面淬火、电解加热表面淬火等。目前生产中应用最广泛的是感应加热表面淬火和火焰加热表面淬火。

（一）感应加热表面淬火

它是工件中引入一定频率的感应电流（涡流），使工件表面层快速加热到淬火温度后立即喷水冷却的方法。

感应淬火的基本原理、分类及应用

1. 工作原理

如图 5-25 所示，在一个线圈中通过一定频率的交流电时，在它周围便产生交变磁场。若把工件放入线圈中，工件中就会产生与线圈频率相同而方向相反的感应电流。这种感应电流在工件中的分布是不均匀的，主要集中在表面层，越靠近表面，电流密度越大；频率越高，电流集中的表面层越薄。这种现象称为"集肤效应"，它是感应电流能使工件表面层加热的基本依据。由于电阻热使工件表层迅速被加热到淬火温度，而心部温度在 A_1 以下或接近室温。随即喷水（或浸入油或其他介质）冷却后，钢件表层即被淬硬。

2. 感应加热表面淬火的分类

感应加热透入工件表层的深度，主要取决于电流频率。频率越高，感应加热深度越浅，即淬硬层越浅。根据电流频率的不同，感应加热表面淬火可分为三类：

（1）高频感应加热。电流频率范围为 100~300 kHz，淬硬层深度一般为 0.5~2.5 mm，适用于要求淬硬层较浅的中小型零件，如小模数齿轮的表面淬火。

（2）中频感应加热。电流频率范围为 2.5~10 kHz，淬硬层深度一般为 2~8 mm，适用于要求淬硬层较深的大中型零件，如直径较大的轴和大中型模数的齿轮的表面淬火。

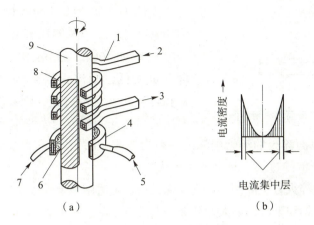

图 5-25　感应加热表面淬火示意图

1—感应加热圈；2—进水；3—出水；4—淬火喷水套；5，7—水；6—加热淬硬层；8—间隙；9—工件

（3）工频感应加热。工频感应加热是用工业频率（50 Hz）电流通过感应器加热工件。淬硬层深度可达 10~15 mm，适用于要求深淬硬层的大型零件，如直径大于 300 mm 的轧辊及轴类零件的表面淬火等。

3. 感应加热表面淬火的特点

加热速度快、生产率高；淬火后表面组织细、硬度高（比普通淬火高 2~3 HRC）；加热时间短，氧化脱碳少；淬硬层深易控制、变形小、产品质量好；生产过程易实现自动化，其缺点是设备昂贵，维修、调整困难，形状复杂的感应圈不易制造，不适于单件生产。另外，工件在感应加热前需要进行预先热处理，一般为调质或正火，以保证工件表面在淬火后得到均匀细小的马氏体和改善工件心部硬度、强度和韧性以及切削加工性，并减少淬火变形。工件在感应表面淬火后需要进行低温回火（180~200 ℃）以降低内应力和脆性，获得回火马氏体组织。

4. 感应加热表面淬火用钢

感应加热表面淬火，最适宜的钢种是中碳钢和低合金中碳钢，如 40、45、40Cr、40MnB 等。在某些条件下，感应加热表面淬火也可应用于高碳工具钢、低合金工具钢以及铸铁等零件。

5. 感应加热表面淬火的工艺路线

感应加热表面淬火的一般工艺路线为：锻造→退火或正火→粗加工→正火或调质→精加工→感应加热表面淬火→低温回火→磨削加工。

（二）火焰加热表面淬火

火焰加热表面淬火是用乙炔－氧或煤气－氧的混合气体燃烧的火焰，喷射至零件表面上，使它快速加热，当达到淬火温度时立即喷水冷却，从而获得预期的硬度和淬硬层深度的一种表面淬火方法。火焰加热表面淬火示意图如图 5-26 所示。

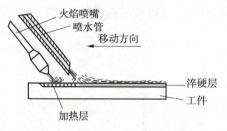

图 5-26 火焰加热表面淬火示意图

火焰表面淬火零件的选材，常用中碳钢如 35、45 钢以及中碳合金结构钢如 40Cr、65Mn 等，如果含碳量太低，则淬火后硬度较低；碳和合金元素含量过高，则易淬裂。火焰表面淬火法还可用于对铸铁件如灰铸件、合金铸铁进行表面淬火。火焰表面淬火的淬硬层深度一般为 2~6 mm，若要获得更深的淬硬层，往往会引起零件表面严重的过热，且易产生淬火裂纹。

火焰表面淬火

由于火焰表面淬火方法简便，无需特殊设备，可适用于单件或小批生产的大型零件和需要局部淬火的工具和零件，如大型轴类、大模数齿轮、锤子等。但火焰表面淬火较易过热，淬火质量往往不够稳定，工作条件差，因此限制了它在机械制造业中的广泛应用。

二、钢的化学热处理

化学热处理是将工件置于活性介质中加热和保温，使介质中活性原子渗入工件表层，以改变其表面层的化学成分、组织结构和性能的热处理工艺。根据渗入元素的类别，化学热处理可分为渗碳、渗氮、碳氮共渗等。

化学热处理不但可以改变钢的组织，而且还可改变它的成分，因而钢表面能获得特殊的力学、物理、化学性能，这对提高产品质量、满足特殊要求、发挥材料潜能、节约贵重金属具有重要意义。由于化学热处理不受工件形状的限制，所以化学热处理的应用也越来越广泛，各种新工艺、新技术也相继涌现。

（一）化学热处理的三个基本过程

任何化学热处理方法的物理化学过程基本相同，都是元素的原子向工件内部扩散的过程，一般都要经过介质分解、吸收和扩散三个过程：

（1）介质分解：加热使介质分解出活性的 [N] 或 [C] 原子；

（2）吸收：分解出的活性原子被工件表面吸收。所谓吸收是活性原子溶于钢的固溶体中或与钢中某元素形成化合物。

（3）扩散：吸收的活性原子在工件表面形成浓度梯度，因而必将由表及里地向内部扩散，形成一定深度的渗透层。

目前生产上最常用的化学热处理是渗碳、渗氮（氮化）、碳氮共渗。

（二）钢的渗碳

将低碳工件放在渗碳性介质中加热、保温，使其表面层渗入碳原子的一种化学热处理工艺称为渗碳。

渗碳

1. 渗碳的目的及渗碳用钢

渗碳的目的是提高工件表层含碳量。经过渗碳及随后的淬火和低温回火，提高工件表面的硬度、耐磨性和疲劳强度，而心部仍保持良好的塑性和韧性。工业生产中渗碳钢一般都是 w_C=0.10%~0.25% 的低碳钢和低碳合金钢，如 15、20、20Cr 钢等。渗碳层深度一般都为 0.5~2.5 mm。

2. 渗碳方法

根据所采用的渗碳剂的不同，渗碳方法可分为气体渗碳、液体渗碳、固体渗碳。目前较常用的是气体渗碳，其次是固体渗碳。

（1）气体渗碳法。把钢件置于密封的加热炉中（如井式气体渗碳炉），通入气体渗碳剂，在 900~950 ℃加热，保温，使钢件表面层进行渗碳。气体渗碳常用的渗碳剂有含碳气体（煤气、天然气、丙烷等）和碳氢化合物的有机液体（煤油、苯、醇等）。图 5-27 为井式气体渗碳炉直接滴入煤油进行气体渗碳的示意图。

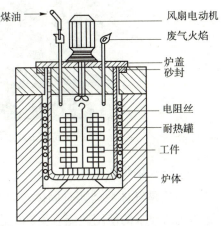

图 5-27　气体渗碳示意图

气体渗碳过程如下，首先是渗碳剂在高温下分解出活性碳原子，即

$$CH_4 \Longleftrightarrow 2H_2 + [C]$$
$$2CO \Longleftrightarrow CO_2 + [C]$$
$$CO + H_2 \Longleftrightarrow H_2O + [C]$$

随后，分解出的活性碳原子 [C] 被钢件表面吸收而溶入高温奥氏体中，并向钢的内部扩散而形成一定深度的渗碳层。渗碳温度一般为 900~930 ℃。保温时间则根据渗碳温度和渗碳层深度来确定，一般按 0.20~0.25 mm/h 的速度进行估计。气体渗碳的优点是生产率高、劳动条件较好、渗碳气氛易控制、渗碳层均匀、易实现机械化和自动化。

（2）固体渗碳法。将工件埋入填满固体渗碳剂的渗碳箱中，用盖和耐火封泥密封后，放入 900~950 ℃加热炉中保温一定时间后，得到一定厚度的渗碳层的工艺。其渗碳温度为 900~930 ℃。固体渗碳常用的渗碳剂是由木炭和碳酸盐（$BaCO_3$ 或 Na_2CO_3 等）混合组成的。固体渗碳层的厚度取决于保温时间，一般可按 0.10~0.15 mm/h 计算。固体渗碳的优点是设备简单、适应性大，在单件、小批量生产的情况下，具有一定的优越性，但劳动效率低、生产条件差、质量不易控制。

零件渗碳的操作过程及渗后热处理

3. 渗碳工艺及组织

渗碳处理的工艺参数是渗碳温度和渗碳时间。

渗碳温度通常为 900~950 ℃，渗碳时间取决于渗碳层的厚度要求。如图 5-28 为低碳钢渗碳缓冷后的显微组织，表面为珠光体和二次渗碳体，属于过共析组织，而心部仍为原来的珠光体和铁素体，是亚共析组织，中间为过渡组织。渗碳层厚度是指从表面到过渡层一半的距离。渗碳层太薄，易产生表面疲劳剥落；太厚则使承受冲击载荷的能力降低。工作中磨损轻、接触应力小的零件，渗碳层可以薄些，而渗碳钢含碳量低时,渗碳层可厚些。一般机械零件的渗碳层厚度为 0.5~2.0 mm。

图 5-28　低碳钢渗碳缓冷后的显微组织

4. 渗碳后的热处理

不论是气体渗碳还是固体渗碳,渗碳后的零件都要进行淬火和低温回火处理,才能达到所要求的使用性能。生产中常采用以下三种热处理方法:

(1)直接淬火法。渗碳后直接淬火,具有生产效率高、成本低、氧化脱碳等优点,但是由于渗碳温度高,奥氏体晶粒长大,淬火后马氏体较粗,残余奥氏体也较多,所以耐磨性和韧性较差。该法只适用于本质细晶粒钢和耐磨性要求不高的或承载低的零件。

(2)一次淬火法。是在渗碳缓慢冷却之后,重新加热到临界温度以上保温后淬火。与直接淬火相比,一次淬火可使钢的组织得到一定程度的细化。心部组织要求高时,一次淬火的加热温度略高于 A_{c3}。对于承载不大但表面有较高耐磨性和较高硬度性能要求的零件,淬火温度应选用 A_{c1} 以上 30~50 ℃,使表层晶粒细化,而心部组织无大的改善,性能略差一些。

(3)二次淬火法。对于力学性能要求很高或本质粗晶粒钢,应采用二次淬火。第一次淬火目的是改善心部组织,加热温度为 A_{c3} 以上 30~50 ℃。第二次淬火目的是细化表层组织,获得细马氏体和均匀分布的粒状二次渗碳体,加热温度为 A_{c3} 以上 30~50 ℃。

无论采用哪种淬火,在最后一次淬火后要进行低温回火,温度一般选择在 180~200 ℃,以消除淬火应力和提高韧性。经渗碳、淬火和低温回火后,表面为细小的片状马氏体及少量渗碳体,硬度较高,可达 58~64 HRC 以上,耐磨性较好;而心部韧性较好,硬度较低,为 30~45 HRC。疲劳强度高表层体积膨胀大,心部体力膨胀小,结果在表层中造成压应力,使零件的疲劳强度提高。

近年来,渗碳工艺有了很大的进展,出现了高温渗碳、真空渗碳、高频渗碳等,有的已经开始用于生产,也逐渐采用自动化和机械化来控制渗碳过程。

(三)钢的渗氮

氮化

向钢件表面渗入氮,形成含氮硬化层的化学热处理过程称为氮化。氮化实质就是利用含氮的物质分解产生活性 [N] 原子,渗入工件的表层,以提高工件表层硬度、耐磨性、耐蚀性及疲劳强度。

渗氮处理有气体渗氮、离子渗氮等。目前应用较广泛的是气体氮化法。

渗氮用钢通常是含 Al、Cr、Mo 等合金元素的钢，如 38CrMoAlA 是一种比较典型的氮化钢，此外还有 35CrMo、18CrNiW 等也经常作为氮化钢。渗氮层由碳、氮溶于 α-Fe 的固溶体和碳、氮与铁的化合物组成，还含有高硬度、高弥散度的稳定的合金氮化物如 AlN、CrN、MoN、TiN、VN 等，这些氮化物的存在对氮化钢的性能起着主要作用。

与渗碳相比，氮化工件具有以下特点：

（1）氮化前需经调质处理，以便使心部组织具有较高的强度和韧性；

（2）表面硬度、耐磨性、疲劳强度及热硬性均高于渗碳层；

（3）氮化表面形成致密氮化物组成的连续薄膜，具有一定的耐腐蚀性；

（4）氮化处理温度低，渗氮后不需再进行其他热处理，因此工件变形小。

氮化处理适用于耐磨性和精度都要求较高的零件或要求抗热、抗蚀的耐磨件，如：发动机的气缸、排气阀、高精度传动齿轮等。

（四）碳氮共渗

碳氮共渗是向钢的表面同时渗入碳和氮的过程，并以渗碳为主的化学热处理工艺，习惯上又称氰化。目前以中温气体碳氮共渗和低温气体碳氮共渗（即气体软氧化）应用较为广泛。

中温气体碳氮共渗的主要目的是提高钢的硬度、耐磨性和疲劳强度。

低温气体碳氮共渗以渗氮为主，其主要目的是提高钢的耐磨性和抗咬合性。

了解钢的其他热处理工艺

为了提高零件力学性能和产品质量，节约能源，降低成本，提高经济效益，以及减少或防止环境污染等，发展了许多热处理新技术、新工艺，简述如下。

一、真空热处理

真空热处理是指金属工件在真空中进行热处理。其主要优点为：在真空中加热，升温速度很慢，因而工件变形小；化学热处理时渗速快、渗层均匀易控；节能、无公害、工作环境好；可以净化表面，因为在高真空中，表面的氧化物、油污发生分解，工件可得光亮的表面，提高耐磨性、疲劳强度，防止工件表面氧化；脱气作用，有利于改善钢的韧性，提高工件的使用寿命。缺点是真空中加热速度缓慢、设备复杂且昂贵。真空热处理包括真空退火、真空淬火、真空回火和真空化学热处理等。

真空退火主要用于活性金属、耐热金属以及不锈钢的退火处理；铜及铜合金的光亮退火，磁性材料的去应力退火等。真空淬火是指工件在真空中加热后快速冷却的淬火方法。淬火冷却可用气冷（惰性气体或高纯氮气）、油冷（真空淬火油）、水冷，应由工件材料选择。它广泛应用于各种高速钢、合金工具钢、不锈钢及失效钢、硬磁合金的固溶淬火。值得注意的是淬火介质的冷却能力有待提高。真空淬火后应真空回火。

多种化学热处理（渗碳、渗金属）均可在真空中进行。例如真空渗碳具有渗碳速度快、渗碳时间减少近半、渗碳均匀、无氧化等优点。

二、形变热处理

形变强化和热处理强化都是金属及合金最基本的强化方法。将塑性变形和热处理有机结合起来，以提高材料力学性能的复合热处理工艺，称为形变热处理。在金属同时受到形变和相变时，奥氏体晶粒细化，位错密度提高，晶界发生畸变，碳化物弥散效果增强，从而获得单一强化方法不可能达到的综合强韧化效果。

形变热处理的方法很多，通常分为高温形变热处理和中温形变热处理。

高温形变热处理是将工件加热到稳定的奥氏体区域，进行塑性变形后立即进行淬火，发生马氏体相变，之后经回火达到所需性能。与普通热处理相比，不但能提高钢的强度，而且能显著提高钢的塑性和韧性，使钢的力学性能得到明显的改善。此外，由于工件表面有较大的残余应力，使工件的疲劳强度显著提高，例如热轧淬火和热锻淬火。

中温形变热处理是将工件加热到稳定的奥氏体区域后，迅速冷却到过冷奥氏体的亚稳区进行塑性变形，然后进行淬火和回火。与普通热处理相比，强度效果非常明显，但工艺实现较难。

三、热喷涂

它是指用专用设备把固体材料粉末加热熔化或软化并以高速喷射到工件表面，形成不同于基体成分的一种覆盖物（涂层），以提高工件耐磨、耐蚀或耐高温等性能的工艺技术。其热源类型有气体燃烧火焰、气体放电电弧、爆炸以及激光等。因而有很多热喷涂方法，如粉末火焰喷涂、棒材火焰喷涂、等离子喷涂、感应加热喷涂、激光喷涂等。热喷涂的过程为：加热→加速→熔化→再加速→撞击基体→冷却凝固→形成涂层等工序。喷涂所用材料和喷涂的对象种类多、范围广。如金属、合金、陶瓷等均可作为喷涂材料，而金属、陶瓷、玻璃、木材、布帛都可以被喷涂而获得所需性能（耐磨、耐蚀、耐高温、耐热抗氧化、耐辐射、隔热、密封、绝缘等）。热喷涂过程简单、被喷涂物温升小，热应力引起形变小，不受工件尺寸限制，节约贵重材料，提高产品质量和使用寿命，因而广泛应用于机械、建筑、造船、车辆、化工、纺织等行业中。

学习笔记

四、可控气氛热处理

可控气氛热处理是指，在防止工件表面发生化学反应的可控气氛或单一惰性气体的炉内进行的热处理。可控气氛热处理的关键是制备气氛的气源和热处理设备。我国在掌握和推广可控气氛热处理的过程中，在解决气氛问题上走过了漫长的道路。最早的吸热式气氛发生炉主要用液化气，即纯度较高的丙烷或丁烷。近年已证实，我国的天然气资源丰富，为用甲烷制备吸热式气氛创造了良好的条件。可控气氛热处理设备中的能密封炉型，自动化程度高，生产柔性大，适用性强的多用炉生产线等；因而发展前途广，市场需求大。

五、激光热处理

激光技术是 20 世纪 60 年代初诞生，而且发展极为迅速的一门高新技术。它的发展与渗透，带动了其他学科和技术的发展，激光技术已成为 21 世纪高新技术产业的主要支柱之一。激光加工技术是激光技术在工业中的主要应用，激光加工技术加速了对传统加工工业的改造，为现代工业加工技术提供了新手段，影响很大。激光加工是指用高功率激光束对工业用零部件进行切割、热处理、焊接、打孔等。与传统加工方法相比，激光加工的特点是：激光束能量高度集中，加工区域小，因而热变形小，加工质量高、精度高，加工件不受尺寸、形状限制，不需冷却介质，而且无污染、噪声小、劳动强度低、效率高。激光加工技术的产业化正在我国兴起。

激光热处理是一种表面热处理技术，即利用激光加热金属材料表面，实现表面热处理。激光加热具有极高的功率密度，即在激光的照射区域的单位面积上集中极高的功率。由于功率密度极高，工件传导散热无法及时将热量传走，结果使工件被激光照射区迅速升温到奥氏体化温度，实现快速加热。当激光加热结束，因为快速加热时工件基体整体仍保持较低的温度，被加热区域可以通过工件本身的热传导迅速冷却，从而实现淬火等热处理效果。

激光淬火技术可对各种导轨、大型齿轮、轴颈、汽缸内壁、模具、减振器、摩擦轮、轧辊、滚轮零件进行表面强化。适用材料为中、高碳钢，铸铁。激光淬火的应用实例：激光淬火强化的铸铁发动机气缸，其硬度提高 230～680 HB，使用寿命提高 2~3 倍。

激光热处理与其他热处理如高频淬火、渗碳、渗氮等传统工艺相比，具有以下特点：

（1）不需要使用外加材料，仅改变被处理材料表面的组织结构。处理后的改性层具有足够的厚度，可根据需要调整深浅，一般可达 0.1～0.8 mm。

（2）处理层和基体结合强度高。激光表面处理的改性层和基体材料之间是致密的冶金结合层，而且处理层表面是致密的冶金组织，具有较高的硬度和耐磨性。

（3）被处理件变形极小，由于激光功率密度高，与零件的作用时间很短，故零件的热变形区和整体变化都很小，故适合于高精度零件处理，作为材料和零件的最后处理工序。

（4）加工柔性好，适用面广。利用灵活的导光系统可随意将激光导向处理部分，从而可方便地处理深孔、内孔、盲孔和凹槽等，可进行有选择性的局部处理。

六、电子束表面淬火

电子束表面淬火是利用高能量密度的电子束加热，进行表面淬火的新技术。电子枪阴极（灯丝）发出的电子，通过高压环形阳极加速，并聚焦成电子束。打击金属表面，达到加热的效果。被处理零件的加热深度，是加热加速电压和金属密度的函数。一般来讲，电子束表面淬火的原理，同一般表面淬火没有什么区别。然而，由于电子束加热速度和冷却速度都很快，在相变过程中，奥氏体化时间很短，故能获得超细晶粒组织，这是电子束表面淬火最大的特点。

课后习题

一、名词解释

过冷奥氏体　残余奥氏体　淬硬性　淬透性　表面淬火　化学热处理

二、选择题

1. 为改善低碳钢的切削加工性应进行哪种热处理？（　　）
   A. 等温退火　　　　　　　　　　　B. 完全退火
   C. 球化退火　　　　　　　　　　　D. 正火

2. 钢中加入除 Co 之外的其他合金元素一般均能使其 C 曲线右移，从而（　　）。
   A. 增大 V_K　　　　　　　　　　　B. 增加淬透性
   C. 减小其淬透性　　　　　　　　　D. 增大其淬硬性

3. 高碳钢淬火后回火时，随回火温度升高其（　　）。
   A. 强度硬度下降，塑性韧性提高　　B. 强度硬度提高，塑性韧性下降
   C. 强度韧性提高，塑性韧性下降　　D. 强度韧性下降，塑性硬度提高

4. 感应加热表面淬火的淬硬深度，主要取决于因素（　　）。
   A. 淬透性　　　　　　　　　　　　B. 冷却速度
   C. 感应电流的大小　　　　　　　　D. 感应电流的频率

5. 对工件进行分级淬火的目的是（　　）。
   A. 得到下贝氏体　　　　　　　　　B. 减少残余奥氏体量
   C. 减少工件变形　　　　　　　　　D. 缩短生产周期

6. 对工件进行等温淬火的目的是（　　）。
   A. 得到下贝氏体　　　　　　　　　B. 减少残余奥氏体量
   C. 减少工件变形　　　　　　　　　D. 缩短生产周期

7. 下列诸因素中，哪个是造成 45 钢淬火硬度偏低的主要原因？（　　）
   A. 加热温度低于 A_{c3}　　　　　　B. 加热温度高于 A_{c3}
   C. 保温时间过长　　　　　　　　　C. 冷却速度大于 V_K

8. 过共析钢因过热而析出网状渗碳体组织时，可用下列哪种工艺消除？（　　）
   A. 完全退火　　　　　　　　　　　B. 等温退火
   C. 球化退火　　　　　　　　　　　C. 正火

9. 对过共析钢不能进行下列哪种退火处理？（　　）
   A. 完全退火　　　　　　　　　　　B. 再结晶退火
   C. 等温退火　　　　　　　　　　　D. 去应力退火

10. 对亚共析钢进行完全退火，其退火温度应为（　　）。
    A. 低于 A_{c1} 温度　　　　　　　　B. 高于 A_{c1} 温度而低于 A_{c3} 温度
    C. 等于 A_{c3} 温度　　　　　　　　D. A_{c3}+30~50 ℃

11. 马氏体的硬度主要取决于其（　　）。
    A. 碳含量　　　　　　　　　　　　B. 合金元素含量

C. 冷却速度　　　　　　　　　D. 过冷度

12. 为了保证气门弹簧的性能要求，65Mn 钢制的气门弹簧最终要进行（　　）处理。

A. 淬火和低温回火　　　B. 淬火和中温回火　　C. 淬火和高温回火

13. 调质处理就是（　　）的热处理。

A. 淬火 + 低温回火　　　B. 淬火 + 中温回火　　C. 淬火 + 高温回火

14. 汽车变速齿轮渗碳后，一般需经（　　）处理，才能达到表面高硬度和高耐磨性的目的。

A. 淬火 + 低温回火　　　B. 正火　　　　　　　C. 调质

15. 过冷奥氏体是在（　　）温度下暂存的、不稳定的、尚未转变的奥氏体。

A. M_s　　　　　　　B. M_f　　　　　　　C. A_{r1}

三、判断题

1. 过冷奥氏体的冷却速度越快，钢冷却后的硬度越高。（　　）
2. 淬火后的钢，随回火温度的增高，其强度和硬度也增高。（　　）
3. 调质处理是指淬火后再进行低温回火的热处理工艺。（　　）
4. 钢中合金元素含量越多，则淬火后硬度越高。（　　）
5. 共析钢经奥氏体化后，冷却所形成的组织主要取决于钢的加热温度。（　　）
6. 淬透性好的钢，其淬硬性不一定高。（　　）
7. 钢的淬硬层深度与其实际冷却速度无关。（　　）
8. 工件经氮化处理后不能再进行淬火。（　　）
9. 马氏体的硬度主要取决于淬火时的冷却速度。（　　）
10. 亚共析钢经正火后，组织中的珠光体含量高于其退火组织中的。（　　）

四、填空题

1. 热处理工艺过程都是由（　　）、（　　）和（　　）三个阶段组成的。
2. 奥氏体形成过程可归纳为（　　）、（　　）、（　　）和（　　）四个阶段。
3. 普通热处理又称整体热处理，主要包括（　　）、（　　）、（　　）和（　　）。
4. 常用的淬火方法有（　　）淬火、（　　）淬火、（　　）淬火和（　　）淬火等。
5. 目前最常用的化学热处理方法有（　　）、（　　）和（　　）。

五、简答题

1. 何谓热处理？钢的热处理有哪些基本类型？试说明热处理在机械制造中的作用。
2. 说明 A_1、A_3、A_{cm}、A_{c1}、A_{c3}、A_{ccm}、A_{r1}、A_{r3}、A_{rcm} 各临界点的意义。
3. 绘出共析钢的过冷奥氏体等温转变和连续转变图，并指出两者的不同之处。
4. 球化退火一般用于什么钢？其目的是什么？
5. 正火和退火的区别是什么？
6. 何谓淬硬性？淬硬性主要由什么决定？

7. 珠光体类型组织有哪几种？它们在形成条件、组织形态和性能方面有何特点？

8. 贝氏体类型组织有哪几种？它们在形成条件、组织形态和性能方面有何特点？

9. 淬火临界冷却速度 V_K 的大小受哪些因素影响？它与钢的淬透性有何关系？

10. 将 $\phi 5$ mm 的 T8 钢加热至 760 ℃ 并保温足够时间，问采用什么样的冷却工艺可得到如下组织：珠光体，索氏体，屈氏体，上贝氏体，下贝氏体，屈氏体 + 马氏体，马氏体 + 少量残余奥氏体；在 C 曲线上描出工艺曲线示意图。

11. 退火的主要目的是什么？生产上常用的退火操作有哪几种？指出退火操作的应用范围。

12. 一批 45（含碳量 0.45%）钢试样（尺寸 $\phi 15$ mm×10 mm），因其组织、晶粒大小不均匀，需采用退火处理。拟采用以下几种退火工艺：

（1）缓慢加热至 700 ℃，保温足够时间，随炉冷却至室温；

（2）缓慢加热至 840 ℃，保温足够时间，随炉冷却至室温；

（3）缓慢加热至 1 100 ℃，保温足够时间，随炉冷却至室温。

问上述三种工艺各得到何种组织？若要得到大小均匀的细小晶粒，选何种工艺最合适？

13. 淬火的目的是什么？亚共析碳钢及过共析碳钢淬火加热温度应如何选择？试从获得的组织及性能等方面加以说明。

14. 常用的淬火方法有哪几种？说明它们的主要特点及其应用范围。

15. 淬透性与淬硬层深度两者有何联系和区别？影响钢淬透性的因素有哪些？影响钢制零件淬硬层深度的因素有哪些？

16. 回火的目的是什么？常用的回火操作有哪几种？指出各种回火操作得到的组织、性能及其应用范围。

17. 表面淬火的目的是什么？常用的表面淬火方法有哪几种？比较它们的优缺点及应用范围，并说明表面淬火前应采用何种预先热处理。

18. 化学热处理包括哪几个基本过程？常用的化学热处理方法有哪几种？

19. 拟用 T10（含碳量 1.0%）制造形状简单的车刀，工艺路线为：锻造→热处理→机加工→热处理→磨加工。

（1）试写出各热处理工序的名称并指出各热处理工序的作用；

（2）指出最终热处理后的显微组织及大致硬度；

（3）制定最终热处理工艺规定（温度、冷却介质）。

20. 某型号柴油机的凸轮轴，要求凸轮表面有高的硬度（HRC>50），而心部具有良好的韧性（A_k>40J），原采用 45 钢（含碳量 0.45%）调质处理再在凸轮表面进行高频淬火，最后低温回火，现因工厂库存的 45 钢已用完，只剩 15 钢（含碳量 0.15%），拟用 15 钢代替。试说明：

（1）原 45 钢各热处理工序的作用；

（2）改用 15 钢后，应按原热处理工序进行能否满足性能要求？为什么？

（3）改用 15 钢后，为达到所要求的性能，在心部强度足够的前提下采用何种热处理工艺？

21. 有一用 45 钢制造的机床变速箱齿轮，其加工工序为：下料→锻造→热处理①→粗机加工→热处理②→精机加工→热处理③→热处理④→磨加工，说明各热处理工序的名称、目的及使用状态的组织。

学习情境六　工业用钢

情境导入

作为国家标志性建筑，2008 年奥运会主体育场，"鸟巢"的结构特点十分显著。外形结构主要由巨大的门式钢架组成，共有 24 根桁架柱，顶面呈鞍形，长轴为 332.3 m，短轴为 296.4 m，最高点高度为 68.5 m，最低点高度为 42.8 m。这种奇特新颖结构的实现，Q460 钢功不可没。

情境解析

Q460 是一种低合金高强度钢，它在受到 460 MPa 应力时才会发生塑性变形，这个强度要比一般钢材高很多，生产难度大。以前这种钢一般从国外进口，为了给"鸟巢"提供"合身"的 Q460，河南舞阳特种钢厂科研人员的不断科技攻关，最终获得成功，生产出了撑起"鸟巢"的铁骨钢筋。

工程材料中最重要而且使用最广泛的金属材料是钢。工业用钢按化学成分分为碳钢和合金钢两大类。碳钢为含碳量小于 2.11% 的铁碳合金，而合金钢是指为了提高钢的性能，在碳钢的基础上有意加入一定量合金元素所获得的铁基合金。

学习目标

序号	学习内容	知识目标	技能目标	创新目标
1	钢中的常存杂质元素及分类方法	√		
2	各种碳钢的牌号表示方法、特点、应用	√	√	√
3	合金元素在钢中的作用	√		
4	各种合金钢的牌号表示方法、特点、应用	√	√	√

学习流程

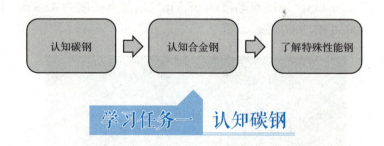

认知碳钢 → 认知合金钢 → 了解特殊性能钢

学习任务一　认知碳钢

知识导图

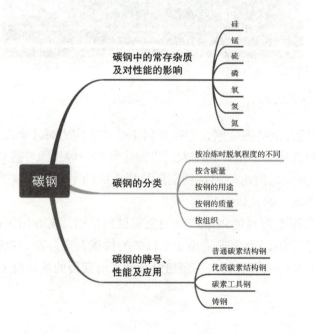

目前工业上使用的钢铁材料中，碳素钢（简称碳钢）占有很重要的地位。由于碳钢容易冶炼和加工，并具有一定的力学性能，在一般情况下，它能够满足工农业生产的需要，加之价格低廉，所以应用非常广泛。为了在生产上合理选择、正确使用各种碳钢，必须简单地了解我国碳钢的分类、编号和用途，以及一些常用的合合金元素和杂质元素对钢性能的影响。

一、碳钢中的常存杂质及对性能的影响

碳钢是指含碳量小于 2.11% 的铁碳合金，但实际使用的碳钢并不是单纯的铁碳合金。在碳钢的生产冶炼过程中，由于炼钢原材料的带入和工艺需要而有意加入一些物质，钢中有些常存杂质，主要有硅、锰、硫、磷这四种，另外还有氧、氢、氮等。它们的存在对钢铁的性能有较大影响。

1. 硅

硅在钢中是有益元素。在炼铁、炼钢的生产过程中，由于原料中含有硅以及使用硅铁作脱氧剂，因此钢中常含有少量的硅元素。在碳钢中通常 $w_{Si} < 0.4\%$，硅能溶入铁素体使之强化，提高钢的强度、硬度，而塑性和韧性降低。

2. 锰

锰在钢中也是有益元素。锰也是由于原材料中含有锰以及使用锰铁脱氧而带入钢中的。锰在钢中的质量分数一般为 $w_{Mn}=0.25\%\sim0.8\%$。锰能溶入铁素体使之强化，提高钢的强度、硬度。锰还可与硫形成 MnS，消除硫的有害作用，并能起断屑作用，可改善钢的切削加工性。

3. 硫

硫在钢中是有害元素。硫和磷也是从原料及燃料中带入钢中的。硫在固态下不溶于铁，以 FeS（熔点 1 190 ℃）的形式存在。FeS 常与 Fe 形成低熔点（985 ℃）的共晶体分布在晶界上。当钢加热到 1 000~1 200 ℃ 进行压力加工时，由于分布在晶界上的低熔点共晶体熔化，钢沿晶界处开裂，这种现象称为"热脆"。为了避免热脆，必须严格控制钢中含硫量。

4. 磷

磷在钢中也是有害元素。磷在常温固态下能全部溶入铁素体中，使钢的强度、硬度提高，但会导致塑性、韧性显著降低，在低温时表现尤为突出。这种在低温时由磷导致钢严重脆化的现象称为"冷脆"。磷的存在还使钢的焊接性能变坏，因此要严格控制钢中含磷量。

5. 氧

钢中氧全部以氧化物形式存在。所以氧对钢性能的危害主要表现为氧化物夹杂对钢性能的影响。钢中含氧量增加，氧化物夹杂数量增加，使钢的塑性、韧性降低，疲劳强度、耐蚀性和热加工性能变坏，故应严格控制钢中氧含量。

6. 氢

氢的原子半径很小，能以离子或原子形式溶入液态或固态钢中，溶入固态钢中便形成间隙固溶体。随着钢中含氢量的增加，钢的塑性、韧性急剧降低，引起所谓"氢脆"。如果氢在钢中聚集成分子状态析出，在局部区域形成很大的压力，造成钢材的内部裂纹，在断口上呈现银灰色斑点，即白点。使钢的断裂强度降低，因此氢是钢中的有害杂质。

7. 氮

氮能溶于铁素体，在钢正火或淬火情况下形成含氮量过饱和的 α 固溶体。这种固溶体在 591 ℃时最大溶氮量为 0.1%，随着温度降低，氮在铁中的溶解度急剧下降，并以 Fe_4N 形式析出。因此含氮的淬火钢易引起时效硬化，使强度、硬度升高，塑性、韧性下降。这种时效硬化现象对锅炉钢板、化工容器及深冲零件都是不利的，因为这样可造成局部地区脆化，影响锅炉及化工容器的安全使用，所以从时效的角度考虑氮是有害元素。

但是，如果钢中含有 Al、V、Nb 等合金元素时，能形成弥散度很高的 AlN、VN、NbN 等特殊氮化物，使铁素体强化并细化晶粒，此时钢的强度和韧性都可显著提高。

二、碳钢的分类

碳钢的分类方法很多，下面只介绍几种常用的分类方法。

1. 按冶炼时脱氧程度的不同

根据冶炼时脱氧程度不同，钢可分为沸腾钢、镇静钢和半镇静钢。

沸腾钢为脱氧不完全的钢。钢在冶炼后期不加脱氧剂（如硅、铝等），浇注时钢液在钢锭模内产生沸腾现象（气体逸出），钢锭凝固后，蜂窝气泡分布在钢锭中，在轧制过程中这种气泡空腔会被黏合起来。这类钢的优点是，生产成本低，表面质量和深冲性能好。缺点是钢的杂质多，成分偏析较大，所以性能不均匀。

镇静钢为完全脱氧的钢。镇静钢组织致密，偏析小，质量均匀。优质钢和合金一般都是镇静钢。

半镇静钢为脱氧较完全的钢。脱氧程度介于沸腾钢和镇静钢之间，浇注时有沸腾现象，但较沸腾钢弱。这类钢具有沸腾钢和镇静钢的某些优点，在冶炼操作上较难掌握，但是碳素钢中此类钢是值得提倡和发展的。

因此，凡要求冲压性能好、含碳量较低的普通结构件都可选用沸腾钢，如建筑用钢、汽车外壳用深冲钢板等；凡是重要的结构件如锅炉、化工容器用钢和机械上需经热处理的受力零件用钢都选用镇静钢。

2. 按含碳量

低碳钢：$w_C \leq 0.25\%$；

中碳钢：$0.25\% \leq w_C \leq 0.6\%$；

高碳钢：w_C 为 0.6%~1.3%。

3. 按钢的用途

碳素结构钢。这类钢主要用于制造各类工程构件（如桥梁、船舶、建筑物等）及各种机器零件（如齿轮、螺钉、螺母、连杆等）。它多属于低碳钢和中碳钢。

碳素工具钢。这类钢主要用于制造各种刃具、量具和模具。这类钢中碳的含量较高，一般属于高碳钢。

特殊性能钢。包括不锈钢、耐磨钢、耐热钢等。

4. 按钢的质量

按钢中有害杂质硫、磷含量，钢可分为以下几种。

普通碳素钢：$w_S \leq 0.055\%$，$w_P \leq 0.045\%$；

优质碳素钢：$w_S \leq 0.040\%$，$w_P \leq 0.040\%$；

高级优质碳素钢：$w_S \leq 0.030\%$，$w_P \leq 0.035\%$；

特级优质碳素钢：$w_S \leq 0.025\%$，$w_P \leq 0.030\%$。

5. 按组织

按退火组织可将钢分为亚共析钢、共析钢和过共析钢。

按正火组织可将钢分为珠光体钢、贝氏体钢、马氏体钢、铁素体钢、奥氏体钢和莱氏体钢等。

三、碳钢的牌号、性能及应用

我国钢的牌号一般采用汉语拼音字母、化学元素符号和阿拉伯数字相结合的方法表示。

1. 普通碳素结构钢

这类钢主要保证力学性能，故其牌号体现其力学性能。符号用 Q + 数字表示，其中"Q"为屈服点"屈"字的汉语拼音首字母，数字表示屈服强度的数值。例如 Q275 表示屈服强度为 275 MPa。若牌号后面标注字母 A，B，C，D，则表示钢材质量等级不同，即硫、磷质量分数不同。其中 A 级钢，硫、磷质量分数最高，即 A，B，C，D 表示钢材质量依次提高。若在牌号后面标注字母"F"则为沸腾钢，标注"b"为半镇静钢，标注"Z"为镇静钢，注"TZ"为特殊镇静钢。例如 Q235AF 即表示屈服点值为 235 MPa 的 A 级沸腾钢。碳素结构钢的牌号和化学成分及性能如表 6-1 所示。

表 6-1 碳素结构钢的牌号和化学成分及性能（GB/T 700—2006）

牌号	等级	化学成分/%，不大于					脱氧方法	力学性能			冲击试验	
		C	Mn	Si	S	P		R_{el}/ MPa	R_m/ MPa	A_5/%	温度 /℃	吸收功 /J
Q195	—	0.12	0.5	0.30	0.040	0.035	F、Z	195	315~430	33	—	—

续表

牌号	等级	化学成分 /%，不大于					脱氧方法	力学性能			冲击试验	
		C	Mn	Si	S	P		R_{el}/MPa	R_m/MPa	A_5/%	温度/℃	吸收功/J
Q215	A	0.15	1.20	0.35	0.050	0.045	F、Z	215	335~410	31	—	—
	B				0.045						20	≥27
Q235	A	0.22	1.40	0.35	0.050	0.045	F、Z	235	370~500	26	—	—
	B	0.20			0.045						20	≥27
	C	0.17			0.040	0.040	Z				0	
	D				0.035	0.035	TZ				−20	
Q275	A	0.24	1.50	0.35	0.050	0.045	F、Z	275	410~540	22	—	—
	B	0.21			0.045		Z				20	≥27
	C	0.20			0.040	0.040	Z				0	
	D				0.035	0.035	TZ				−20	

注：1. "F"沸腾钢，"b"半镇静钢，"Z"镇静钢，"TZ"特殊镇静钢。

2. 表中屈服强度为钢材厚度或直径小于或等于16 mm时的值。

3. 断后伸长率为厚度或直径≤40 mm时的值。

普通碳素结构钢一般在钢厂供应状态下（即热轧状态）直接使用。Q195、Q215钢的含碳量低，焊接性能好，塑性、韧性好，易于加工，有一定强度，常用于制造普通铆钉、螺钉、螺母等零件和轧制成薄板、钢筋等，用于桥梁、建筑、农业机械等结构。Q255、Q275钢具有较高的强度，塑性、韧性较好，可进行焊接，并轧制成工字钢、槽钢、角钢、条钢和钢板及其他型钢做结构件以及制造简单的机械连杆、齿轮、联轴节和销子等零件。Q235既有较高的塑性，又有适中的强度，为一种应用最广的普通碳素结构钢，既可用于制作较重要的建筑构件，又可用于制作一般的机器零件。

2. 优质碳素结构钢

这类钢必须同时保证化学成分和力学性能。其硫、磷的含量较低，非金属夹杂物也较少，质量级别较高。

优质碳素结构钢的牌号是采用两位数字表示钢中平均碳质量分数的万倍。例如45钢中平均碳的质量分数w_C为0.45%；08钢表示钢中平均碳的质量分数w_C为0.08%。这类钢按含锰量不同，分为普通含锰量（0.35%~0.8%）和较高含锰量（0.7%~1.2%）两组。含锰量较高的一组，在钢号后加"Mn"。若为沸腾钢，则在数字后加"F"，如08F为含碳量为0.08%的沸腾钢。

这类钢随钢号的数字增加，含碳量增加，组织中的珠光体量增加，铁素体量减少。因此，钢的强度也随之增加，而塑性指标随之降低。

优质碳素结构钢一般都要经过热处理以提高力学性能。根据碳的含量不同，有不同的用途，主要用于制造机器零件。08、08F、10钢，塑性、韧性高，具有优良的冷成形性能和焊接性能，常冷轧成薄板，用于制作仪器仪表外壳、汽车和拖拉机上的冷冲压件，如汽车车身、拖拉机驾驶室等。15、20、25 钢属低碳钢，也有良好的冷冲压性和焊接性；常用来做冲压件和焊接件，也可以用来渗碳，经过渗碳和随后热处理，表面硬而耐磨，心部具有良好的韧性，从而可用于制造表面要求耐磨并能承受冲击载荷的零件，如齿轮、活塞销、样板等。30、35、40、45、50 钢属中碳钢，这几种钢经调质处理（淬火+高温回火）后，可获得良好的综合力学性能，即具有较高的强度和较高的塑性、韧性，主要用于制造齿轮、轴类等零件。其中由于 45 钢的强度和塑性配合得好，因此为机械制造业中应用最广泛的钢种。例如 40、45 钢常用于制造汽车、拖拉机的曲轴、连杆、一般机床齿轮和其他受力不大的轴类零件。55、60、65 钢热处理（淬火+中温回火）后具有高的弹性极限，常用于制作负荷不大、尺寸较小（截面尺寸小于 12~15 mm）的弹簧，如调压、调速弹簧、测力弹簧、冷卷弹簧和钢丝绳等。

优质碳素结构钢的牌号、化学成分、力学性能和用途如表 6-2 和表 6-3 所示。

表 6-2 优质碳素结构钢的牌号、化学成分和力学性能

牌号	化学成分（质量分数）/%			力学性能						
	C	Si	Mn	R_{eL} /MPa	R_m /MPa	A /%	Z /%	α_k (J·cm^{-2})	HBW 热轧	HBW 退火钢
				不小于					不大于	
08F	0.05~0.11	≤0.03	0.25~0.50	175	295	35	60	—	131	—
08	0.05~0.12	0.17~0.35	0.35~0.65	195	325	33	60	—	131	—
10F	0.07~0.14	≤0.07	0.25~0.50	185	315	33	55	—	137	—
10	0.07~0.14	0.17~0.37	0.35~0.65	205	335	31	55	—	137	—
15F	0.12~0.19	≤0.07	0.25~0.50	205	355	29	55	—	143	—
15	0.12~0.19	0.17~0.37	0.35~0.65	225	375	27	55	—	143	—
20	0.17~0.24	0.17~0.37	0.35~0.65	245	410	25	55	—	156	—
30	0.27~0.35	0.17~0.37	0.50~0.80	315	490	21	50	78.5	179	—
40	0.37~0.45	0.17~0.37	0.50~0.80	335	570	19	45	58.8	217	187
45	0.42~0.50	0.17~0.37	0.50~0.80	355	600	16	40	49	229	197
50	0.47~0.55	0.17~0.37	0.50~0.85	375	630	14	40	39.2	241	207
55	0.52~0.60	0.17~0.37	0.50~0.80	380	645	13	35	—	255	217
60	0.57~0.65	0.17~0.37	0.50~0.80	400	675	12	35	—	255	229
65	0.62~0.70	0.17~0.37	0.50~0.80	410	695	10	30	—	255	229
70	0.67~0.75	0.17~0.37	0.50~0.80	420	715	9	30	—	269	229
85	0.82~0.90	0.17~0.37	0.50~0.80	980	1130	6	30	—	302	255
15 Mn	0.12~0.19	0.17~0.37	0.70~1.00	245	410	26	55	—	163	—
20 Mn	0.17~0.24	0.17~0.37	0.70~1.00	275	450	24	50	—	197	—
40 Mn	0.22~0.30	0.17~0.37	0.70~1.00	355	590	17	45	58.8	207	207
45 Mn	0.42~0.50	0.17~0.37	0.70~1.00	375	620	15	40	49	241	217
50 Mn	0.47~0.55	0.17~0.37	0.70~1.00	390	645	13	40	39.2	255	217
60 Mn	0.57~0.65	0.17~0.37	0.70~1.00	410	695	11	35	—	269	229
65 Mn	0.62~0.70	0.17~0.37	0.90~1.20	430	735	9	30	—	285	229

学习笔记

表6-3 优质碳素结构钢的用途

牌号	用途举例
10 10F	用来制造锅炉管、油桶顶盖、钢带、钢丝、钢板和型材，用于制造机械零件
20 15F	用于不经受很大应力而要求韧性的各种机械零件，如拉杆、轴套、螺钉、起重钩；也用于制造在 6.0×10^6 Pa（60个大气压）、450 ℃以下非腐蚀介质中使用的管子等；还可以用于心部强度不大的渗碳与碳氮共渗零件，如轴套、链条的滚子、轴以及不重要的齿轮、链轮等
35	用于热锻的机械零件，冷拉和冷锻的钢材，钢管，机械制造中的零件，如转轴、曲轴、轴销、拉杆、连杆、横梁、星轮、套筒、轮圈、钩环、垫圈、螺钉、螺母等；还可用来制造汽轮机机身、轧钢机机身、飞轮等
40	用来制造机器的运动零件，如辊子、轴、曲柄销、传动轴、活塞杆、连杆、圆盘等
45	用来制造蒸汽涡轮机、压缩机、泵的运动零件；还可以用来代替渗碳钢制造齿轮、轴、活塞销等零件，但零件需经高频或火焰表面淬火，并可用作铸件
55	用于制造齿轮、连杆、轮圈、轮缘、扁弹簧及轧辊等，也可用作铸件
65	用于制造气门弹簧、弹簧圈、轴、轧辊、各种垫圈、凸轮及钢丝绳等
70	用于制造弹簧

3．碳素工具钢

在机械制造业中，用于制造各种刃具、模具及量具的钢称为工具钢。由于工具要求高硬度和高耐磨性且多数刃具还要求热硬性，所以工具钢的含碳量均较高。碳素工具钢含碳量为 0.65%~1.35%，Si ≤ 0.35%，Mn ≤ 0.4%，硫、磷的含量是优质钢的含量范围。根据国家标准 GB 1298—2008 规定，碳素工具钢的牌号以"T+数字+字母"表示，钢号前面的"T"表示碳素工具钢，其后的数字表示以千分数表示的碳的质量分数。如 w_C=0.8% 的碳素工具钢，其钢号为"T8"。如为高级优质碳素工具钢，则在其钢号后加"A"，例如，"T10A"。

碳素工具钢经热处理（淬火+低温回火）后具有高硬度，用于制造尺寸较小，要求耐磨性好的量具、刃具、模具等。这类钢含碳量越高，则碳化物量越多，耐磨性就越高，但韧性越差。因此受冲击的工具应选用含碳量低的。一般冲头、凿子要选用T7、T8等，车刀、钻头可选用T10，而精车刀、锉刀则选用T12、T13之类。常用碳素工具钢的牌号、成分、热处理和用途列于表6-4中。

表 6-4 常用碳素工具钢的牌号、成分、热处理和用途

牌号	化学成分/%					热处理				应用举例
						淬火		回火		
	C	Mn	Si	S	P	温度/℃	冷却介质	硬度(HRC)(不小于)	温度/℃	硬度(HRC)(不小于)	
T7	0.65~0.74	≤0.40	≤0.35	≤0.030	≤0.035	800~820	水	62	180~200	60~62	制造承受振动和冲击载荷、要求较高韧性的工具，如凿子、打铁用模、各种锤子、木工工具、石钻(软岩石用)
T7A				≤0.020	≤0.030						
T8	0.74~0.84	≤0.40	≤0.35	≤0.030	≤0.035	780~800	水	62	180~200	60~62	制造承受振动与冲击载荷，要求足够韧性和较高硬度的各工具，如简单模子、冲头、剪切金属用剪刀、木工工具、煤矿用凿斧。
T8A				≤0.020	≤0.030						
T10	0.95~1.04	≤0.40	≤0.35	≤0.030	≤0.035	760~780	水油	62	180~200	60~62	制造不受振动，在刃口上要求有少许韧性的工具，如刨刀、拉丝模、冲模、丝锥、板牙、手锯锯条、卡尺等
T10A				≤0.020	≤0.030						
T12	1.15~1.24	≤0.40	≤0.35	≤0.030	≤0.035	760~780	水油	60	180~200	60~62	制造不受突然振动，要求极高硬度和耐磨性的工具，如钻头、丝锥、锉刀、刮刀等
T12A				≤0.020	≤0.030						

4. 铸钢

许多形状复杂的零件，不便通过锻压等方法加工成形，用铸铁时性能又难以满足需求，此时常常选用铸钢铸造获取铸钢件，所以，铸造碳素钢在机械制造尤其是重型机械制造业中应用非常广泛。铸钢的牌号根据 GB/T 11352—2009 的规定，由铸钢代号 "ZG" 与表示力学性能的两组数字组成，第一组数字代表最低屈服点，第二组数字代表最低抗拉强度值。例如 ZG200-400，表示屈服强度不小于 200 MPa，抗拉强度不小于 400 MPa。工程用铸造碳钢的牌号、化学成分、力学性能及用途如表 6-5 所示。

表 6-5 工程用铸造碳钢的牌号、化学成分、力学性能及用途

牌号	主要化学成分/% (不大于)					室温力学性能 (不小于)					性能特点及用途举例
	C	Si	Mn	P	S	R_{el}/MPa	R_m/MPa	Z/%	A/%	α_k/(J·cm^{-2})	
ZG200-400	0.20		0.80			200	400	25	40	30(60)	有良好的塑性、韧性和焊接性能。用于受力不大、要求韧性好的各种机械零件，如机座、变速箱壳等
ZG230-450	0.30	0.50		0.40		230	450	22	32	25(45)	有一定的强度和较好的塑性、韧性，焊接性能良好。用于受力不大，要求韧性好的各种机械零件，如钻座、外壳、轴承盖、底板、阀体、犁柱等
ZG270-500	0.40		0.90			270	500	18	25	22(35)	有较高的强度和较好的塑性，铸造性能良好，切削性能好。用于轧钢机机架、轴承座、连杆、箱体、曲轴、缸体等
ZG310-570	0.50					310	570	15	21	15(30)	强度和切削性能良好，塑性较低。用于载荷较大的零件，如大齿轮、缸体、制动轮、辊子等
ZG340-640	0.60		0.60			340	640	10	18	10(20)	有高的强度、硬度和耐磨性，切削性能良好，焊接性能差，流动性好，裂纹敏感性较大。用于齿轮、棘轮等

学习任务二　认知合金钢

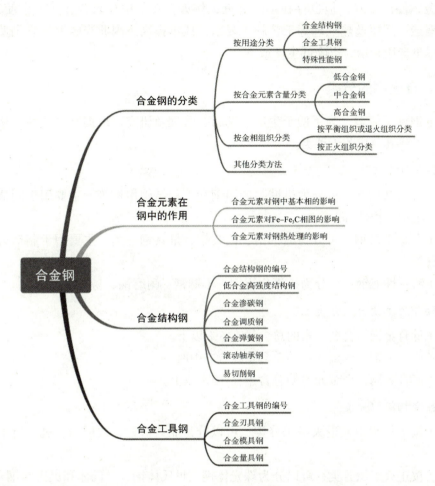

碳钢具有冶炼工艺简单、易加工、价格低等优点，因而得到了广泛的应用。但是碳钢具有淬透性低、回火稳定性差、基本组成相强度低等缺点，因此其应用受到了一定的限制。例如，用碳钢制成的零件尺寸不能太大，因为尺寸越大，淬硬层越浅，表面硬度也越低，同时其他力学性能变差；对于汽车半轴、汽轮机叶片、汽车和拖拉机上的活塞销、传动齿轮等，它们所要求的表层和心部的力学性能较高，选用碳钢会因淬透性不够，而使心部组织达不到性能要求；用碳素工具钢制成的刀具，经淬火和低温回火后，虽然能获得高的硬度，但耐磨性较差，刃部受热超过 200 ℃ 就软化而丧失切削能力；对于要求耐磨、切削速度较高，刃部受热超过 200 ℃ 的一些刀具，不得不选用合金工具钢、高速钢或硬质合金。此外，碳钢无法满足某些特殊的性能要求，如耐热性、耐低温性、耐腐蚀性、高磁性、无磁性、高耐磨性等，而某些合金钢却具备这些性能。

为了克服碳钢的不足，在冶炼优质碳钢的同时可以有目的地加入一定量的一种或一种以上的金属或非金属元素。这类元素统称为合金元素。这类含有合金元素的钢统称为合金钢。通常，加入的合金元素有 Mn（锰）、Ni（镍）、Si（硅）、Cr（铬）、W（钨）、B（硼）、Mo（钼）、V（钒）、Ti（钛）、Nb（铌）、Co（钴）以及 RE（稀土）等。

合金钢性能虽好，但也存在不足之处，例如，在钢中加入合金元素会使其冶炼、铸造、锻造、焊接及热处理等工艺趋于复杂，成本提高。因此当碳钢能满足使用要求时，应尽量选用碳钢，以降低生产成本。

一、合金钢的分类

合金钢种类繁多，为了便于生产、选材、管理及研究，根据某些特性，从不同角度出发可以将其分成若干种类。

1. 按用途分类

（1）合金结构钢：可分为机械制造用钢和工程结构用钢等，主要用于制造各种机械零件、工程结构件等。

（2）合金工具钢：可分为刃具钢、模具钢、量具钢三类，主要用于制造刃具、模具、量具等。

（3）特殊性能钢：可分为抗氧化用钢、不锈钢、耐磨钢、易切削钢等。

2. 按合金元素含量分类

（1）低合金钢：合金元素的总含量在 5% 以下。

（2）中合金钢：合金元素的总含量在 5%~10%。

（3）高合金钢：合金元素的总含量在 10% 以上。

3. 按金相组织分类

（1）按平衡组织或退火组织分类，可以分为亚共析钢、共析钢、过共析钢和莱氏体钢。

（2）按正火组织分类，可以分为珠光体钢、贝氏体钢、马氏体和奥氏体钢。

4. 其他分类方法

除上述分类方法外，还有许多其他的分类方法，如按工艺特点可分为铸钢、渗碳钢、易切削钢等；按质量可以分为普通质量钢、优质钢和高级质量钢，其区别主要在于钢中所含有害杂质（S、P）的含量。

二、合金元素在钢中的作用

在钢中加入合金元素后，钢的基本组元铁和碳与加入的合金元素会发生交互作用。加入的合金元素改变了钢的相变点和合金状态图，也改变了钢的组织结构和性能。钢的合金化的目的是利用合金元素与铁、碳的相互作用和对铁碳相图及对钢的热处理的影响来改善钢的组织和性能。下面就合金元素对钢中的基本相、铁碳合金相图和热处理的影响加以分析。

1. 合金元素对钢中基本相的影响

在退火、正火或调质状态，碳钢中的基本相是铁素体和渗碳体，当钢中加入少量合金元素时，有可能一部分溶于铁素体内形成合金铁素体，而另一部分溶于渗碳体内形成合金渗碳体。

在一般的合金化理论中，按与碳相互作用形成碳化物趋势的大小，可将合金元素分为碳化物形成元素与非碳化物形成元素两大类。常用的合金元素有以下几种：

非碳化物形成元素：Ni、Si、Al、Co、Cu、N、B；

碳化物形成元素：Mn、Cr、Mo、W、V、Ti、Nb、Zr。

非碳化物形成元素主要溶于铁素体中，形成合金铁素体，碳化物形成元素可以溶于渗碳体中，形成合金渗碳体，也可以和碳直接结合形成特殊碳化物。

合金元素溶入铁素体时，由于与铁原子半径不同和晶格类型不同而造成晶格畸变，另外合金元素还易分布在晶体缺陷处，使位错移动困难，从而提高了钢的塑性变形抗力，产生固溶强化，使铁素体的强度、硬度提高，但塑性、韧性降低，如图6-1所示。

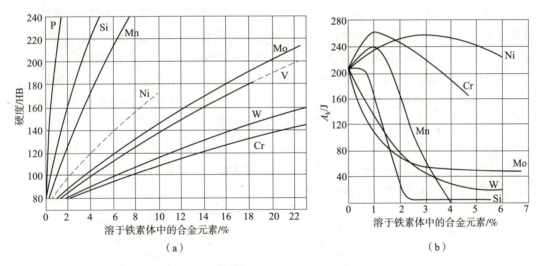

图6-1 合金元素对铁素体力学性能的影响
（a）合金元素对铁素体硬度的影响；（b）合金元素对铁素体韧性的影响

碳化物是钢中的重要相之一，碳化物的类型、数量、大小、形状及分布对钢的性能有很重要的影响。合金元素是溶入渗碳体还是形成特殊碳化物，是由它们与碳亲和能力的强弱程度所决定的。强碳化物形成元素钛、铌、锆、钒等，倾向于形成特殊碳化物，如TiC、NbC、ZrC、VC等。它们熔点高、硬度高，加热时很难溶于奥氏体中，也难以聚集长大，因此对钢的力学性能及工艺性能有很大影响。如果形成在奥氏体晶界上，会阻碍奥氏体晶粒的长大，提高钢的强度、硬度和耐磨性，但这些特殊碳化物的数量增多时，会影响钢的塑性和韧性。合金渗碳体是渗碳体中一部分铁被碳化物形成元素置换后所得到的产物，其晶体结构与渗碳体相同，可表达为（Fe,Me）$_3$C（Me 代表合金元素），如（Fe,Cr）$_3$C、（Fe,W）$_3$C 渗碳体中溶入碳化物形成元素后，硬度有明显增加，因而可提高钢的耐磨性。

2. 合金元素对 Fe-Fe$_3$C 相图的影响

合金元素对碳钢中的相平衡关系有很大影响，加入合金元素，可使 α-Fe 与 γ-Fe 存在范围发生变化，Fe-Fe$_3$C 相图、相变温度、共析成分发生变化。

合金元素溶入铁中形成固溶体后，会改变铁的同素异构转变的温度，从而导致奥氏体单相区扩大或缩小。扩大奥氏体区域的元素有 Ni、Mn、C、N 等，这些元素使相图中的 A_1 和 A_3 温度降低，使 S 点、E 点向左下方移动，从而使 Fe-Fe$_3$C 相图的奥氏体区域扩大。缩小奥氏体区的元素有 Cr、Mo、Si、W 等，使 A_1 和 A_3 温度升高，使 S 点、E 点向左上方移动，从而使 Fe-Fe$_3$C 相图的奥氏体区域缩小。图 6-2、图 6-3 分别是 Mn 和 Cr 对奥氏体区的影响。利用合金元素对 Fe-Fe$_3$C 相图的影响，可以在室温下获得单相奥氏体钢或单相铁素体钢。单相奥氏体钢或单相铁素体钢具有耐蚀、耐热等性能，是不锈钢、耐蚀钢和耐热钢中常见的组织。

大多数的合金元素均使 S 点、E 点向左方移动。S 点向左方移动意味着共析点含碳量减低，使含碳量相同的碳钢和合金钢具有不同的组织和性能。与同样含碳量的亚共析钢相比，组织中的珠光体数量增加，而使钢得到强化。例如，钢中含有 12% 的 Cr 时，这种合金钢共析点的碳浓度为 0.4% 左右，这样含碳 0.4% 的合金钢便具有共析成分，而含碳 0.5% 的属于亚共析钢的碳素钢就变成了属于过共析的合金钢了。同样，含有 12% 的 Cr 的共析钢，当含碳量仅为 1.5% 时就会出现共晶莱氏体组织。这是由于 E 点的左移，使发生共晶转变的含碳量降低，在含碳量较低时，使钢具有莱氏体组织。

对于扩大奥氏体区域的元素，由于 A_1 和 A_3 温度降低，就直接地影响热处理加热的温度，所以锰钢、镍钢的淬火温度低于碳钢。对于缩小奥氏体区的元素由于 A_1 和 A_3 温度升高了，这类钢的淬火温度也相应地提高了。

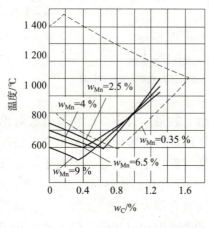

图 6-2　Mn 对奥氏体区的影响

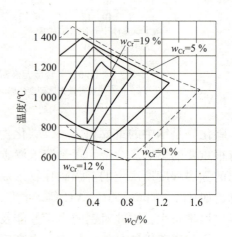

图 6-3　Cr 对奥氏体区的影响

3. 合金元素对钢热处理的影响

合金钢一般都是经过热处理后使用的，主要是通过改变钢在热处理过程中的组织转变来显示合金元素的作用的。合金元素对钢的热处理的影响主要表现在对加热、冷却和回火过程中的相变影响等方面。

（1）合金元素对钢加热时组织转变的影响。

合金钢的奥氏体形成过程基本上与碳钢相同，包括晶核的形成和长大，碳化物的分解和溶解，以及奥氏体成分的均匀化等过程。但由于合金钢加热到 A_{c1} 以上发生奥氏体相变时，合金元素对碳化物的稳定性的影响以及它们与碳在奥氏体中的扩散能力直接控制了奥氏体的形成过程。一方面，加入合金元素会改变碳在钢中的扩散速度。例如碳化物形成元素 Cr、Mo、W、Ti、V 等，由于它们与碳有较强的亲和力，显著减慢了碳在奥氏体中的扩散速度，故奥氏体的形成速度大大减慢。另一方面，奥氏体形成后，要使稳定性高的碳化物完全分解并固溶于奥氏体中，需要进一步提高加热温度，这类合金元素也将使奥氏体化的时间延长。加之合金钢的奥氏体成分均匀化过程还需要合金元素的扩散，因此，合金钢的奥氏体成分均匀化比碳钢更缓慢。常采用提高钢的加热温度或延长保温时间的方法来促使奥氏体成分的均匀化。

除 Mn 以外几乎所有的合金元素都能阻止奥氏体晶粒的长大，细化晶粒。尤其是碳化物形成元素 Cr、Mo、W、Ti、V 等，易形成比铁的碳化物更稳定的碳化物，如 TiC、VC、MoC 等。此外，一些晶粒细化剂如 AlN 等在钢中可形成弥散质点分布于奥氏体晶界上，阻止奥氏体晶粒的长大，细化晶粒。所以，与相应的碳钢相比，在同样加热条件下，合金钢的组织较细，力学性能更高。

（2）合金元素对钢冷却时组织转变的影响。

除 Co 以外，绝大多数合金元素均会不同程度地延缓珠光体和贝氏体相变，这是由于它们溶入奥氏体后，会增加其稳定性，使 C 曲线右移所致，其中以碳化物形成元素的影响较为显著。如图 6-4 所示，Mn、Si、Ni 等仅使 C 曲线右移而不改变其形状；Cr、W、Mo、V 等使 C 曲线右移的同时还将珠光体和贝氏体转变分成两个区域。只有合金元素完全溶于奥氏体中才会产生上述作用，如果碳化物形成元素未能溶入奥氏体，而是以残存未溶碳化物微粒形式存在，可能成为珠光体转变的核心，影响马氏体的转变，从而降低合金钢的淬透性。

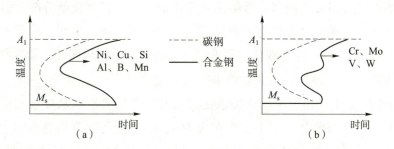

图 6-4　合金元素对 C 曲线的影响

（a）非碳化物形成元素及弱碳化物形成元素；（b）强碳化物形成元素

除 Co、Al 外，大多数合金元素溶入奥氏体中总是不同程度地降低马氏体转变温度并增加钢中残余奥氏体的数量，对钢的硬度和尺寸稳定性产生较大影响，如图 6-5、图 6-6 所示。

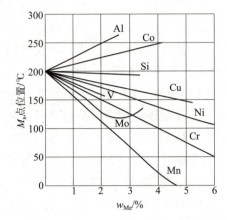

图 6-5　合金元素对马氏体开始转变温度 M_s 点的影响

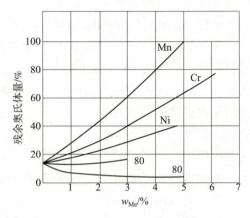

图 6-6　合金元素对残余奥氏体量的影响（w_C=1.0% 钢在 1 150 ℃淬火）

（3）合金元素对钢回火时组织转变的影响。

将淬火后的合金钢进行回火时，其回火过程的组织转变与碳钢相似，但由于合金元素的加入，其在回火转变时具有如下特点：

淬火钢在回火过程中抵抗硬度下降的能力称为回火稳定性。合金元素在回火过程中推迟马氏体的分解和残余奥氏体的转变（即在较高温度才开始分解和转变），使回火的硬度降低过程变缓，从而提高钢的回火稳定性。提高回火稳定性作用较强的合金元素有：V、Si、Mo、W、Ni、Co 等。

一些 Mo、W、V 含量较高的高合金钢回火时，硬度不是随回火温度升高而单调降低，而是到某一温度（约 400 ℃）后反而开始增大，并在另一更高温度（一般为 550 ℃左右）达到峰值，这是回火过程的二次硬化现象。含碳量为 0.3% 的 Mo 钢的回火温度与硬度关系曲线见图 6-3。一方面合金元素提高了碳化物向渗碳体转变的温度；另一方面，随着回火温度的提高，渗碳体和相中的合金元素将重新分配，引起渗碳体向特殊碳化物转变。在 450 ℃以上渗碳体溶解，钢中开始沉淀出弥散稳定的难熔碳化物 Mo_2C、W_2C、VC 等，这些碳化物硬度很高，具有很高的热硬性，如具有高热硬性的高速钢就是靠 W、V、Mo 的这种特性来实现的。

450~600 ℃间发生的第二类回火脆性主要与某些杂质元素以及合金元素本身在原奥氏体晶界上的严重偏聚有关，多发生在含 Mn、Cr、Ni 等元素的合金钢中。回火后快冷（通常用油冷）可防止其发生。钢中加入 0.5% 的 Mo 或 1% 的 W 也可基本上消除这类脆性。

三、合金结构钢

合金结构钢按用途可分为工程用钢和机器用钢两大类。

工程用钢主要是用于各种工程结构,它们大都是用普通低合金钢制造的。这类钢冶炼简便、成本低,适用于工程用钢批量大的特点,这类钢使用时一般不进行热处理。

而机器制造用钢一般都经过热处理后使用,主要用于制造机器零件,它们大都由合金结构钢制造而成。按其用途和热处理特点,又分为调质钢、渗碳钢、易切钢、弹簧钢、轴承钢、耐磨钢等。

1. 合金结构钢的编号

我国规定合金结构钢的编号方法为:基本组成为"两位数字+元素符号+数字+…",前两位数字表示平均碳质量分数的万倍($w_C \times 10\,000$);元素符号后面的数字为该元素平均质量分数的百倍($w_E \times 100$),当其$w_E<1.5\%$时,只标出元素符号,而不标明数字;当平均质量分数$w_E \geqslant 1.5\%$、2.5%、3.5%、$4.5\%\cdots$时,相应标注为2、3、4、5…如18Cr2Ni4W表示平均成分为:$w_C=0.18\%$,$w_{Cr}=2\%$,$w_{Ni}=4\%$,$w_W<1.5\%$;若S、P含量达到高级优质钢时,则在钢号后加"A",如38CrMoAlA。

易切削钢在钢号前加"Y"字("易"字声母),如Y12、Y40Mn、Y40CrSCa,其含碳量和合金元素含量均与结构钢编号一样,如Y40CrSCa,表示易切削钢的成分为:$w_C=0.4\%$,$w_{Cr}<1.5\%$,S、Ca为易切削元素(wS=0.05%~0.3%),一般情况下$w_{Ca}<0.015\%$。

滚动轴承钢的编号是在钢号前加"G"("滚"字声母),其后数字为平均含Cr量,以千倍($w_{Cr} \times 1\,000$)表示,平均碳的质量分数$w_C \geqslant 1.0\%$时不标出,如GCr15、GCr9等钢中含铬的质量分数w_{Cr}分别为1.5%和0.9%。

2. 低合金高强度结构钢

低合金高强度钢,它是在碳素结构钢的基础上,加入少量的合金元素发展起来的。从成分上看其为含低碳的低合金钢种,是为了适应大型工程结构(如大型桥梁,压力容器及船舶等)减轻结构重量,提高可靠性及节约材料的需要。

低合金高强度钢的命名和编号依据GB/T 221—2000,与碳素结构钢相似,它们的屈服强度的"屈"字汉语拼音的首字母开头,加上屈服强度值。如Q420,表示屈服强度为420的高强度低合金钢。后面的字母A、B、C、D、E分别表示质量等级,品质逐次升高,杂质元素含量降低。

(1)性能特点。

与普通碳素结构钢相比,普通低合金结构钢不但具有良好的塑性和韧性以及焊接工艺性能,而且还具有较高的强度、较低的冷脆转变温度和良好的耐腐蚀能力。因此,用此类钢代替普通碳素结构钢,可以减少材料和能源的损耗,减轻工程结构件的自重,增加可靠性。

这类钢主要用来制造各种要求强度较高的工程结构,例如船舶、车辆、高压容器、输油输气管道、大型钢结构等。它在建筑、石油、化工、铁道、造船、机车车辆、锅炉容器、农机农具等许多领域都得到了广泛的应用。

（2）化学成分特点。

为了保证较好的塑性和焊接性能，低合金结构钢的碳的平均质量分数一般不大于0.2%。再加入以 Mn 为主的少量合金元素，起到固溶强化作用，达到了提高力学性能的目的。在此基础上还可加入极少量强碳化物元素如 V、Ti、Nb 等，不但可以提高强度，还会消除钢的过热倾向。如 Q235 钢、16Mn、15 MnV 钢的含碳量相当，但在 Q235 中加入约 1 % Mn（实际只相对多加了 0.5%~0.8%）时，就成为 16Mn 钢，而其强度却增加近 50%，为 350 MPa；在 16 Mn 的基础上再多加入 0.04%~0.12% 的 V，材料强度又增加至 400 MPa。常见低合金高强度钢的化学成分详如表 6-6 所示。

表 6-6　常见低合金高强度钢的化学成分（GB/T 1591—2008）

牌号	质量等级	化学成分 /%												
		C	Si	Mn	P	S	Nb	V	Ti	Cr	Ni	Cu	N	Mo	Al
		不大于													
Q345	A	0.20	0.50	1.70	0.035	0.035	0.07	0.15			0.50	0.30	0.012	0.10	—
	B				0.035	0.035									
	C				0.030	0.030									0.015
	D	0.18			0.030	0.025									
	E				0.025	0.020									
Q390	A	0.20	0.50	1.70	0.035	0.035	0.07	0.20	0.20	0.30	0.50	0.30	0.015	0.10	—
	B				0.035	0.035									
	C				0.030	0.030									0.015
	D				0.030	0.025									
	E				0.025	0.020									
Q420	A	0.20	0.50	1.70	0.035	0.035	0.07	0.20			0.80	0.30	0.015	0.20	—
	B				0.035	0.035									
	C				0.030	0.030									0.015
	D				0.030	0.025									
	E				0.025	0.020									
Q460	C	0.20	0.60	1.80	0.030	0.030	0.11	0.20			0.80	0.55	0.015	0.20	0.015
	D				0.030	0.025									
	E				0.025	0.020									

（3）热处理特点。

低合金结构钢一般在热轧或正火状态下使用，一般不需要进行专门的热处理。其使用状态下的显微组织一般为铁素体+索氏体。有特殊需要时，如果为了改善焊接区性能，可进行一次正火处理。

Q345（16Mn）是应用最广、用量最大的低合金高强度结构钢，其综合性能好，广泛用于制造石油化工设备、船舶、桥梁、车辆等大型钢结构，我国的南京长江大桥就是用Q345钢制造的。Q390钢含有V、Ti、Nb，强度高，可用于制造高压容器等。Q460钢含有Mo和B，正火后组织为贝氏体，强度高，可用于制造石化工业中的中温高压容器等。

值得一提的是，生产中也有不少采用某些普通低合金钢（或渗碳钢）激冷淬火后自发回火以获得综合力学性能优良的低碳马氏体组织的成功应用实例，如柴油机摇臂轴、铁轨鱼尾螺栓、油井吊卡、打麦机筛板、碾米机米筛等。实践表明：这一工艺尤其适用于那些对变形度要求不高、尺寸不大的中小型零部件，往往可取得令人满意的使用效果和十分可观的经济效益。

3. 合金渗碳钢

渗碳钢是经渗碳后使用的钢种，主要用于制造要求高耐磨性、承受高接触应力和冲击载荷即要求"内韧外硬"的重要零件，如汽车、拖拉机的变速齿轮，内燃机凸轮轴、活塞销等。常用渗碳钢的牌号、化学成分、热处理、力学性能及用途如表6-7所列。

（1）性能特点。

合金渗碳钢经渗碳、淬火和低温回火后，表面渗碳层硬度高，以保证优异的耐磨性和接触疲劳抗力，同时具有适当的塑性和韧性。心部具有高的韧性和足够高的强度。另外合金渗碳钢有良好的热处理工艺性能，在高的渗碳温度900~950℃下，奥氏体晶粒不易长大，并有良好的淬透性。

（2）化学成分特点。

低碳，碳质量分数一般为0.10%~0.25%，经过渗碳后，零件的表面变为高碳的，而心部仍是低碳的，使零件心部有足够的塑性和韧性，抵抗冲击载荷。

加入Cr、Ni、Mn、B等，以提高渗碳钢的淬透性，保证零件的心部获得尽量多的低碳马氏体，从而具有足够的心部强度。辅加合金元素为微量的Ti、V、W、Mo等强碳化物形成元素，以形成稳定的特殊合金碳化物阻止渗碳时奥氏体晶粒长大。

（3）热处理特点。

为了改善切削加工性，渗碳钢的预先热处理一般采用正火工艺，渗碳钢件的最终热处理应为渗碳、淬火加低温回火。具体淬火工艺根据钢种而定。合金渗碳钢一般都是渗碳后直接淬火，而渗碳时易过热的钢种，如20钢和20Cr钢等；在渗碳之后直接空冷（正火），以消除过热组织，而后再进行加热淬火和低温回火。热处理后的组织是：表层为高碳回火马氏体和碳化物及少量残余奥氏体，硬度为58~62 HRC；心部为低碳回火马氏体（完全淬透时），硬度为40~50 HRC，但多数情况下，心部为少量低碳回火马氏体和珠光体与铁素体的混合组织，硬度为25~35 HRC，从而使心部具有高的强韧性。

（4）常用钢种。

按照淬透性大小，常用渗碳钢可分为三类，如表6-7所示。

表 6-7 常用渗碳钢的牌号、化学成分、热处理、力学性能及用途

类别	牌号	主要化学成分 /%						热处理 /℃			力学性能（不低于）					毛坯尺寸/mm	应用举例
		C	Mn	Si	Cr	Ni	V	渗碳	预备处理	淬火	回火	R_m/MPa	R_{el}/MPa	A/%	Z/%	a_k/(kJ·m^{-2})		
低淬透性钢	15	0.12~0.19	0.35~0.65	0.17~0.37				930	890±10，空	770~800，水	200	500	300	15	55		<30	活塞销等
	20Mn2	0.17~0.24	1.40~1.80	0.20~0.40				930	850~870	770~800，油	200	820	600	10	47	600	25	小齿轮、小轴、活塞销等
	20Cr	0.17~0.24	0.50~0.80	0.20~0.40	0.70~1.00			930	880水、油	800，水、油	200	850	550	10	40	600	15	齿轮、小轴、活塞销等
	20MnV	0.17~0.24	0.30~1.60	0.20~0.40			0.07~0.12	930		800，水、油	200	800	600	10	40	700	15	同上，也用作锅炉、高压容器管道等
	20CrV	0.17~0.24	0.50~0.80	0.20~0.40	0.80~1.10		0.10~0.20	930		880，水、油	200	850	600	12	45	700	15	齿轮、小轴、顶杆活塞销、耐热垫圈

续表

类别	牌号	主要化学成分 /%							热处理 /℃			力学性能（不低于）				毛坯尺寸 /mm	应用举例
		C	Mn	Si	Cr	Ni	V	其他	渗碳	预备处理	淬火	回火	R_m /MPa	R_{el} /MPa	A/%	Z/%	α_K /(kJ·m^{-2})		
中淬透性钢	20CrMn	0.17~0.24	0.90~1.20	0.20~0.40	0.90~1.20				930		850, 油	200	950	750	10	45	600	15	齿轮、蜗杆、活塞销、摩托轮
	20CrMnTi	0.17~0.24	0.80~1.10	0.20~0.40	1.00~1.30			$w_{Ti}=$ 0.06~0.12	930	830, 油	860, 油	200	1 100	850	10	45	700	15	汽车、拖拉机上的变速齿轮
	20Mn2TiB	0.17~0.24	1.50~1.80	0.20~0.40				$w_{Ti}=$ 0.06~0.12 $w_B=$ 0.001~0.004	930		860, 油	200	1 500	950	10	45	700	15	代替 20CrMnTi
	20SiMnV	0.17~0.24	1.30~1.60	0.50~0.80			0.07~0.12	$w_B=$ 0.001~0.004	930	850~880, 油	780~800, 油	200	1 200	1 100	10	45	700	15	代替 20CrMnTi
高淬透性钢	18Cr2Ni4WA	0.13~0.19	0.30~0.60	0.20~0.40	1.35~1.65	4.00~4.50		$w_W=$ 0.80~1.20	930	950, 空	850, 空	200	1 200	850	10	10	1 100	15	大型渗碳齿轮和轴类件
	20Cr2Ni4A	0.17~0.24	0.30~0.60	0.20~0.40	1.25~1.75	3.25~3.75			930	880, 油	780, 油	200	1 200	1 100	10	10	1 100	15	同上
	15CrMn2SiMo	0.13~0.19	2.0~2.40	0.4~0.7	0.4~0.7			$w_{Mo}=$ 0.4~0.5	930	880~920, 空	860, 油	200	1 200	900	10	10	800	15	大型渗碳齿轮和轴类件、飞机齿轮

低淬透性渗碳钢。有 20Cr、20Mn2 等，典型钢种为 20Cr。这类钢合金元素的质量分数较低，淬透性差，零件水淬临界直径小于 25 mm，渗碳淬火后，心部强韧性较低，只适于制造受冲击载荷较小的耐磨零件，如活塞销、凸轮、滑块、小齿轮等。

中淬透性渗碳钢。有 20CrMnTi、20CrMn、20CrMnMo、20MnVB 等，典型钢种为 20CrMnTi。这类钢合金元素的质量分数较高，淬透性较好，零件油淬临界直径为 25~60 mm，渗碳淬火后有较高的心部强度，主要用于制造承受中等载荷、要求足够冲击韧度和耐磨性的汽车、拖拉机齿轮等零件，如汽车变速齿轮、花键轴套、齿轮轴等。

高淬透性渗碳钢。有 18Cr2Ni4WA、20Cr2Ni4A 等，典型钢种为 20Cr2Ni4A。这类钢合金元素的质量分数更高，淬透性很高，零件油淬临界直径大于 100 mm，淬火和低温回火后心部有很高的强度，主要用于制造大截面、高载荷的重要耐磨件，如飞机、坦克中的曲轴、大模数齿轮等。

（5）渗碳钢的一般加工工艺路线安排。

以 20CrMnTi 渗碳钢制造汽车变速齿轮为例，其技术条件要求渗层深度为 1.2~1.6 mm，表面碳质量分数 $w_C = 1.0\%$，齿顶硬度为 58~60 HRC，齿心部硬度为 30~45 HRC。其加工工艺路线一般为：下料→毛坯锻造→正火→加工齿形→局部镀铜→渗碳→预冷淬火加低温回火→喷丸→精磨（磨齿）。

锻造的主要目的在于使毛坯内部获得正确的金属流线分布和提高组织致密度。正火的目的一是改善锻造组织，二是调整硬度（170~220 HB），以有利于切削加工。对不需淬硬的部分可采用镀铜或其他措施防止渗碳。根据渗碳温度（920 ℃）和渗碳层深度要求（查阅有关资料），渗碳时间确定为 7 h。经淬火和低温回火后，表面和心部均能达到技术条件要求。喷丸不仅可清除齿轮热处理过程中产生的氧化皮，而且能使表层发生微量塑性变形而增强压应力，有利于提高疲劳强度，精磨（磨量为 0.02~0.05 mm）是为了使喷丸后的齿面更光洁。

图 6-7 为 20CrMnTi 钢制造齿轮的热处理工艺曲线。

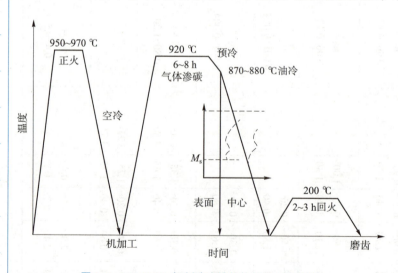

图 6-7　20CrMnTi 钢制造齿轮的热处理工艺曲线

4. 合金调质钢

合金调质钢是指调质处理后使用的合金结构钢，广泛用于制造汽车、拖拉机、机床和其他机器上的各种重要零件，如齿轮、轴类件、连杆、螺栓等。

（1）性能特点。

许多机器设备上的重要零件，如机床主轴，汽车、拖拉机后桥半轴，曲轴，连杆，高强螺栓等都使用调质钢，这些零件工作时大多承受多种工作载荷，受力情况比较复杂，常承受较大的弯矩，还可能同时传递扭矩；且受力是交变的，因此还常发生疲劳破坏；在启动或刹车时有较大冲击；有些轴类零件与轴承配合时还会有摩擦磨损，要求高的综合力学性能，即要求高的强度和良好的塑性和韧性。为了保证整个截面力学性能的均匀性和高的强韧性，合金调质钢要求有很好的淬透性。但不同零件受力情况不同，对淬透性的要求不一样。整个截面受力都比较均匀的零件如只受单向拉、压、剪切的连杆，要求截面处处强度与韧性都要有良好的配合。而截面受力不均匀的零件如承受扭转和弯曲应力的传动轴，主要要求受力较大的表面区有较好的性能，心部要求可以低一些，不要求截面全部淬透。当然工艺上保证零件获得整体均匀的组织也是必须的，因此要求其有高的屈服强度及疲劳强度，良好的韧性和塑性，局部表面有一定耐磨性和较好的淬透性。

（2）化学成分特点。

中碳（含碳量为0.3%~0.5%）合金钢在调质处理后能够达到强韧性的最佳配合，因此合金调质钢一般是指中碳合金钢。合金调质钢主要的合金化元素为Cr、Mn、Ni、Si等，加入合金元素的主要目的是提高钢的淬透性，保证零件整体具有良好的综合力学性能；此外Cr、Mn、Ni、Si大多溶于铁素体，形成合金铁素体，提高钢的强度。

此外，在合金调质钢中有时还要辅加合金元素W、Mo、V、Ti等，这些强碳化物形成元素可阻碍高温时奥氏体晶粒长大，主要作用是细化晶粒，提高回火稳定性和钢的强韧性，W、Mo还可抑制第二类回火脆的发生。常用调质钢有45、40Cr、40CrNiMo、35CrMo等。表6-8是常用调质钢的牌号、成分、热处理、性能及用途。

（3）热处理特点。

调质钢零件的热处理主要是毛坯料的预备热处理（退火或正火）以及粗加工件的调质处理。调质后组织为回火索氏体。合金调质钢淬透性较高，一般都用油淬，淬透性特别大时甚至可以空冷，这能减少热处理缺陷。合金调质钢的最终性能取决于回火温度。一般采用500~650 ℃回火。通过选择回火温度，可以获得所要求的性能。为防止第二类回火脆性，回火后快速冷却（水冷或油冷）；有利于韧性的提高。

要求表面耐磨而心部强韧性高的零件，调质后还可进行表面淬火和低温回火，使表面硬度达55~58 HRC，心部硬度为250~350 HB（相当于25~38 HRC）。若耐磨性要求更高，可选专用氮化钢38CrMoAl，调质后再进行氮化处理。

调质钢的调质效果与钢的淬透性有很大关系，一般应根据零件受力情况而定。对于整体截面受力均匀的零件，要求淬火后保证心部获得90%以上的马氏体；对于承受弯曲扭转应力的零件，只要求淬火后离表面R/4（R为表面到中心的距离）处，保证得到80%以上的马氏体。应当指出，调质钢并非一定要经调质才能使用，综合力学性能要求不高的某些工件采用正火或整体淬火加低温回火也是可行的。

（4）常用钢种。

按淬透性的高低，常用合金调质钢大致可以分为三类，如表6-8所示。

学习笔记

表 6-8 常用合金调质钢的牌号、成分、热处理、性能及用途

类别	牌号	主要化学成分 /%							热处理 /℃			力学性能（不低于）				应用举例
		C	Mn	Si	Cr	Ni	Mo	V	其他	淬火	回火	毛坯尺寸/mm	R_m/MPa	R_{el}/MPa	A/%	Z/%	a_k/(kJ·m^{-2})	
低淬透性钢	45	0.42~0.50	0.50~0.80	0.17~0.37						830~840 水	580~640, 空	<100	650	300	17	38	450	主轴、曲轴、齿轮、柱塞等
	40MnB	0.37~0.44	1.10~1.40	0.20~0.40					w_B=0.001~0.0035	850, 油	500, 水、油	25	1000	800	10	45	600	同上
	40MnVB	0.37~0.44	1.10~1.40	0.20~0.40				0.05~0.10	w_B=0.001~0.004	850, 油	500, 水、油	25	1000	800	10	45	600	齿轮、小轴、活塞。可代替40Cr及部分代替40CrNi做重要零件，也可代替38CrSi做重要销钉
中淬透性钢	40Cr	0.37~0.44	0.50~0.80	0.20~0.40	0.70~1.00					850, 油	500, 水、油	25	1000	800	9	45	600	做重要调质件，如轴、连杆螺栓、进气阀和重要齿轮等
	38CrSi	0.35~0.43	0.30~0.60	1.00~1.30	1.30~1.60					900, 油	600, 水、油	25	1000	850	12	50	700	承载大的轴及车辆上的重要调质件
	30CrMnSi	0.27~0.34	0.80~1.10	0.90~1.20	0.80~1.10					880, 油	520, 水、油	25	1100	800	10	45	500	高强度钢、高速载荷轴类、车辆上内外摩擦片等
	35CrMo	0.32~0.40	0.40~0.70	0.20~0.40	0.80~1.10		0.15~0.25			850, 油	550, 水、油	25	1000	850	12	45	800	重要调质件，如曲轴、连杆；代替40CrNi做大截面轴类件

续表

 学习笔记

类别	牌号	主要化学成分 /%								热处理 /℃		毛坯尺寸 /mm	力学性能（不低于）					应用举例
		C	Mn	Si	Cr	Ni	Mo	V	其他	淬火	回火		R_m/MPa	R_{el}/MPa	A/%	Z/%	α_K/(kJ·m^{-2})	
高淬透性钢	38CrMoAlA	0.35~0.42	0.30~0.60	0.20~0.40	1.35~1.65		0.15~0.25		w_{Al}=0.70~0.10	940, 水、油	640, 水、油	30	1 000	850	14	50	800	氮化零件, 如高压阀门、缸套等
	38CrNB	0.34~0.41	0.30~0.60	0.205~0.40	1.20~1.60	3.00~3.50	0.20~0.30			820, 油	500, 水、油	25	1 150	1 000	10	5		大截面并要求高强度、高韧性的零件
	40CrMnMo	0.37~0.45	0.90~1.20	0.20~0.40	0.90~1.20					850, 油	600, 水、油	25	1 000	800	10	45	800	相当于 40CrNiMo 的高级调质钢
	25Cr2Ni4WA	0.21~0.28	0.30~0.60	0.17~0.37	1.35~1.65	4.00~4.35			w_W=0.80~1.20	850, 油	550, 水	25	1 100	950	11	45	900	力学性能要求很高的大断面零件
	40CrNiMoA	0.37~0.44	0.50~0.80	0.20~0.40	0.60~0.90	1.25~1.75	0.15~0.25			850, 油	600, 水、油	25	1 000	850	12	55	1 000	高强度零件, 如航空发电机轴, 500 ℃以下工作的喷气发动机承载零件

学习情境六　工业用钢　139

低淬透性合金调质钢。低淬透性合金调质钢包括 40Cr、40MnB、40MnVB 等，典型钢种是 40Cr。这类钢的合金元素总的质量分数较低，淬透性不高，油淬临界直径最大为 30~40 mm，广泛用于制造一般尺寸的重要零件，如轴、齿轮、连杆螺栓等。

中淬透性调质钢。中淬透性调质钢包括 35CrMo、38CrMoAl、40CrNi 等，典型钢种为 40CrNi，这类钢的合金元素总的质量分数较高，油淬临界直径最大为 40~60 mm，用于制造截面较大、承受较重载荷的重要件，如内燃机曲轴、变速箱主动轴、连杆等。加入 Mo 不但可以提高淬透性，还可防止第二类回火脆性。

高淬透性调质钢。高淬透性调质钢包括 40CrNiMoA、40CrMnMo、25Cr2Ni4WA 等，典型钢种为 40CrNiMoA。这类钢的合金元素总的质量分数最高，淬透性也高，零件油淬临界直径为 60~100 mm，多半为铬镍钢。用于制造大截面、承受重负荷的重要零件，如汽轮机主轴、叶轮、压力机曲轴、航空发动机曲轴等。

（5）调质钢的一般加工工艺路线安排。

调质钢的加工工艺路线通常为：下料→锻造→正火（或等温退火）→粗加工→调质→精加工→（必要时可进行表面淬火加低温回火或氮化处理）→精磨或研磨。

对于低淬透性调质钢，切削加工前宜采用正火；对于中、高淬透性的调质钢，切削加工前则宜采用等温退火。若氮化处理，在直径方向上预留的精磨余量不应超过 0.10~0.15 mm，因为氮化层厚度一般不超过 0.6 mm。考虑淬透性的影响，凡调质件必须先进行粗加工然后再进行调质处理。

5. 合金弹簧钢

弹簧是广泛应用于交通、机械、国防、仪表等行业及日常生活中的重要零件，用来制造各种弹性零件如板簧、螺旋弹簧、钟表发条等的钢称为弹簧钢。

（1）性能特点。

弹簧主要工作在冲击、振动、扭转、弯曲等交变应力下，利用其较高的弹性变形能力吸收能量以缓和振动和冲击，或依靠弹性储存能量来起驱动作用。弹簧的主要失效形式为疲劳断裂和由于发生塑性变形而失去弹性。因此要求制造弹簧的材料具有高的弹性极限和强度，防止工作时产生塑性变形；具有高的疲劳强度和屈强比，避免疲劳破坏；具有足够的塑性和韧性，保证在承受冲击载荷条件下正常工作，以免受冲击时脆断；在高温或腐蚀介质下工作时，材料应有好的环境稳定性，具有较好的耐热性和耐腐蚀性。此外，弹簧钢还要求有较好的淬透性，不易脱碳和过热，容易绕卷成形等。

（2）化学成分特点。

弹簧钢含碳量一般为 0.45%~0.70%。含碳量过低，强度不够，易产生塑性变形；含碳量过高，塑性和韧性降低，疲劳极限也下降。合金弹簧钢可加入的合金元素有 Mn、Si、Cr、V 和 W 等，以 Si、Mn 为主要合金化元素。加入 Si、Mn 主要是提高淬透性，同时也提高屈强比，其中 Si 的作用更为突出。但是不足之处是 Si 会促使弹簧钢表面在加热时脱碳，Mn 则使钢易于过热。因此，重要用途的弹簧钢必须加入 Cr、V、W 等，目的是在减少弹簧钢脱碳、过热倾向的同时，进一步提高它们的淬透性和强度，V 可以细化晶粒，W、Mo 可以防止第二类回火脆性。表 6-9 是常用弹簧钢的牌号、成分、热处理、性能及用途。

表 6-9 常用弹簧钢的牌号、成分、热处理、性能及用途

牌号	C/%	Mn/%	Si/%	Cr/%	其他/%	淬火/℃	回火/℃	R_{el}/MPa	R_m/MPa	A/%	Z/%	应用范围
60	0.62~0.70	0.50~0.80	0.17~0.37	≤0.25	—	840,油	500	800	1 000	9	35	截面直径小于12~15 mm 的小弹簧
75	0.72~0.80	0.50~0.80	0.17~0.37	≤0.25	—	830,油	480	850	1 050	6	30	
80	0.82~0.90	0.50~0.80	0.17~0.37	≤0.25	—	820,油	480	1 000	1 150	6	30	
65Mn	0.62~0.70	0.90~1.20	0.17~0.37	≤0.25		830,油	540	800	1 000	8	30	截面直径不大于25 mm的弹簧,如车厢板板簧、机板缓冲卷簧
55Si2Mn	0.52~0.65	0.60~0.90	1.05~2.00	≤0.35		870,油	480	1 200	1 300	6	30	
60Si2Mn	0.56~0.64	0.60~0.90	1.05~2.00	≤0.35		870,油、水	480	1 200	1 300	5	25	
55Si2Mn	0.52~0.60	0.60~0.90	1.05~2.00	≤0.35	w_B=0.0 005~0.004	870,油	480	1 200	1 300	6	30	
60Si2CrA	0.56~0.64	0.40~0.64	1.40~1.80	0.70~1.00		870,油	420	1 600	1 800	6	20	截面直径不大于30 mm 的重要弹簧,如小型汽车、载重车板簧扭杆簧,低于350 ℃的耐热弹簧
60Si2CrVA	0.56~0.64	0.40~0.64	1.40~1.80	0.90~1.20	w_V=0.1~0.2	850,油	410	1 700	1 900	6	20	
50CrVA	0.46~0.54	0.50~0.80	0.17~0.37	0.80~1.10	w_V=0.1~0.2	850,油	500	1 150	1 300	9	40	
55CrMnVA	0.52~0.60	0.65~0.95	0.17~0.37	0.65~0.95	w_V=0.1~0.2	850,油	500	1 150	1 250	6	35	

（3）热处理特点。

根据弹簧尺寸和加工方法不同，弹簧分热成形（成形后强化）和冷成形（强化后成形）两种，它们的热处理方法也不同。

A. 热成形弹簧的热处理。对于直径或板厚大于 8 mm 的中大型弹簧常采用热态下成形，为了防止和减少加热过程中因脱碳而使疲劳强度下降，应尽量减少加热次数，一般应加热到比正常淬火温度高 50~80 ℃ 进行热卷成形，之后利用成形后的余热立即淬火，然后中温回火（回火温度 420~450 ℃），得到回火托氏体组织，硬度为 40~48 HRC，具有较高的弹性极限和疲劳强度。热轧弹簧钢采取加热成形制造板簧的工艺路线为：扁钢剪断 → 加热压弯成形 → 淬火 + 中温回火 → 喷丸处理 → 装配。

弹簧的表面质量对使用寿命影响很大，如弹簧表面有缺陷，就容易造成应力集中，从而降低疲劳寿命。对热成形弹簧，由于加热过程易造成表面氧化和脱碳等缺陷，故一般还要补充进行一道表面喷丸处理，如汽车板簧用 60Si2Mn 钢热成形后，经喷丸处理可使其寿命提高 3~5 倍。

B. 冷成形弹簧的热处理。对小尺寸弹簧（如丝经小于 8 mm 的螺旋弹簧或钢带），一般在热处理强化后冷拔或冷卷成形。为改善塑性，提高强度，一般应在成形前等温冷却得到均匀细珠光体组织即索氏体组织（如铅浴 450~550 ℃ 等温淬火冷拔钢丝工艺）或在冷拔工序中加入 680 ℃ 中间退火（冷拔钢丝工艺）；而在冷成形完成后不必进行淬火处理，而必须要进行一次消除内应力，稳定尺寸并提高弹性极限的定型处理，处理温度为 250~300 ℃，保温 1~2 h。冷成形后弹簧直径越小强化效果越好，强度极限可达 1 600 MPa 以上，且表面质量好。

（4）常用的合金弹簧钢。

表 6-9 所列为常用弹簧钢的牌号、成分、热处理、性能及用途，其中有代表性的弹簧钢有以下几种：

① 65Mn、70 钢。可用于制造截面直径小于 8~15 mm 的小型弹簧，如坐垫弹簧、发条、弹簧环、刹车弹簧、离合器簧片等。

② 55Si2Mn、60Si2Mn 钢。其中加入了 Si，Mn 元素，提高了钢的淬透性，可用来制造直径为 20~25 mm 的弹簧，如汽车、拖拉机、机车上的减振板簧和螺旋弹簧、气缸安全阀簧（工作温度小于 230 ℃）。

③ 50CrVA 钢。它不仅淬透性高，而且有较高的热强性，适于工作温度在 350~400 ℃ 下的重载大型弹簧，如阀门弹簧、气门弹簧。

6. 滚动轴承钢

用来制作各种滚动轴承零件，如轴承内外套圈、滚动体（滚珠、滚柱、滚针等）的专用钢称为滚动轴承钢。

（1）性能特点。

滚动轴承是一种高速转动的零件，工作时滚动体与套圈处于点或线接触方式，接触面积很小，接触应力在 1 500~5 000 MPa 以上。不仅有滚动摩擦，而且有滑动摩擦，承受很高、很集中的周期性交变载荷，每分钟的循环受力次数达上万次，所以常常是接触疲劳破坏使局部产生小块的剥落。因此要求滚动轴承钢具有高而均匀的硬度，高的弹性极限和接触疲劳强度，足够的韧性和淬透性。此外，还要求在大气和润滑介质中有一定的耐蚀能力和良好的尺寸稳定性。

（2）化学成分特点。

为了保证马氏体中足够的含碳量及足够的弥散碳化物，满足了高硬度、高耐磨要求，轴承钢中碳含量较高，一般碳含量为 0.95%~1.15%。

Cr 为基本合金元素，主要是为了提高钢的淬透性，使淬火、回火后整个截面上获得较均匀的组织。Cr 可形成合金渗碳体（Fe,Cr)$_3$C，可以使奥氏体晶粒细化，加热时降低钢的过热敏感性，提高耐磨性，并能使钢在淬火时得到细针状或隐晶马氏体，使钢在高强度的基础上增加韧性。但 Cr 含量过高会使残余奥氏体量增多，导致钢硬度、疲劳强度和零件的尺寸稳定性降低，适宜的 Cr 质量分数为 0.40%~1.65%。

除了 Cr 元素外，还常加入 Si、Mn、V 等元素。其中 Si、Mn 可以进一步提高淬透性，便于制造大型轴承。V 部分溶于奥氏体中，部分形成碳化物 VC，提高钢的耐磨性并防止过热。适量的 Si（0.4%~0.6%）能明显地提高钢的强度和弹性极限。轴承钢高的接触疲劳性能要求对材料微小缺陷十分敏感，故材料中的非金属夹杂应尽量避免，即应大大提高其冶金质量，严格控制其 S、P 含量（w_S < 0.02%，w_P < 0.02%），最好用电炉冶炼，并用真空除气。

从化学成分看，滚动轴承钢属于工具钢范畴，所以这类钢也经常用于制造各种精密量具、冷冲模具、丝杠、冷轧辊和高精度的轴类等耐磨零件。

（3）热处理方法及工艺路线。

常用轴承钢的热处理工艺主要包括球化退火、淬火和低温回火。球化退火的目的，一是获得球状珠光体（即"球化体"组织），为淬火做好组织准备；二是为降低锻造后钢坯的硬度，以有利于切削加工。若球化退火前钢中有明显的网状渗碳体，还应先用正火使之消除。淬火加热温度对轴承钢的性能影响较大。

一般 GCr15 钢的淬火温度应控制在（830±10）℃。温度高于 850 ℃后，一方面晶粒较粗大；另一方面，淬火后残余奥氏体量增加，使钢的冲击韧度和疲劳强度降低。低温（150~160 ℃）回火后的组织为极细小的回火马氏体和细小粒状碳化物及少量的残余奥氏体，硬度为 61~66 HRC。

以普通轴承套圈为例，其加工工艺路线为：锻造→预备热处理（正火+球化退火）→切削加工→最终热处理（不完全淬火+低温回火）→磨削加工。

轴承零件在制造和使用中均要求尺寸十分稳定。特别是生产精密轴承或量具时，由于低温回火不能彻底消除内应力和残余奥氏体，在长期保存及使用过程中，因应力释放、奥氏体转变等原因造成尺寸变化，所以淬火后立即进行一次冷处理，并在回火及磨削后，于 120~130 ℃进行 10~20 h 的尺寸稳定化处理。

（4）常用钢种。

我国滚动轴承钢分为铬轴承钢和无铬轴承钢。目前以含铬轴承钢应用最广，其中用量最大的是 GCr15，除用作中、小轴承外，还可以制作精密量具、冷冲模具和机床丝杆等。为了提高淬透性，在制造大型和特大型轴承时，常在铬轴承钢中加入 Si、Mn，如 GCr15SiMn 等。为了节省 Cr，加入 Si、Mn、Mo、V 等合金元素可得到无铬轴承钢，如 GSiMnMoV、GSiMnMoVRe 等，其性能与 GCr15 相近，但是脱碳敏感性较大且耐蚀性较差。

为了进一步提高耐磨性和耐冲击载荷，可采用渗碳轴承钢，如用于中小齿轮、轴承套圈、滚动件的 G20CrMo、G20CrNiMo，用于冲击载荷的大型轴承 G20Cr2Ni4A。

常用轴承钢的成分、牌号、热处理及用途如表 6-10 所列。

表 6-10 常用轴承钢的成分、牌号、热处理及用途

牌号	主要化学成分 /%						热处理规范及性能			主要用途
	C	Cr	Si	Mn	V	Mo	RE	淬火/℃	回火/℃	回火后硬度/HRC	
GCr16	1.05~1.15	0.40~0.70	0.15~0.35	0.20~0.40				800~820	150~170	62~66	直径小于 10 mm 的滚珠、滚柱和滚针
GCr9	1.0~1.10	0.90~1.2	0.15~0.35	0.20~0.40				800~820	150~160	62~66	直径不大于 20 mm 的各种滚动轴承
GCr9SiMn	1.0~1.10	0.90~1.2	0.40~0.70	0.90~1.2				810~830	150~200	61~65	壁厚小于 14 mm 外径小于 250mm 的轴承套。25~50 mm 的钢球，直径为 25 mm 左右的滚柱
GCr15	0.95~1.05	1.30~1.65	0.15~0.35	0.20~0.40				820~840	150~160	62~66	壁厚不小于 14 mm，外径小于 250 mm 的轴承套圈，直径为 25~50 mm 的钢球，直径为 25 mm 左右的滚柱等
GCr15SiMn	0.95~1.05		0.40~0.65	0.90~1.20				820~840	170~200	>62	壁厚不小于 14 mm，外径为 250 mm 的轴承套。直径为 25~50 mm 的钢球，直径为 20~200 的滚柱等
*GMnMoVER	0.95~1.05		0.15~0.40	1.10~1.40	0.15~0.25	0.40~0.60	0.05~0.01	770~810	170±5	≥62	代替 GCr15 用于军工和民用方面的轴承
*GSiMoMnV	0.95~1.05		0.45~0.65	0.75~1.05	0.20~0.30	0.20~0.40		780~820	175~200	≥62	代替 GCr15 用于军工和民用方面的轴承

注：钢号前标有"*"者为新钢种，供参考；RE 为稀土元素。

7. 易切削钢

易切削钢指在钢中加入一种或几种易切削元素，使其切削加工性能得到明显改善的结构钢，可简称为易切钢。

（1）性能特点。

易切削钢能降低切削力和切削热，减少刀具磨损，提高工件、刀具的寿命，改善排屑性能，提高切削速度。

（2）成分特点。

不同种类易切削钢的基体化学成分均不相同，但它们所含的易切削元素及其含量分别为：$w_S = 0.08\% \sim 0.30\%$ 或 $w_{Pb} = 0.15\% \sim 0.25\%$ 或 $w_{Ca} = 0.001\% \sim 0.005\%$ 或少量稀土元素。可以单独加入这些元素，也可以同时加入几种元素。

易切削元素在钢中形成夹杂物（称为易切相），可中断基体与切屑的连续性，促使其形成卷曲的、半径小而短的切屑，减少切屑与刀具的接触面积。

由于易切削钢的含硫量较高，且存在大量夹杂物（易切相），所以钢的力学性能，特别是横向性能相对较低。

常用易切削钢的化学成分如表 6-11 所示。

表 6-11 常用易切削钢的化学成分

牌号	化学成分 /%							
	C	Cr	Mn	Si	P	S	Pb	Ca
Y12	0.08~0.16	—	0.60~1.00	≤ 0.35	0.80~0.15	0.08~0.02	—	—
Y15	0.10~0.18	—	0.70~1.10	≤ 0.20	0.05~0.10	0.20~0.30	—	—
Y20	0.15~0.25	—	0.60~0.90	0.15~0.35	≤ 0.06	0.08~0.15	—	—
Y30	0.25~0.35	—	0.60~0.90	0.15~0.35	≤ 0.06	0.08~0.15	—	—
Y40Mn	0.35~0.45	—	1.20~1.55	0.15~0.35	≤ 0.05	0.18~0.30	—	—
T10Pb	0.95~1.05	—	0.40~0.60	0.15~0.35	≤ 0.03	0.035~0.045	0.15~0.25	—
Y40CrSCa	0.4	0.94	0.73	0.32	0.02	0.09	—	0.0023

（3）常用易切钢。

自动机床加工的零件大多选用低碳易切削钢，对切削性能要求高的可选用含硫较高的 Y15 钢，需要焊接的可选低硫的 Y12 钢，强度要求较高的可选用 Y20 或

Y30 钢，车床丝杠可选用 Y40Mn 钢。Y12Pb 钢广泛用于精密仪表行业，如制造手表、照相机齿轮、轴类等。新研制的 Y40CrSCa 钢适于高速切削，具有良好的切削加工性能。

（4）用途。

易切削钢的应用范围较广，可用于结构钢件，如机床丝杠、手表和照相机的齿轮轴、齿轮等。在某些合金工具钢（如塑料模具钢等）中，为了改善其切削性能，制造出高精度模具，也可加入易切削元素，使之成为易切削钢。

四、合金工具钢

主要用于制造各种加工和测量工具的钢称工具钢。按其加工用途分为刃具、量具和模具用钢；按成分不同也可分为碳素工具钢和合金工具钢。在碳素工具钢的基础上加入一定种类和数量的合金元素，用来制造各种刃具、模具、量具等用钢就称为合金工具钢。与碳素工具钢相比，合金工具钢的硬度和耐磨性更高，而且还具有更好的淬透性、红硬性和回火稳定性。因此常被用来制作截面尺寸较大、几何形状较复杂、性能要求更高的工具。

合金工具钢按用途可分为合金刃具钢、合金模具钢和合金量具钢。

1. 合金工具钢的编号

合金工具钢牌号的标注方法与合金结构钢相似，基本组成为"一位数字（或无数字）+元素符号+数字+…"，其平均含碳量是用质量分数的千倍（$w_C \times 1\,000$）表示，而且，当碳质量 $w_C \geq 1.0\%$ 时，钢号中不标出，如 9SiCr 钢（成分：$w_C= 0.9\%$，$w_{Si}<1.5\%$，$w_{Cr}<1.5\%$）；CrWMn 钢（$w_C \geq 1.0\%$，w_{Cr}、w_W、w_{Mn} 均 $<1.5\%$）。

高速钢，如 W18Cr4V、W6Mo5Cr4V2 等，它们的碳质量分数均 $<1.0\%$，但不标明其数字；合金元素含量与合金工具钢的标注方法相同，如 W18Cr4V 钢的成分为：w_C $0.7\%\sim0.8\%$，w_W 18%，w_{Cr} 4%，$w_V<1.5\%$。合金工具钢均属于高级优质钢，但牌号后不加"A"字。

使用这一编号方法的钢种还有不锈钢、奥氏体型和马氏体型耐热钢。

2. 合金刃具钢

刃具钢主要用于制造各种金属切削刀具，如车刀、铣刀、刨刀及钻头等。

（1）性能要求。

刃具钢经热处理之后应达到以下性能要求：

①高硬度、高耐磨性。切削加工时，刀具刃部的硬度只有大大超过被切削材料的硬度（160~230 HB）时才能保持高的切削效率，因此一般要求刀具的硬度大于 60 HRC。

②高红（热）硬性。切削过程中由于刀具与工件剧烈摩擦，刃部因温度升高而硬度降低，因此要求刀具在较高温度下仍能保持高硬度，即高的热（红）硬性。它与钢的耐回火性和回火过程中析出弥散碳化物的多少、大小及种类有关。

③高淬透性。高淬透性有利于整个刃部达到均匀一致的高硬度。

④足够的韧性和塑性。避免刀具在使用过程中崩刃、折断。

（2）成分特点。

合金刃具钢有两类：一类是低合金刃具钢，用于低速切削，其工作温度低于 300 ℃；另一类是高速钢，用于高速切削，工作温度低于 600 ℃。

①低合金刃具钢。$w_C = 0.9\% \sim 1.1\%$，以保证能形成足够数量的合金碳化物。低合金工具钢是在碳素工具钢的基础上加入少量合金元素（不超过 3% ~5%）形成的，在保持高含碳量（$w_C = 0.75\% \sim 1.50\%$）的同时，加入 Cr、Mn、Si、W、V 等合金元素。Cr、Mn、Si 的主要作用是提高淬透性，Si 还有提高耐回火性的作用，W 和 V 的作用是提高耐磨性，并细化晶粒。

②高速工具钢。高速钢是制造高速切削刀具用钢。它的主要性能特点是热硬性高，当切削温度达到 600 ℃时，硬度仍能保持在 55~60 HRC 以上。高速钢的淬透性高，空冷即可淬火，俗称"风钢"。$w_C = 0.70\% \sim 1.6\%$，以保证形成足够量的碳化物。主要加入的元素是 Cr、W、Mo 和 V。加 Cr 的主要目的是提高淬透性。各高速钢的 Cr 含量大多在 4%左右。Cr 还能提高钢的耐回火性和抗氧化性。W 和 Mo 的主要作用是提高钢的热硬性，其机理是在淬火后的回火过程中析出了这些元素的碳化物，使钢产生二次硬化。V 的主要作用是细化晶粒，同时由于 VC 硬度极高，可提高钢的硬度和耐磨性。

（3）常用合金刃具钢。

常用合金刃具钢的牌号、成分、热处理工艺及用途如表 6-12 所示。

①低合金刃具钢。低合金刃具钢的典型牌号为 9SiCr 和 CrWMn。9SiCr 钢的淬透性高，油中淬火最大直径为 40~60 mm，经 230~250 ℃回火后硬度仍不低于 60 HRC，常用于制造薄刃刀具和冷冲模等，工作温度小于 300 ℃。CrWMn 钢含有较多的碳化物，有较高的硬度和耐磨性，淬透性也较高，淬火后有较多残余奥氏体，工件变形很小，但其热硬性不如 9SiCr 钢，常用于制造截面较大、切削刃受热不高、要求变形小、耐磨性高的刀具，如长丝锥、长铰刀、拉刀等，也常用作量具钢和冷作模具钢。

②高速钢。主要有两种：一种为钨系 W18Cr4V（简称 18-4-1）钢；另一种为钨-钼系 W6Mo5Cr4V2（简称 6-5-4-2）钢。前者的热硬性高，过热倾向小，后者的耐磨性、热塑性和韧性较好，适于制作要求耐磨性与韧性配合良好的薄刃细齿刃具。

表 6-12 常用合金刃具钢的牌号、成分、热处理工艺及用途

类别	牌号	化学成分 /%						热处理					应用举例
		C	Mn	Si	Cr	W	V	Mo	淬火			回火		
									加热温度/℃	冷却介质	硬度/HRC	加热温度/℃	硬度/HRC	
低合金刃具钢	9Mn2V	0.85~0.95	1.70~2.00	≤0.35					780~810	油	≥62	150~200	60~62	小冲模、冷压模、雕刻模、料模、剪刀、各种变形小的量规、样板、丝锥、板牙、铰刀等
	9SiCr	0.85~0.95	0.30~0.60	1.20~1.60					860~880	油	≥62	180~200	60~62	板牙、丝锥、钻头、铰刀、齿轮铣刀、冷冲模、冷轧辊等
	Cr	0.95~1.10	≤0.40	0.85~1.05					830~860	油	≥62	150~170	61~63	车刀、铣刀、插刀、铰刀、测量工具、样板等、凸轮销、偏心轮、冷轧辊等
	CrW5	1.25~1.50	≤0.30	≤0.30	0.40~0.70	0.10~0.25			800~820	油	≥65	150~160	64~65	慢速切削硬金属用的刀具如铣刀、车刀、刨刀等；高压力工作用的刻刀等
	CrMn	1.30~1.50	0.45~0.75	≤0.35	1.30~1.60	4.50~5.50			840~860	油	≥62	130~140	62~65	各种量规与块规等
	CrWMn	0.90~1.05	0.80~1.10	0.15~0.35	0.90~1.20	1.20~1.60			820~840	油	≥62	140~160	62~65	板牙、拉刀、量规、形状复杂的高精度的冲模等

续表

类别	牌号	化学成分 /%							热处理				应用举例
									淬火			回火		
		C	Mn	Si	Cr	W	V	Mo	加热温度/℃	冷却介质	硬度/HRC	加热温度/℃	硬度/HRC	
高速钢	W18Cr4V (18-4-1)	0.70~0.80	≤ 0.40	≤ 0.40	3.80~4.40	17.50~19.00	1.00~1.40		1 260~1 280	油	≥ 63	550~570 (3次)	63~66	制造一般高速切削用车刀、刨刀、钻头、铣刀等
	9W18Cr4V	0.90~1.00	≤ 0.40	≤ 0.40	3.80~4.40	17.50~19.00	1.00~1.40		1 260~1 280	油	≥ 63	570~580 (4次)	67~68	切削不锈钢及其他硬或韧的材料，显著提高刀具寿命
	W6Mo5Cr4V2 (6-5-4-1)	0.80~0.90	≤ 0.35	≤ 0.30	3.80~4.40	5.75~6.75	1.80~2.20	4.75~5.75	1 220~1 240	油	≥ 63	550~570 (3次)	63~66	制造要求耐磨性和韧性很好配合的切削刀具，如丝锥等，并适于采用轧制、扭制热变形加工成形新工艺制造钻头
	W6Mo5Cr4V3 (6-5-4-3)	1.10~1.25	≤ 0.35	≤ 0.30	3.80~4.40	5.75~6.75	2.80~3.30	4.75~5.75	1 220~1 240	油	≥ 63	550~570 (3次)	> 65	制造要求耐磨性和热硬性较高的，耐磨性和韧性较好配合的，形状精微复杂的刀具，如拉刀、铣刀等

(4)热处理方法及工艺路线。

①低合金工具钢的预备热处理通常是锻造后进行球化退火,目的是改善锻造组织和切削加工性能。最终热处理为淬火+低温回火,其组织为回火马氏体+未溶碳化物+少量残余奥氏体,具有较高的硬度和耐磨性。

以 9SiCr 钢圆板牙产品(用于加工外螺纹的精细刃具)为例,其加工工艺路线为:下料→球化退火→机械加工→淬火+低温回火→磨平面→抛槽→开口。

②由于高速钢的合金元素含量多,在空气中冷却就可得到马氏体组织,因此高速钢也俗称为"风钢"。也同样因为大量合金元素的存在,Fe-Fe₃C 相图中的 E 点左移,这样在高速钢铸态组织中出现大量的共晶莱氏体组织、鱼骨状的莱氏体及大量分布不均匀的大块碳化物,使得铸态高速钢既脆又硬,用热处理方法是不能消除的。一般通过反复锻造打碎,使之组织变得均匀。高速钢的锻造具有成形和改善碳化物两重作用,是非常重要的加工工序。为了得到小块均匀的碳化物,需要多次镦拔。高速钢的塑性、导热性较差,锻后必须缓冷,以免开裂。

现以 W18Cr4V 钢为例说明其热处理工艺的选用,其工艺路线为:锻造→球化退火→切削加工→淬火+多次 560 ℃回火→喷砂→磨削加工→成品。

如图 6-8 是高速钢 W18Cr4V 热处理工艺曲线。

球化退火:高速钢在锻后进行球化退火,以降低硬度,消除锻造应力,便于切削加工,并为淬火做好组织准备。球化退火后的组织为球状珠光体。

淬火和回火:高速钢的优越性能需要经正确的淬火回火处理后才能获得。

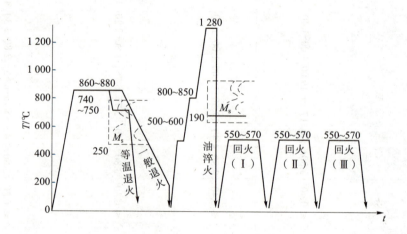

图 6-8　W18Cr4V 钢热处理工艺曲线

合金元素只有溶入高速钢中才能有效提高红硬性,高速钢中大量的 W、Mo、Cr、V 的难溶碳化物,只有在 1 200 ℃以上才能大量地溶于奥氏体中,使奥氏体中固溶碳和合金元素含量增多,淬透性变好;淬火后马氏体强度高,且较稳定,其淬火加热温度一般为 1 220~1 280 ℃。另外,高速钢合金元素多也使其导热性变差,传热速率降低,而淬火温度又高,所以淬火加热时,必须进行一次预热(800~850 ℃)或两次预热(500~600 ℃、800~850 ℃),而冷却多用分级淬火,高温淬火或油淬。正常淬火组织为马氏体+粒状碳化物+20%~30% 残余奥氏体。

为了减少残余奥氏体,稳定组织,消除应力,提高红硬性,高速钢要进行多次回火。如图6-9所示为W18Cr4V钢硬度与回火温度的关系。由图6-9可见,高速钢在560 ℃左右回火达到硬度峰值。这是因为高硬度的细小弥散分布的W、Mo等的合金碳化物从马氏体中析出,造成了第二相的"弥散硬化"效应,使钢的硬度明显上升;同时从残余奥氏体中析出合金碳化物,降低了残余奥氏体中的合金浓度,使M_s点上升,随后冷却时残余奥氏体转变为马氏体,发生了"二次淬火"现象,也使硬度提高;这两个原因造成"二次硬化",保证钢的硬度和热硬性。当回火温度大于560 ℃时,碳化物发生聚集长大,导致硬度下降。

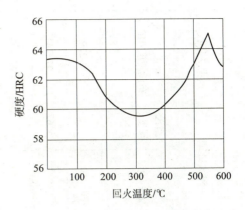

图6-9　W18Cr4V钢硬度与回火温度的关系

为了逐步减少残余奥氏体量,要进行多次回火。W18Cr4V钢淬火后约有30%残余奥氏体,经一次回火后剩15%~18%,二次回火降到3%~5%,经过三次回火后,残余奥氏体才基本转变完成。高速钢回火后组织为:极细的回火马氏体 + 较多粒状碳化物及少量残余奥氏体(＜1%~2%),回火后硬度为63~66 HRC。

3. 合金模具钢

模具是机械、仪表等工业部门中的主要加工工具。专门用于制造各种模具的钢材称为模具钢。根据使用状态,模具钢可分为两大类:一类是用于冷成形的冷作模具钢,工作温度不超过200~300 ℃;另一类是用于热成形的热作模具钢,模具表面温度可达600 ℃以上。

(1)冷作模具钢。冷作模具钢是用于在室温下对金属进行变形加工的模具,包括冷冲模、冷镦模、冷挤压模、拉丝模、落料模等。

①工作条件和性能要求。

冷模具工作时承受很大的压力、弯曲力、冲击载荷和摩擦。主要失效形式是磨损,也常出现崩刃、断裂和变形等失效现象。因此,冷模具钢应具有高的硬度和耐磨性,以承受很大的压力和强烈的摩擦;较高的强度和韧性,以承受很大的冲击和负荷,保证尺寸的精度并防止崩刃。截面尺寸较大的模具要求具有较高的淬透性,而高精度模具则要求热处理变形小。

②化学成分特点。

高含碳量(w_C = 1.0%~2.0%),含碳量高是为了保证与铬形成碳化物,在淬火加热时,其中一部分溶入奥氏体中,以保证马氏体有足够的硬度,而未溶的碳化物,则起到细化晶粒的作用,在使用状态下起到提高耐磨性的作用。主加合金元素Cr、Mo、W、V。含铬量高,其主要作用是提高淬透性和细化晶粒,截面尺寸为200~300 mm时,在油中可以淬透;形成铬的碳化物,提高钢的耐磨性。Mo、V等合金元素,可进一步提高淬透性,细化晶粒,其中钒可形成VC,进一步提高耐磨性和韧性,所以Cr12MoV钢较Cr12钢的碳化物分布均匀,强度和韧性高、淬透性高,用于制作截面大、负荷大的冷冲模、挤压模、滚丝模、剪裁模等。表6-13列出了冷作模具钢的牌号、化学成分及性能。

表6-13 冷作模具钢的牌号、化学成分及性能（GB/T 1299—2014）

牌号	化学成分（质量分数）/%							淬火处理		退火交货状态
	C	Mn	Si	Cr	W	Mo	V	温度/℃	洛氏硬度/HRC	布氏硬度/HBW
9Mn2V	0.85~0.95	1.7~2.00	≤ 0.40	—	—	—	—	780~810	≥ 62	≤ 229
9CrWMn	0.90~1.05	0.90~1.20	≤ 0.40	0.50~0.80	0.50~0.80	—	—	800~830	≥ 62	197~241
CrWMn	0.90~1.05	0.80~1.10	≤ 0.40	0.90~1.20	1.20~1.60	—	—	800~830	≥ 62	207~255
Cr4W2MoV	1.12~1.15	≤ 0.40	0.40~0.70	3.50~4.0	1.90~2.60	0.80~1.20	0.80~1.10	960~980	≥ 60	≤ 269
6Cr4W3MoVNb	0.60~0.70	≤ 0.40	≤ 0.40	3.80~4.40	2.50~3.50	1.80~2.50	0.80~1.20	1 100~1 160	≥ 60	≤ 255
Cr12	2.0~2.30	≤ 0.40	≤ 0.40	11.5~13.0	—	—	—	950~1 000	≥ 60	217~269
7Cr7Mo2V2Si	0.68~0.78	≤ 0.40	0.70~1.20	6.50~7.50	—	1.90~2.30	1.80~2.20	1 100~1 150	≥ 58	≤ 255
Cr12MoV	1.45~1.70	≤ 0.40	≤ 0.40	11.0~12.50	—	0.40~0.60	0.15~0.30	950~1 000	≥ 60	207~255
6W6Mo5Cr4V	0.55~0.65	≤ 0.40	≤ 0.40	3.70~4.30	6.0~7.0	4.50~5.50	0.70~1.10	1 180~1 200	≥ 60	≤ 269

注：1. 6Cr4W3MoVNb 中另含铌 0.20~0.35%；
2. 表中各牌号钢的淬火冷却剂均为油。

③加工工艺路线及热处理特点。

一般冷作模具的加工工艺路线为：下料→锻造→球化退火→机械加工→淬火→回火→精磨→成品检验。

Cr12型钢属莱氏体钢，原始组织中的网状共晶碳化物分布不均匀将使模具变脆、崩刃，故应通过反复锻造来改善碳化物的不良分布状态，这也将有利于发挥后续热处理的效果。选用碳素工具钢或低合金刃具钢制造冷作模具的热处理为：球化退火、淬火＋低温回火。当选用Cr12型冷作模具钢时，其热处理方案有两种：

一次硬化法。其工艺为：950~1 000 ℃加热淬火＋180~250 ℃回火，硬度为58~60 HRC。这样处理的钢具有良好的耐磨性和韧性，用于重载模具。

二次硬化法。即在1 100~1 150 ℃加热淬火，再经510~520 ℃高温回火三次，使之产生二次硬化，硬度为60~62 HRC，红硬性和耐磨性较高，但韧性较低，适用于在400~450 ℃温度下工作的模具。

Cr12型钢的淬火回火后的组织为回火马氏体、粒状碳化物和残余奥氏体。

④常用冷作模具钢。

根据冷作模具的工作条件，可选用碳素工具钢，如T8A、T10A、T12A钢等，制造负荷轻、尺寸小、形状简单的模具。合金工具钢，如9SiCr、CrWMn、GCr15等，可制造负荷、尺寸较大，形状较复杂，批量不很大的模具。而重载荷、形状复杂、变形要求小的大型冷作模具应选用Cr12型钢，如Cr12MoV钢等。

（2）热作模具钢。热作模具钢是用于制造在受热状态下对金属进行变形加工的模具，包括热锻模、压铸模、热镦模、热挤压模、高速锻模等。

①工作条件和性能要求。

热作模具钢工作时经常会接触炽热的金属，型腔表面温度高达400~600 ℃。金属在运动时会产生强烈巨大的压应力、张应力、弯曲应力和冲击载荷，在其作用下，与型腔产生相对的摩擦磨损。剧烈的冷热循环所引起的不均匀热应变和热应力，以及高温氧化，使模具工作表面出现热疲劳"龟裂纹"、崩裂、塌陷、磨损等失效形式。因此热模具钢的主要性能要求是优异的综合力学性能、抗热疲劳性和高的淬透性等。

②化学成分特点。

热模钢一般使用中碳合金钢，含碳为0.3%~0.6%（压铸模钢材含碳量为下限），以保证高强度、高韧性、较高的硬度（35~52 HRC）和较高的热疲劳抗力。

加入Cr、Ni、Mn、Mo、Si等合金元素。Cr是提高淬透性的主要元素，同时和Ni一起提高钢的回火稳定性。Ni在强化铁素体的同时还增加钢的韧性，Cr、W、Mo形成碳化物提高了材料的耐磨性；还通过提高共析温度来提高其抗热疲劳性。Mo还能防止第二类回火脆性，提高高温强度和回火稳定性。

③加工工艺路线及热处理特点。

一般热作模具的加工工艺路线为：下料→锻造→退火→粗加工→成形加工→淬火→

高温回火→精加工。

对热作热模钢，要反复锻造，其目的是使碳化物均匀分布。锻造后的预备热处理一般是完全退火，其目的是消除锻造应力、降低硬度（197~241 HRS），以便于切削加工。其最终热处理为淬火＋高温（中温）回火，以获得回火索氏体或回火托氏体组织。

④常用热作模具钢。

热作模具钢的牌号、成分及性能如表 6-14 所列。其中，最常用的是 5CrMnMo 和 5CrNiMo 钢，制造中、小型热锻模（模具有效高度小于 400 mm）一般选用 5CrMnMo 钢，制造大型热锻模（模具有效高度大于 400 mm）多选用 5CrNiMo 钢，5CrNiMo 钢的淬透性和抗热疲劳性比 5CrMnMo 好。热挤压模和压铸模冲击载荷较小，但模具与热态金属长时间接触，对热硬性和热强性要求较高，常选用 3Cr2W8V、4Cr5MoSiV1、4Cr3Mo3V 钢等钢种。其中 4Cr5MoSiV1 是一种空冷硬化的热模具钢，广泛应用于制造模锻锤的锻模、热挤压模以及铝、铜及其合金的压铸模等。热作模具钢的选材应用如表 6-15 所示。

4. 合金量具钢

量具用钢用于制造各种量测工具，如卡尺、千分尺、螺旋测微仪、块规、塞规等。用于制造量具的合金钢称为合金量具钢。

（1）性能要求。

量具在使用过程中必须保持自身尺寸的稳定性，为此，量具钢必须具有如下性能：

①高硬度、高耐磨性。其硬度一般大于 62 HRC。

②尺寸稳定性。在存放和使用中组织应稳定，以确保不发生尺寸变化。

③良好的耐蚀性。以防止生锈和化学腐蚀。

（2）成分特点。

量具用钢的成分与低合金刃具钢相同，即为高碳（0.9%~1.5%）和加入提高淬透性的合金元素 Cr、W、Mn 等。

（3）工艺路线及热处理特点。

以 CrWMn 钢制块规为例，其加工工艺路线为：下料→锻造→球化退火→机械加工→淬火→深冷处理→低温回火→粗磨→人工时效处理→精磨→去应力处理→研磨。

从工艺路线可看出，量具块规的热处理特点主要是增加了深冷处理和时效处理。深冷处理即量具淬火后，应立即在 −80~−70 ℃进行深冷，以尽可能减少钢中的残余奥氏体，稳定量具尺寸。残余奥氏体是一种极不稳定的组织，在使用或长时间放置过程中会发生组织转变，从而导致量具尺寸变化。时效处理即对精度要求高的量具，经深冷处理再行低温回火、粗磨之后，还要用低温时效处理，以进一步稳定残余奥氏体和消除残余应力，也可以去除粗磨加工时产生的应力。此外，精磨后还要去除磨削应力，以保持量具尺寸的长期稳定性。

表 6-14 热作模具钢的牌号、化学成分及性能（GB/T 1299—2014）

牌号	化学成分（质量分数）/%							淬火处理			退火交货状态的钢材硬度/HBW
	C	Mn	Si	Cr	Mo	V	其他	温度/℃	硬度/HRC	
5CrMnMo	0.50~0.60	1.20~1.60	0.25~0.60	0.60~0.90	—	—	—	820~850	a	197~241
5CrNiMo	0.50~0.60	0.50~0.80	≤0.40	0.50~0.80	1.15~0.30	—	Ni:1.40~1.80	830~860		≤255
5CrNi2MoV		0.60~0.90	0.10~0.40	0.80~1.20	0.80~1.20	0.05~0.15	Ni:0.35~0.55	850~880		207~255
8Cr3	0.75~0.85	≤0.40	≤0.40	3.20~3.80	3.20~3.80	—	—			≤229
4Cr5W2VSi	0.32~0.42		0.80~1.20	4.50~5.50	4.50~5.50	0.60~1.00	W:1.60~2.40	1030~1050		≤248
5Cr5WMoSi	0.50~0.60	0.20~0.50	0.75~1.10	4.75~5.50	4.75~5.50	—	W:1.0~1.50	990~1020		≤255
4CrMnSiMoV	0.35~0.45	0.80~1010	0.80~1.10	1.30~1.50	1.30~1.50	0.20~0.40	—	870~930		≤235
4Cr5MoWVSi	0.32~0.40	0.20~0.50	0.32~0.40	4.70~5.50	4.75~5.50	0.20~0.50	W:1.10~1.60	1000~1030		

注：a 根据需方要求，并在合同中注明，可提供实测值。

学习笔记

表 6-15 热作模具钢的选材应用

模具类型	模具规格及工作条件	常用材料	硬度 /HRC
热锻模	高度＜ 250mm 小型热锻模	5CrMnMo	39~47
	高度在 250~400mm 中型热锻模		
	高度＞ 400mm 小型热锻模	5CrNiMo	35~39
	高寿命热锻模	3Cr2W8V、4Cr5MoSiV、4Cr5MoSiV1、4Cr5W2Si	40~45
	热镦模	3Cr2W8V、4Cr5MoSiV1、4Cr5W2Si、基体钢	39~45
	精密锻造、高速锻模	3Cr2W8V	45~54
压铸模	压铸铝、镁、锌合金	3Cr2W8V、4Cr5MoSiV、4Cr5MoSiV1、4Cr5W2VSi	43~50
	压铸铜和黄铜	3Cr2W8V、4Cr5MoSiV、4Cr5MoSiV1、4Cr5W2VSi	35~40

（4）常用钢种。

量具钢没有专用钢。尺寸小、形状简单、精度较低的量具，用高碳钢制造；复杂的精密量具一般用低合金刃具钢制造。精度要求较高的量具用 CrMn、CrWMn、GCr15 等。GCr15 钢冶炼质量好、耐磨性及尺寸稳定性好，是优秀的量具材料。渗碳钢及氮化钢可在渗碳及氮化后制作精度不高，但耐冲击性的量具。在腐蚀介质中则使用不锈钢（如 9Cr18、4Cr13）作量具。

量具用钢的选用如表 6-16 所列。

表 6-16 量具用钢的选用举例

量 具	牌 号
平样板或卡板	10、20 或 50、55、60、60Mn、65Mn
一般量规与块规	T10A、T12A、9SiCr
高精度量规与块规	Cr 钢、CrMn 钢、GCr15
高精度且形状复杂的量规与块规	CrWMn（低变形钢）
抗蚀量具	4Cr13，9Cr18（不锈钢）

学习任务三　了解特殊性能钢

知识导图

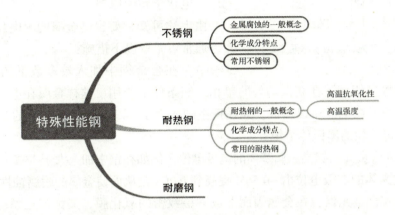

特殊性能钢指具有特殊物理和化学性能的专用钢，如不锈钢、耐热钢、耐磨钢、低温钢等。这些钢往往应用在特殊工况条件下，故应具有某些特殊的性能。

一、不锈钢

不锈钢是指在大气和一般介质中具有很高耐腐蚀性的钢种。主要包括两类：耐大气腐蚀的钢（称不锈钢）和耐化学介质（如酸类）腐蚀的钢（称耐酸不锈钢）。前者不一定耐酸性介质，而耐酸不锈钢在大气中也有良好的耐蚀性能。

1. 金属腐蚀的一般概念

金属腐蚀是指金属与周围介质发生作用而引起金属破坏的现象。按腐蚀机理的不同，金属腐蚀一般分化学腐蚀和电化学腐蚀两类。

化学腐蚀是金属在干燥气体或非电解质溶液中的腐蚀，腐蚀过程不产生电流，钢在高温下的氧化属于典型的化学腐蚀。化学腐蚀除了钢的高温氧化外，钢的脱碳、钢在石油中的腐蚀、氢和含氢气体对普通碳钢的腐蚀等都属于化学腐蚀。

电化学腐蚀是金属与电解质溶液接触时所发生的腐蚀，腐蚀过程中有电流产生，钢在室温下的锈蚀主要属于电化学腐蚀。大部分金属的腐蚀都属于电化学腐蚀，这类腐蚀是由于金属在电解质中发生了电化学作用，这种作用的产生是由于形成了原电池。

当两种互相接触的金属放入电解质溶液时，由于两种金属的电极电位不同，彼此之间就形成一个微电池，并有电流产生电极电位低的金属为阳极，电极电位高的金属为阴极，阳极的金属将不断被溶解，而阴极金属就不会被腐蚀。对于同一种合金，由于组成合金的相或组织不同，也会形成微电池，造成电化学腐蚀。例如：钢组织中的珠光体，是由铁素体和渗碳体两相组成的，在电解质溶液中就会形成微电池，由于铁

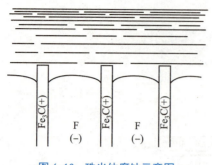

图 6-10 珠光体腐蚀示意图

素体的电极电位低,为阳极,就被腐蚀;而渗碳体的电极电位高,为阴极而不被腐蚀,如图 6-10 所示。在观察碳钢的显微组织时,要把抛光的试样磨面放在硝酸酒精溶液中浸蚀,使铁素体腐蚀后,才能在显微镜下观察到珠光体的组织,就是利用了电化学腐蚀原理。

由上述可知,要提高金属的耐电化学腐蚀能力,通常可采取以下措施:

(1) 在合金钢中加入较多数量的 Cr、Ni 等合金元素,尽量使金属在获得均匀的单相组织条件下使用,这样金属在电解职质溶液中只有一个极,微电池难以形成。如在钢中加入大于 24%(质量分数)的 Ni,会使钢在常温下获得单相的奥氏体组织。

(2) 加入合金元素提高金属基体的电极电位,例如在钢中加入大于 13%(质量分数)的 Cr,则铁素体的电极电位由 -0.56V 提高到 0.20V,从而使金属的耐腐蚀性能提高。

(3) 加入合金元素,在金属表面形成一层致密的氧化膜,又称钝化膜,把金属与介质分隔开,从而防止进一步的腐蚀。

2. 化学成分特点

金属腐蚀大多数是电化学腐蚀。提高金属抗电化学腐蚀性能的主要途径是合金化。在不锈钢中加入的主要合金元素为 Cr、Ni、Mo、Cu、Ti、Nb、Mn、N 等。

(1) Cr 是不锈钢合金化的主要元素。钢中加入 Cr,可以提高电极电位,从而提高钢的耐腐蚀性能,因此,不锈钢多为高铬钢,含铬量都在 13% 以上。此外,Cr 能提高基体铁素体的电极电位,在一定成分下也可获得单相铁素体组织。Cr 在氧化性介质(如水蒸气、大气、海水、氧化性酸等)中极易钝化,生成致密的氧化膜,使钢的耐蚀性大大提高。

(2) Ni 是扩大奥氏体区元素,可获得单相奥氏体组织,显著提高耐蚀性;或形成奥氏体+铁素体组织,通过热处理,提高钢的强度。

(3) Cr 在非氧化性酸(如盐酸、稀硫酸和碱溶液等)中的钝化能力差,加入 Mo、Cu 等元素,可提高钢在非氧化性酸中的耐蚀能力。

(4) Ti、Nb 能优先同碳形成稳定碳化物,使 Cr 保留在基体中,避免晶界贫铬,从而减轻钢的晶界腐蚀倾向。

(5) Mn 和 N(Ni 稀缺),用部分 Mn 和 N 代替 Ni 以获得奥氏体组织,并能提高铬不锈钢在有机酸中的耐蚀性。

3. 常用不锈钢

不锈钢常用两种方法分类:一种是按钢中主要合金元素分为铬不锈钢和铬镍不锈钢;另一种是按正火态即经轧、锻、空冷后的组织形态分为马氏体不锈钢、铁素体不锈钢和奥氏体不锈钢。常用不锈钢的牌号、成分、热处理工艺、力学性能及用途如表 6-17 所示。

表 6-17 常用不锈钢的牌号、成分、热处理工艺、力学性能及用途（GB/T 1220—2007）

类别	钢号	化学成分（质量分数）/%			热处理/℃		力学性能（不小于）				用途举例
		C	Cr	其他	淬火	回火	$R_{r0.2}$/MPa	R_m/MPa	A_5(%)	Z(%)	硬度
马氏体型	12Cr13	0.08~0.15	11.50~13.50	Si ≤ 1.00 Mn ≤ 1.00	950~1000 油冷	700~750 快冷	345	540	25	55	≥159	制作抗弱腐蚀介质并承受冲击载荷的零件，如汽轮机叶片、水压机阀、螺栓、螺母等
	20Cr13	0.16~0.25	12.0~14.0	Si ≤ 1.00 Mn ≤ 1.00	920~980 油冷	600~750 快冷	440	635	20	50	≥192	
	30Cr13	0.26~0.35	12.0~14.0	Si ≤ 1.00 Mn ≤ 1.00	920~980 油冷	600~750 快冷	540	735	12	40	≥217	制作具有较高硬度和耐磨性的医疗器械、量具、滚动轴承等
	40Cr13	0.36~0.45	12.0~14.0	Si ≤ 0.60 Mn ≤ 0.80	1050~1100 油冷	200~300 空冷					≥50	
	95Cr18	0.90~1.00	17.0~19.0	Si ≤ 0.80 Mn ≤ 0.80	1000~1050 油冷	200~300 油、空冷					≥55	不锈切片机械刀具、剪切刀具、手术刀具、高耐磨、耐蚀件
铁素体型	10Cr17	≤ 0.12	16.0~18.0	Si ≤ 1.00 Mn ≤ 1.00	退火 780~850 空冷或缓冷		205	450	22	50	≤183	制作硝酸工厂、食品工厂的设备

学习情境六 工业用钢

续表

类别	牌号	化学成分（质量分数）/%			热处理/℃		力学性能（不小于）				用途举例
		C	Cr	其他	淬火	回火	$R_{r0.2}$/MPa	R_m/MPa	A_5(%)	Z(%)	硬度
奥氏体型	06Cr19Ni10	≤ 0.12	16.0~18.0	Ni: 8.00~11.00	固溶 1 010~1 150 快冷		205	520	40	60	≤ 187	具有良好的耐蚀及耐晶间腐蚀性能，为化学工业用的良好耐蚀材料
	12Cr18Ni9	≤ 0.15	17.0~19.0	Ni: 8.00~10.00	固溶 1 010~1 150 快冷		205	520	40	60	≤ 187	制作耐硝酸、冷磷酸、有机酸及盐、碱溶液腐蚀的设备零件
	06Cr18Ni11Nb	≤ 0.08	17.0~19.0	Ni: 9~12 Nb: 10w_C%~1.10	固溶 980~1 150 快冷		205	520	40	50	≤ 187	在酸、碱、盐等腐蚀介质中的耐蚀性能好，焊接性能好
奥氏体—铁素体型	022Cr25Ni6Mo2N	≤ 0.03	24.0~26.0	Ni: 5.5~6.5 Mo: 1.2~2.5 N: 0.10~0.20 Si: ≤ 1.00 Mn: ≤ 2.00	固溶 950~1 200 快冷		450	620	20		≤ 260	抗氧化性、耐点蚀性好，强度高，耐海水腐蚀等
	022Cr19Ni5Si2N	≤ 0.03	18.0~19.5	Ni: 4.5~5.5 Mo: 2.5~3.0 Si: 1.3~2.0 Mn: 1.0~2.0 N: 0.05~0.12	固溶 920~1 150 快冷		390	590	20	40	≤ 290	适用于含氯离子的环境，用于炼油、化肥、造纸、石油、化工等工业热交换器和冷凝器等

注：1. 表中所列各钢种的 w_P ≤ 0.035%、w_S ≤ 0.030%。

二、耐热钢

在高温下具有较高的强度和良好的化学稳定性的合金钢称为耐热钢。在发动机、化工、航空等领域有很多零件是在高温下工作的，采用耐热钢。

1. 耐热钢的一般概念

钢的耐热性包括高温抗氧化性和高温强度两方面的含义。金属的高温抗氧化性是指金属在高温下对氧化作用的抗力；而高温强度是指钢在高温下承受机械负荷的能力。所以耐热钢是高温抗氧化性能好、高温强度高的钢。

（1）高温抗氧化性。

金属的高温抗氧化性，通常主要取决于金属在高温下与氧接触时，表面能形成致密且熔点高的氧化膜，以避免金属进一步氧化的能力。一般碳钢在高温下很容易氧化，这主要是由于在高温下钢的表面生成疏松多孔的氧化亚铁（FeO），容易剥落，而且氧原子不断地通过 FeO 扩散，使钢继续氧化。

为了提高钢的抗氧化性能，一般采用合金化方法，加入铬、硅、铝等元素，使钢在高温下与氧接触时，在表面形成致密的高熔点的 Cr_2O_3、SiO_2、Al_2O_3 等氧化膜，牢固地附在钢的表面，使钢在高温气体中的氧化过程难以继续进行。如在钢中加 15% 的 Cr，其抗氧化温度可达 900 ℃；在钢中加 20%~25% 的 Cr，其抗氧化温度可达 1 100 ℃。

（2）高温强度。

金属在高温下所表现的力学性能与室温下大不相同。在室温下的强度值与载荷作用的时间无关，但在高温下，当工作温度大于再结晶温度、工作应力大于此温度下的弹性极限时，随时间的延长，金属会发生极其缓慢的塑性变形，这种现象叫作"蠕变"。在高温下，金属的强度用蠕变强度和持久强度来表示。蠕变强度是指金属在一定温度、一定时间内，产生一定变形量所能承受的最大应力。而持久强度是指金属在一定温度下、一定时间内，所能承受的最大断裂应力。

为了提高钢的高温强度，通常采用以下几种措施：

①固溶强化。固溶体的热强性首先取决于固溶体自身的晶体结构，由于面心立方的奥氏体晶体结构比体心立方的铁素体排列紧密，因此奥氏体耐热钢的热强性高于铁素体为基的耐热钢。在钢中加入合金元素，形成单相固溶体，提高原子结合力，减缓元素的扩散，提高再结晶温度，能进一步提高热强性。

②析出强化。在固溶体中沉淀析出稳定的碳化物、氮化物、金属间化合物，也是提高耐热钢热强性的重要途径之一，如加入铌、钒、钛等，形成 NbC、TiC、VC 等，在晶内弥散析出，阻碍位错的滑移，提高塑变抗力，提高热强性。

③强化晶界。在高温下（大于等强温度 T_e），材料的晶界强度低于晶内强度，晶界成为薄弱环节。加入钼、锆、钒、硼等晶界吸附元素，可降低晶界表面能，使晶界碳化物趋于稳定，使晶界强化，从而提高钢的热强性。

学习笔记

2. 化学成分特点

由于碳会使钢的塑性、抗氧化性、焊接性能降低，所以，耐热钢的碳质量分数一般都不高，通常在 0.1%~0.5% 范围内。耐热钢中不可缺少的合金元素是 Cr、Si 或 Al，特别是 Cr。这些元素与氧的亲和力大，能在钢的表面形成一层钝化膜，提高钢的抗氧化性，Cr 还有利于热强性。合金元素 Mo、W 可以提高再结晶温度，而 V、Nb、Ti 等元素加入钢中，能形成细小弥散的碳化物，起弥散强化的作用，提高室温和高温强度。

3. 常用的耐热钢

常用耐热钢的牌号、成分、热处理方式、力学性能及用途如表 6-18 所示。

三、耐磨钢

从广泛的意义上讲，表面强化结构钢、工具钢和滚动轴承钢等具有高耐磨性的钢种都可称作耐磨钢，但这里所讲的耐磨钢主要是指在强烈冲击载荷或高压力的作用下发生表面硬化而具有高耐磨性的高锰钢，如车辆履带、挖掘机铲斗、破碎机颚板和铁轨分道叉等。

常用的高锰钢的牌号有 ZGMn13 钢（ZG 是铸钢两字汉语拼音的字母）等，这种钢的含碳量为 0.8%~1.4%，保证钢的耐磨性和强度；含锰 11%~14%，锰是扩大奥氏体区的元素，它和碳配合，使钢在常温下呈现单相奥氏体组织，因此高锰钢又称为奥氏体锰钢。

为了使高锰钢具有良好的韧性和耐磨性，必须对其进行"水韧处理"，即将钢加热到 1 000~1 100 ℃，保温一定时间，使碳化物全部溶解，然后在水中快冷，碳化物来不及析出，在室温下获得均匀单一的奥氏体组织。此时钢的硬度很低（约为 210 HBS），而韧性很高。当工件在工作中受到强烈冲击或强大压力而变形时，高锰钢表面层的奥氏体会产生变形出现加工硬化现象，并且还发生马氏体转变及碳化物沿滑移面析出，使硬度显著提高，能迅速达到 500~600 HB，耐磨性也大幅增加，心部则仍然是奥氏体组织，保持原来的高塑性和高韧性状态。需要指出的是高锰钢经水韧处理后，不可再回火或在高于 300 ℃ 的温度下工作，否则碳化物又会沿奥氏体晶界析出而使钢脆化。

高锰耐磨钢常用于制作球磨机衬板、破碎机颚板、挖掘机斗齿、坦克或某些重型拖拉机的履带板、铁路道岔和防弹钢板等。但在一般机器工作条件下，材料只承受较小的压力或冲击力，不能产生或仅有较小的加工硬化效果，也不能诱发马氏体转变，此时高锰钢的耐磨性甚至低于一般的淬火高碳钢或铸铁。

表 6-18 常用耐热钢牌号、成分、热处理方式、力学性能及用途（GB/T 1221—2007）

类别	牌号	化学成分/%					热处理 温度/℃		部分力学性能（不小于）			用途
		C	Si	Mn	Cr	其他	淬火	回火	$R_{r0.2}$/MPa	R_m/MPa	硬度/HBW	
奥氏体型	5Cr21Mn9Ni4N	0.48~0.58	≤0.35	8.0~10.0	20~22	N: 0.35~0.50	1100~1200空冷	730~780	560	885	≥302	以经受高温强度为主的汽油及柴油机用排气阀
	2Cr21Ni12N	0.15~0.28	0.75~1.25	1.0~1.6	20~22	N: 0.15~0.30	1050~1150空冷	750~800	430	820	≤269	以抗氧化为主的汽油及柴油机用排气阀
	2Cr23Ni13	≤0.20	≤1.00	≤2.0	22~24		1030~1150		205	560	≤201	承受980 ℃以下反复加热的抗氧化钢，加热炉部件、重油燃烧器
	2Cr25Ni20	≤0.25	≤1.50	≤2.0	24~26		1030~1180		205	590	≤201	承受1 035 ℃以下反复加热的抗氧化钢，炉用部件、喷嘴、燃烧室
	4Cr9Si2	0.35~0.50	2.00~3.00	≤0.70	8~10	Ni: ≤0.60	1020~1040油	700~780油	590	885		有较高的热强性，作内燃机进气阀，轻负荷发动机的排气阀
	4Cr10Si2Mo	0.35~0.45	1.90~2.60	≤0.70	9.0~10.5	Ni: ≤0.60; Mo: 0.70~0.90	1010~1040油	720~760空	685	885		有较高的热强性，作内燃机进气阀，轻负荷发动机的排气阀

续表

类别	牌号	化学成分（质量分数）/%					热处理温度/℃		部分力学性能（不小于）		用途
		C	Si	Mn	Cr	其他	淬火	回火	$\sigma_{0.2}$/MPa	σ_b/MPa	HBW	
马氏体型	1Cr11MoV	0.11~0.18	≤0.50	≤0.60	10.0~11.5	Ni:≤0.60; V:0.25~0.40 Mo:0.50~0.70	1 050~1 100 油	720~740 空	490	685		有较高的热强性、良好的组织振性及组织稳定性，用于透平叶片及导向叶片
马氏体型	1Cr12WMoV	0.12~0.18	≤0.50	0.50~0.90	11~13	Mo:0.50~0.70; Ni:0.40~0.80; V:0.18~0.30 W:0.70~1.10	1 000~1 050 油	680~700 空冷	585	735		有较高的热强性、良好的组织振性及组织稳定性，用于透平叶片、紧固件、转子及轮盘
马氏体型	1Cr13	≤0.15	≤1.00	≤1.00	11.5~13.5	Ni:≤0.60	950~1 000 油	700~750 快冷	345	540	≥159	作800℃以下耐氧化用部件

课后习题

一、选择题

1. 常见的调质钢大都属于（　　）。
   A. 低碳低合金钢　　　　　　B. 中碳低合金钢
   C. 高碳低合金钢　　　　　　D. 低碳中合金钢

2. 某一中载齿轮决定用 45 钢制造，其最终热处理采用下列哪种方案为宜？（　　）
   A. 淬火 + 低温回火　　　　　B. 渗碳后淬火 + 低温回火
   C. 调质后表面淬火　　　　　D. 正火

3. 下列合金钢中，耐蚀性最好的是（　　）。
   A. 20CrMnTi　　　　　　　　B. 40Cr
   B. W18Cr4V　　　　　　　　D. 1Cr18Ni9Ti

4. 滚动轴承钢 GCr15 的最终热处理应该是（　　）。
   A. 淬火 + 低温回火　　　　　B. 渗碳 + 淬火 + 低温回火
   C. 淬火 + 中温回火　　　　　D. 氮化 + 淬火 + 低温回火

5. 下列各材料中淬火时最容易产生淬火裂纹的材料是（　　）。
   A. 45 钢　　　　　　　　　　B. 20CrMnTi
   C. 16Mn　　　　　　　　　　D. W18Cr14V

6. 下列诸材料被称为低变形钢，适合作冷作模具的是（　　）。
   A. 9SiCr　　　　　　　　　　B. CrWMn
   C. T12　　　　　　　　　　　D. 5CrMnMo

7. 下列合金中，含碳量最少的钢是（　　）。
   A. GCr15　　　　　　　　　　B. Cr12MoV
   C. 1Cr13　　　　　　　　　　D. 1Cr18Ni9Ti

8. 汽车、拖拉机中的变速齿轮、内燃机上的凸轮轴、活塞销等零件，要求表面具有高硬度和耐磨性，而心部要有足够高的强度和韧性，因而这些零件大多采用（　　）制造。
   A. 合金渗碳钢　　　　　B. 合金调质钢　　　　　C. 合金弹簧钢

9. 为了保证汽车板簧的性能要求，60Si2Mn 钢制的汽车板簧最终要进行（　　）处理。
   A. 淬火和低温回火　　　B. 淬火和中温回火　　　C. 淬火和高温回火

10. 要使不锈钢不锈，必须使钢中（　　）含量 ≥ 13%。
    A. Cr　　　　　　　　　B. Mn　　　　　　　　　C. Ni

二、判断题

1. 高锰钢在各种条件下均能表现出良好的耐磨性。（　　）
2. 硫、磷是钢中的有害元素，随着其含量的增加，会使钢的韧性降低，硫使钢产生冷脆，磷使钢产生热脆。（　　）
3. GCr15 钢中 Cr 质量分数是 15%。（　　）
4. 铸钢用于制造形状复杂、难以锻压成形、要求有较高的强度和塑性，并承受冲

击载荷的零件。（　　）

5. Q345 钢与 Q235，后者强度高。（　　）
6. 都为退火态的 45 钢和 20 钢，塑性前者优于后者。（　　）
7. 渗碳钢不能用来制作量具。（　　）
8. 弹簧钢的最终热处理为淬火加低温回火。（　　）
9. 滚动轴承钢可以用来制作量具。（　　）
10. 40Cr 钢是最常用的合金调质钢，常用于制造机床齿轮、花键轴、顶尖套等。（　　）

三、简答题

1. 钢中常存杂质元素有哪几种？对性能各有什么影响？
2. 钢按不同的分类方法共分为几类？
3. 试比较普通碳素结构钢与优质碳素钢的不同之处？比较这两种碳素钢的性能，并举例说明其用途。
4. 举出几种常用碳素工具钢的牌号、成分，说明碳素工具钢在热处理方法和用途上的不同之处。
5. 在什么情况下采用铸钢？它有什么特点？
6. 合金元素对 Fe-Fe$_3$C 合金状态图有什么影响？
7. 为什么碳钢在室温下不存在单一的奥氏体或单一的铁素体组织；而合金钢中有可能存在这类组织？
8. 说明用 20Cr 钢制造齿轮的工艺路线，并指出其热处理目的。
9. 为什么滚动轴承钢的含碳量均为高碳？滚动轴承钢预备热处理和最终热处理工艺有什么特点？
10. 一般刃具钢要求什么性能？为什么刃具钢中含高碳？
11. 用 9SiCr 钢制成圆板牙，其工艺流程为：锻造→球化退火→机械加工→淬火→低温回火→磨平面→开槽加工。试分析：球化退火、淬火及低温回火的目的。
12. 模具钢分几类？各采用何种最终热处理工艺？为什么？
13. 制造量具的钢有哪几种？有什么要求？热处理工艺有什么特点？
14. 电化学腐蚀的原理是什么？通过什么措施可以提高金属的耐腐蚀性？
15. 试为下列零件、构件或刀具选择合适材料：

名称	材料牌号	名称	材料牌号
钢结构桥梁		高速切削刀具	
汽车变速齿轮		重载冷冲模	
车床主轴		压铸模	
汽车板簧		外科手术刀	
滚动轴承		硝酸容器	
板牙		坦克、拖拉机履带	

学习情境七 铸铁

情境导入

数控机床是一个国家制造业水平的象征,一些发达国家把高精度数控机床作为重要的战略物资,实行了出口许可证制度,甚至实行封锁禁运。而数控机床的床身是整个机床的基础支承件,用于放置主轴箱、导轨等重要部件,同时承受切力作用。对数控机床床身的基本要求有:足够的静刚度,较好的动态特性,较小的热变形,易安装调整。好的动态特性需要机床有足够的动刚度和合适的阻尼,有较高的固有频率,远离激振频率,避免发生共振及因薄壁振动而产生噪声,还应具有较好的热稳定性。

情境解析

机床床身通常用灰口铸铁制造。铸铁是含碳量大于 2.11%,一般为 2.5%~5.0% 并且含有较多的 Si、Mn、S、P 等元素的多元铁碳合金。与钢相比,铸铁的抗拉强度、塑性、韧性较低。有时为了提高铸铁的力学性能或物理、化学性能,可以加入一定量的合金元素,得到合金铸铁。

铸铁被广泛应用于机械制造、冶金、矿山、交通运输和国防建设等各部门。在各类机械中,铸铁件占机器重量的 40%~70%,在机床和重型机械中,则可达 80%~90%。铸铁之所以能得到广泛的应用,是由于它所需要的生产设备和熔炼工艺简单、价格低廉，并且有良好的铸造性能、切削加工性、减摩性及减振性等一系列性能特点。特别是近年来由于稀土镁球墨铸铁的发展，更进一步打破了钢与铸铁的使用界限，不少过去使用碳钢和合金钢制造的零件，如今已成功地用球墨铸铁来代用，从而使铸铁的应用范围更为广泛。

学习目标

序号	学习内容	知识目标	技能目标	创新目标
1	铸铁的种类及石墨化过程	√		
2	各种常用铸铁的牌号表示方法、性能特点	√	√	
3	各种常用铸铁的应用场合、热处理方法	√	√	

学习流程

了解铸铁的石墨化 → 认知常用铸铁 → 认知合金铸铁

学习任务一　了解铸铁的石墨化

知识导图

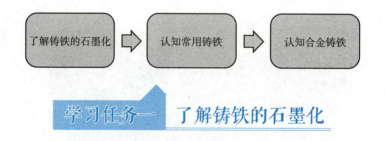

铸铁的种类较多，可按照以下几种方法进行分类：

1. 按碳存在的形式分类

根据碳在铸铁中存在的形式，铸铁可分为：白口铸铁、灰铸铁和麻口铸铁。

（1）白口铸铁：碳全部或大部分以渗碳体形式存在，因断裂时断口呈银白色，故称白口铸铁。Fe–Fe$_3$C 相图中的亚共晶、共晶、过共晶合金即属这类铸铁。这类铸铁组织中都存在着共晶莱氏体，使性能硬而脆，很难切削加工，所以很少直接用来制造各种零件，主要用作炼钢的原料，故通常称它为生铁。但有时也利用它硬而耐磨的特性，铸造出表面有一定深度的白口层、中心为灰组织的铸件，称为冷硬铸铁件。冷硬铸铁件常用作一些要求高耐磨的工件，如轧辊、球磨机的磨球及犁铧等。目前，白口铸铁主要用作炼钢原料和生产可锻铸铁的毛坯。

（2）灰铸铁：碳大部分或全部以游离的石墨形式存在，因断裂时断口呈灰暗色，故称为灰铸铁。

（3）麻口铸铁：碳既以渗碳体形式存在，又以游离形式存在。断口上黑白相间构成麻点，由此得名。

2. 按石墨的形态分类

铸铁中石墨形态大致可分为片状、团絮状、球状及蠕虫状四大类，因此，可将铸铁分为：

（1）普通灰铸铁：石墨呈片状。

（2）可锻铸铁：石墨呈团絮状。

（3）球墨铸铁：石墨呈球状。

（4）蠕墨铸铁：石墨呈蠕虫状。

3. 按化学成分分类

（1）普通铸铁：即常规元素铸铁，如普通灰铸铁、可锻铸铁、球墨铸铁、蠕墨铸铁。

（2）合金铸铁：又称为特殊性能铸铁，是向普通铸铁中加入一定量的合金元素，如 Cr、Ni、Cu、V、Pb 等使其具有一些特定性能的铸铁，如耐磨铸铁、耐热铸铁、耐蚀铸铁等。

一、铸铁的石墨化

在铁碳合金中的碳除极少量固溶于铁素体之外，主要以两种形式存在，即渗碳体（Fe_3C）和游离态的石墨（G）。渗碳体（Fe_3C）的结构和性能在前面章节已经介绍。石墨的晶体结构为简单六方晶格，原子呈层状排列，如图 7-1 所示。其底面中的原子间距为 0.142 nm，结合力较强。两底面之间的距离为 0.340 nm，结合力较弱，所以底面之间容易相对滑动。因此石墨的强度不高，塑性、韧性极低（接近于零）。

图 7-1 石墨的晶体结构

铸铁组织中形成石墨的过程叫作石墨化过程。铸铁的石墨化可以有两种方式：一种是石墨从液态合金或奥氏体中析出；另一种是渗碳体在一定条件下分解出石墨。铸铁的石墨化以哪种方式进行，主要取决于铸铁的成分和保温冷却条件。

铁碳合金中，渗碳体并不是一种稳定的相，而石墨是一种稳定的相。在铁碳合金结晶的过程中，因为渗碳体的含碳量较石墨的含碳量更接近合金成分的含碳量，故易形成渗碳体晶核。但在极其缓慢冷却的条件下，或在合金中含有促进石墨化的元素时，

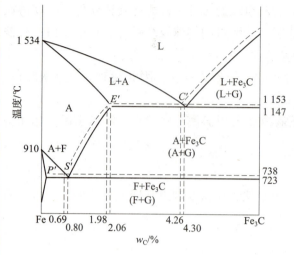

图 7-2 铁碳合金的两种相图

在铁碳合金的结晶过程中，便会直接自液体或奥氏体中析出石墨相。因此，对铁碳合金的结晶过程来说，实际存在两种相图，即亚稳定状态的 $Fe-Fe_3C$ 相图和稳定的 $Fe-G$ 相图（如图 7-2 所示）。

铁碳合金按照 $Fe-G$ 相图进行结晶，则铸铁的石墨化过程可分为如下三个阶段：

第一阶段：即在 1 153 ℃ 时通过共晶反应而形成石墨。

第二阶段：即在 1 153~738 ℃ 范围内冷却过程中自奥氏体中不断析出二次石墨。

第三阶段：即在 738 ℃ 时通过共析反应而形成石墨。

一般，在高温冷却过程中，铸铁由于具有较高的原子扩散能力，故其第一和第二阶段的石墨化是较容易进行的，而在较低温度下的第三阶段的石墨化，则常因铸铁的成分及冷却速度等条件的不同，遭遇部分或全部被抑制，从而得到三种不同的组织，即：F+G，F+P+G，P+G。

铸铁组织与石墨化程度之间的关系如表 7-1 所示。

表 7-1 铸铁组织与石墨化程度之间的关系（以共晶铸铁为例）

石墨化程度		铸铁的显微组织	铸铁类型
第一阶段石墨化	第一阶段石墨化		
完全进行	完全进行	F+G	灰口铸铁
	部分进行	F+P+G	
	未进行	P+G	
部分进行	未进行	Ld′+P+G	麻口铸铁
未进行	未进行	Ld′	白口铸铁

二、影响石墨化过程的因素

1. 化学成分的影响

铸铁中的 C、Si、Mn、S、P 等元素对石墨化有不同影响。其中 C、Si、P 是促进石墨化的元素，Mn 和 S 是阻碍石墨化的元素。在一般铸造条件下，铸铁中较高的含碳量是石墨化的必要条件，而一定的含硅量是石墨化的充分条件，C 与 Si 含量越高越易石墨化；若 C、Si 含量过低则易出现白口；如果 C、Si 含量过高，将导致石墨数量多且粗大，基体内铁素体量多，铸铁的力学性能下降。

2. 温度及冷却速度的影响

铸件的冷却速度对石墨化的影响也很大，即冷却越慢，越有利于扩散，对石墨化便越有利，而快冷则阻止石墨化。在铸造时，除了造型材料和铸造工艺影响冷却速度以外，铸件的壁厚不同也会具有不同的冷却速度，也会得到不同的组织，如图7-3所示。

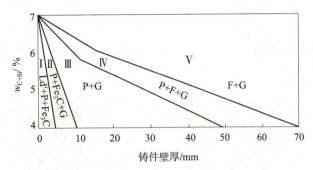

图 7-3　铸铁成分和铸件壁厚对石墨化的影响

学习任务二　认知常用铸铁

知识导图

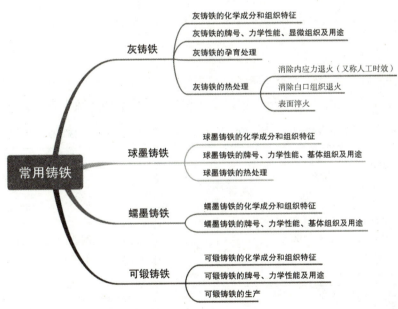

一、灰铸铁

1. 灰铸铁的化学成分和组织特征

在生产中，为使铸铁浇注后得到灰口，且不至于含有过多和粗大的片状石墨，通常把铸铁的成分控制在：w_C=2.5%~4.0%，w_{Si}=1.0%~3.0%，w_{Mn}=0.25%~1.00%，w_S=0.02%~0.20%，w_P=0.05%~0.50%。

灰铸铁应用实例

具有上述成分范围的铁液在进行缓慢冷却凝固时,将发生石墨化,析出片状石墨。其断口呈黑灰色。若铁水中的C、Si含量低,铸件容易出现白口组织,白口组织往往出现在铸件的表面层和薄壁处。普通灰铸铁的组织是由片状石墨和钢的基体两部分组成的。根据不同阶段石墨化程度的不同,灰铸铁有三种不同的基体组织,如图7-4所示。

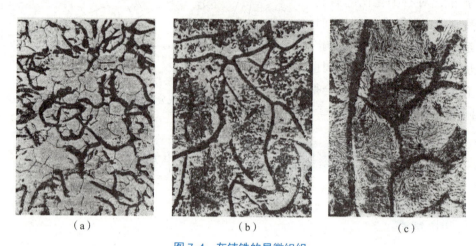

图 7-4 灰铸铁的显微组织

(a)铁素体基灰口铸铁;(b)铁素体+珠光体基灰口铸铁;(c)珠光体基灰口铸铁

2. 灰铸铁的牌号、力学性能、显微组织及用途

灰铸铁的牌号、力学性能、显微组织和用途如表7-2所示。牌号中的"HT"为"灰铁"二字汉语拼音的第一个字母,用以表示灰铸铁,其后面的数字表示最低抗拉强度。

表 7-2 灰铸铁的牌号、力学性能、显微组织和用途(摘自 GB/T 9439—2010)

牌号	铸件厚度 /mm	抗拉强度 R_m/MPa(不小于)	显微组织		应用举例
			基体	石墨	
HT100	2.5~10 10~20 20~30 30~50	130 100 90 80	F	粗片状	手工铸造用砂箱、盖、下水管、底座、外壳、手轮、手把重锤等
HT150	2.5~10 10~20 20~30 30~50	175 145 90 80	F+P	较粗片状	机械铸造业中的一般铸件,如底座、手轮、刀架等; 冶金行业中的留渣箱、渣缸、轧钢机托辊等; 机车用一般铸件,如水泵壳、阀体、阀盖等; 动力机械中的拉钩、框架、阀门、油泵壳等

续表

牌号	铸件厚度 /mm	抗拉强度 R_m/ MPa（不小于）	显微组织 基体	显微组织 石墨	应用举例
HT200	2.5~10 10~20 20~30 30~50	220 195 170 160	P	中等片状	一般运输机械中的气缸体、缸盖、飞轮等； 一般机床中的床身、机架等； 通用机械中承受中等压力的泵体、阀体； 动力机械中的外壳轴承座水套等
HT250	4.0~10 10~20 20~30 30~50	270 240 220 200	细P	较细片状	运输机械中的薄壁缸体、缸盖； 机床中的立柱、横梁、床身、滑板、箱体等； 冶金矿山机械中的轨道板、齿轮； 动力机械中的缸体、缸套、活塞
HT300	10~20 20~30 30~50	290 250 230	细P	细小片状	机床导轨受力较大的机床床身立柱机座等； 通用机械中的水泵出口管、吸入盖等； 动力机械中的液压阀体、涡轮、汽轮机隔板、泵壳、大型发动机缸体、缸盖
HT350	10~20 20~30 30~50	340 290 260	细P	细小片状	大型发动机缸体、缸盖、衬套； 水泵缸体阀体凸轮等； 机床导轨、工作台等摩擦件； 需经表面淬火的铸件

3. 灰铸铁的孕育处理

表 7-2 中 HT250、HT300、HT350 属于较高强度的孕育铸铁（也称变质铸铁），这是由普通铸铁通过孕育处理而得到的。由于在铸造之前向铁液中加入了孕育剂（或称变质剂），因此结晶时石墨晶核数目增多，石墨片尺寸变小，更为均匀地分布在基体中。所以其显微组织是在细珠光体基体上分布着细小片状石墨。铸铁变质剂或孕育剂一般为硅铁合金或硅钙合金小颗粒或粉，加入量为铁水总量的 0.4%，当变质剂加入铸铁液内后立即形成 SiO_2 的固体小质点，铸铁中的碳以这些小质点为核心形成细小的片状石墨。

铸铁经孕育处理后不仅强度有较大提高，而且塑性和韧性也有所改善。同时，孕育剂的加入还可使铸铁对冷却速度的敏感性显著减小，使各部位都能得到均匀一致的组织。因而孕育铸铁常用来制造力学性能要求较高、截面尺寸变化较大的铸件。

4. 灰铸铁的热处理

热处理只能改变铸铁的基体组织，而不能改变石墨的形状和分布。由于石墨片对基体连续性破坏严重，易产生应力集中，因此热处理对灰铸铁强化效果不大，其基体强度利用率只有 30%~50%。灰铸铁常用的热处理有如下几种：

（1）消除内应力退火（又称人工时效）。

该热处理主要是为了消除铸件在铸造冷却过程中产生的内应力，防止铸件变形或开裂。常用于形状复杂的铸件，如机床床身、柴油机气缸等，其工艺为：加热温度500~550 ℃，加热速度60~120 ℃/h，经一定时间保温后，炉冷到150~220 ℃出炉空冷。

（2）消除白口组织退火。

铸件的表层和薄壁处由于铸造时冷却速度快，易产生白口组织，使得硬度提高、加工困难，需进行退火以降低硬度，其工艺为：加热到850~900 ℃，保温2~5 h后炉冷至250~400 ℃出炉空冷，可获得铁素体或铁素体加珠光体基体的灰铸铁。

（3）表面淬火。

某些铸件的工作表面需要提高表面硬度和耐磨性，如机床导轨的表面、缸体内壁等，可进行表面淬火处理。常用感应加热表面淬火、火焰加热表面淬火和点接触电加热表面淬火等。其淬火组织为极细的马氏体加片状石墨，淬硬层深度为1~3 mm，淬火后表面硬度可达50~55 HRC。孕育铸铁的表面淬火效果比普通灰铸铁的效果要好。

二、球墨铸铁

在浇注前向铁液中加入一定量的球化剂（如镁、稀土或稀土镁）和少量的孕育剂（硅铁和硅钙）进行球化处理和孕育处理，在浇注后可获得具有球状石墨结晶铸铁，称为球墨铸铁，简称"球铁"。

1. 球墨铸铁的化学成分和组织特征

球墨铸铁的大致化学成分范围是：w_C=3.6%~3.9%，w_{Si}=2.0%~3.0%，w_{Mn}=0.3%~0.8%，w_P<0.1%，w_S<0.07%，w_{Mg}=0.03%~0.08%。

球墨铸铁的成分特点是：碳当量较高（一般在4.3%~4.6%），含硫量较低。高碳当量是为了使它得到共晶附近的成分，具有良好的流动性；而低硫则是因为硫与球化剂（Mg及RE）具有很强的亲和力，会消耗球化剂，从而造成球化不良。由于球化剂的加入将阻碍石墨化，并使共晶点右移造成流动性下降，因此必须严格控制其含量。

球墨铸铁的显微组织由球形石墨和金属基体两部分组成。根据成分和冷却速度的不同，球墨铸铁在铸态下的金属基体可分为铁素体、铁素体+珠光体、珠光体三种，如图7-5所示。

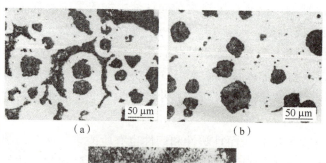

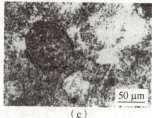

图7-5 球墨铸铁的显微组织
（a）铁素体；（b）铁素体+珠光体；（c）珠光体

2. 球墨铸铁的牌号、力学性能、基体组织及用途

球墨铸铁的牌号、力学性能、基体组织和用途如表7-3所示。球墨铸铁牌号用

"QT"及其后面两组数字表示。"QT"为球铁二字汉语拼音的第一个字母,用以表示球墨铸铁。后面的第一组数字表示其最低抗拉强度,第二组数字表示其最低伸长率。

表 7-3 球墨铸铁的牌号、力学性能、基体组织和用途(摘自 GB/T 1348—2009)

牌号	R_m/ MPa	R_{eL}/ MPa	A/%	硬度 /HB	基体组织	应用举例
	最小值			(供参考)		
QT400-18	400	250	18	130~180	铁素体	汽车拖拉机地盘零件;阀门的阀体和阀盖
QT400-15	400	250	15	130~180	铁素体	
QT400-10	450	310	10	160~210	铁素体	
QT500-7	500	320	7	170~320	铁素体+珠光体	机油泵齿轮等
QT600-3	600	370	3	190~270	铁素体+珠光体	柴油机、汽油机的曲轴;磨床铣床车床的主轴;空压机、冷冻机的缸体、缸套
QT700-2	700	420	2	225~305	珠光体	
QT800-2	800	480	2	245~335	铁素体或回火组织	
QT900-2	900	600	2	280~360	贝氏体或回火马氏体	汽车拖拉机传动齿轮

在球墨铸铁中,由于球形石墨对金属基截面削弱作用较小,因此基体比较连续。而且,在拉伸时,应力集中明显减弱,从而使基体强度利用率可达 70%~90%,而在灰铸铁中基本的强度利用率仅为 30%~50%,故球墨铸铁的强度、塑性和韧性都超过灰铸铁。球铁的刚性也比灰铸铁好。球墨铸铁不仅具有远远超过灰铸铁的力学性能,而且同样也具有灰口铸铁的一系列优点,如良好的铸造性、减摩性、切削加工性及低的缺口敏感性等;甚至在某些性能方面可与锻钢相媲美,如疲劳强度大致与中碳钢相近,耐磨性优于表面淬火钢等,但球铁的减振能力比灰铸铁低很多。

由于球铁中金属基体是决定球铁力学性能的主要因素,所以球铁可通过合金化和热处理强化的方法进一步提高力学性能,因此,球铁可以在一定条件下代替铸钢、锻钢等,用于制造受力复杂、负荷较大和要求耐磨的铸件。球墨铸铁的广泛应用促进了"以铁代钢,以铸代锻"的技术革命。

铁素体基球墨铸铁具有较高的塑性和韧性,常用于制造阀门、汽车后桥壳、机器底座。珠光体基球墨铸铁具有中高强度和较高的耐磨性,常用于制作拖拉机或柴油机的曲轴、凸轮轴、部分机床的主轴、轧辊等。贝氏体球墨铸铁具有高的强度和耐磨性,常用于制造汽车上的齿轮、传动轴及内燃机曲轴、凸轮轴等。

3. 球墨铸铁的热处理

由于球状石墨危害程度小,因此可以对球墨铸铁进行各种热处理强化。
球墨铸铁的热处理特点是:
① 奥氏体化温度比碳钢高,这是由于铸铁中硅含量高,使 S 点上升;
② 淬透性比碳钢高,这也与硅含量高有关;
③ 奥氏体中的碳含量可控,这是由于奥氏体化时,以石墨形式存在的碳溶入奥氏

体的量与加热温度和保温时间有关。

球墨铸铁的热处理主要有退火、正火、淬火加回火、等温淬火等。

（1）退火。

退火的目的是获得铁素体基体。当铸件薄壁处出现自由渗碳体和珠光体时，为了获得塑性好的铁素体基体，改善切削性能，消除铸造内应力，应对铸件进行退火处理。

（2）正火。

正火的目的是获得珠光体基体（占基体75%以上），细化组织，从而提高球墨铸铁的强度和耐磨性。

（3）淬火加回火。

淬火加回火目的是获得回火马氏体或回火索氏体基体。对于要求综合力学性能好的球墨铸铁件，可采用调质处理；而对于要求高硬度和耐磨性的铸铁件，则采用淬火加低温回火处理。

（4）等温淬火。

等温淬火的目的是得到下贝氏体基体，获得最佳的综合力学性能。由于盐浴的冷却能力有限，一般仅用于截面不大的零件。

此外，为提高球墨铸铁件的表面硬度和耐磨性，还可采用表面淬火、渗氮、渗硼等工艺。总之，碳钢的热处理工艺对球墨铸铁基本都适用。

蠕墨铸铁的生产过程及应用实例

三、蠕墨铸铁

蠕墨铸铁是近年来发展起来的一种新型工程材料。它是由铁液经变质处理和孕育处理冷却凝固后所获得的一种铸铁。通常采用的变质元素（又称蠕化剂）有稀土硅铁镁合金、稀土硅铁合金、稀土硅铁钙合金或混合稀土等。然后加入少量的孕育剂（硅铁）以促进石墨化，使铸铁中的石墨具有介于片状和球状间的形态。

1. 蠕墨铸铁的化学成分和组织特征

蠕墨铸铁的化学成分一般为w_C=3.4%~3.6%，w_{Si}=2.4%~3.0%，w_{Mn}=0.4%~0.6%，w_S<0.06%，w_P<0.07%。

蠕墨铸铁的石墨形态介于片状和球状石墨之间。蠕墨铸铁的石墨形态在光学显微镜下看起来像片状，但不同于灰铸铁的是其片较短而厚、头部较圆（形似蠕虫），所以可以认为蠕虫状石墨是一种过渡型石墨。石墨形态如图7-6所示。

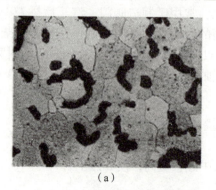
(a)

(b)

图7-6　蠕墨铸铁显微组织
(a)铁素体蠕墨铸铁（400×）；(b)铁素体加珠光体蠕墨铸铁

2. 蠕墨铸铁的牌号、力学性能、基体组织及用途

蠕墨铸铁的牌号是以"蠕铁"二字拼音的大小写字母"RuT"作为代号,后面的一组数字表示最低抗拉强度值。

与片状石墨相比,蠕虫状石墨的长厚比值明显减小,尖端变钝,因而对基体的割裂程度和引起的应力集中减小,因此,蠕墨铸铁的强度、塑性和抗疲劳性能优于灰铸铁,其力学性能介于灰铸铁与球墨铸铁之间,常用于制造承受热循环载荷的零件,如钢锭模、玻璃模具、柴油机气缸、气缸盖、排气阀以及结构复杂、强度要求高的铸件,如液压阀的阀体、耐压泵的泵体等。

蠕墨铸铁的牌号、力学性能、基体组织和用途如表 7-4 所示。

表 7-4 蠕墨铸铁的牌号、力学性能、基体组织和用途(摘自 GB/T 26655—2011)

牌号	R_m/ MPa	R_{el}/ MPa	A/%	硬度/HB	基体组织	应用举例
	不小于					
RuT420	420	335	0.75	200~280	P	活塞环、气缸套、制动盘、玻璃磨具、刹车件、钢珠研磨盘、吸泥泵体等
RuT380	380	300	0.75	193~274	P	
RuT340	340	270	1.0	170~249	P+F	重型机床件、大型齿轮箱体、盖、座、飞轮、机床卷筒等
RuT300	300	240	1.5	140~217	P+F	排气管、变速箱体、气缸盖、液压件、纺织机零件、钢锭模等
RuT260	260	195	3	121~197	F	增压器废气进气壳体、汽车底盘零件等

四、可锻铸铁

可锻铸铁是由白口铸铁在固态下经长时间石墨化退火而获得的一种具有团絮状石墨的高强度铸铁,又叫马铁。由于可锻铸铁中石墨呈团絮状,因此明显减轻了石墨对基体金属的割裂。与灰铸铁相比,可锻铸铁的强度和韧性有明显提高。应该指出可锻铸铁不能用锻造方法制成零件。

1. 可锻铸铁的化学成分和组织特征

可锻铸铁的化学成分大致为:w_C=2.5%~3.2%,w_{Si}=0.6%~1.3%,w_{Mn}=0.4%~0.6%,w_P=0.1~0.26%,w_S=0.05%~1.0%。

退火后白口铸铁中的渗碳体分解为团絮状石墨,得到铁素体基体(珠光体或珠光体与少量铁素体)+团絮状石墨,如图 7-7 所示。

(a) (b)

图 7-7 可锻铸铁的显微组织
(a) 铁素体可锻铸铁；(b) 珠光体可锻铸铁

铁素体基体+团絮状石墨的可锻铸铁断口呈黑灰色，俗称黑心可锻铸铁，这种铸铁件的强度与延性均较灰铸铁的高，非常适合铸造薄壁零件，是最为常用的一种可锻铸铁。珠光体基体或珠光体与少量铁素体共存的基体+团絮状石墨的可锻铸铁件断口呈白色，俗称白心可锻铸铁，这种可锻铸铁应用不多。

可锻铸铁的石墨化退火是将白口铸铁件加热到 900~980 ℃，一般保温 60~80 h。炉冷使其中渗碳体分解，让"第一阶段石墨化"充分进行，形成团絮状石墨。待炉冷至 770~650 ℃，再长时间保温，让"第二阶段石墨化"充分进行，这样处理后获得"黑心可锻铸铁"。若取消第二阶段的 770~650 ℃长时间保温，只让第一阶段石墨化充分进行，炉冷后便获得珠光体基体或珠光体与少量铁素体共存的基体+团絮状石墨的"白心可锻铸铁"。

2. 可锻铸铁的牌号、力学性能及用途

可锻铸铁的牌号、力学性能及用途如表 7-5 所示。可锻铸铁牌号中"KT"是"可铁"二字汉语拼音的第一个大写字母，表示可锻铸铁；其后加汉语拼音"H"，表示黑心可锻铸铁，加"Z"表示珠光体基体可锻铸铁；随后的两组数字分别表示最低抗拉强度和最低延伸率。

可锻铸铁中的团絮状石墨对基体的割裂程度及引起的应力集中比灰铸铁小，因而其力学性能优于灰铸铁，接近于同类基体的球墨铸铁。可锻铸铁最大的特点是具有一定的塑性和韧性，弹性模量比较高，刚性可达到钢材的范围，强度利用率可达到基体的 40%~60%。由于经过长时间的退火处理，组织高度均匀，性能较好，而且具有良好的切削加工性。

表 7-5 可锻铸铁的牌号、力学性能及用途（摘自 GB/T 9440—2010）

分类	牌号	试样直径/mm	R_m/MPa	R_{el}/MPa	A/%（L_0=3d）	硬度/HB	应用举例
			不小于				
黑心可锻铸铁	KTH300-06	12 或 15	300	—	6	≤150	管道、弯头、接头、三通、中压阀门
	KTH330-08		330	—	8		各种扳手、犁刀、犁柱、车轮壳等
	KTH350-10		350	200	10		汽车、拖拉机前后轮壳、减速器壳、转向节壳、制动器等
	KTH370-12		370	—	12		
珠光体可锻铸铁	KTZ450-06	12 或 15	450	270	6	150~220	曲轴、凸轮轴、连杆、齿轮、活塞环、轴套、耙片、犁刀、摇臂、万向节头、棘轮、扳手、传动链条、矿车轮等
	KTZ550-04		550	340	4	180~230	
	KTZ650-02		650	430	2	210~260	
	KTZ700-02		700	530	2	240~290	
白心可锻铸铁	KTB350-04	12	350	—	4	≤220	国内在机械工业中较少应用，一般仅用于薄壁件的制造。KTB380-12 适用于对强度有特殊要求和焊后不需进行热处理的零件
	KTB380-12		380	200	12	≤220	
	KTB400-05		400	220	5	≤220	
	KTB450-07		450	260	7	≤220	

可锻铸铁的力学性能介于灰铸铁与球墨铸铁之间，有较好的耐蚀性，但由于退火时间长，生产效率极低，使用受到限制，故一般用于制造形状复杂、承受冲击，并且壁厚<25 mm 的铸件（如汽车、拖拉机的后桥壳、轮毂等）。可锻铸铁亦适用于制造在潮湿空气、炉气和水等介质中工作的零件，如管接头、阀门等。

由于球墨铸铁的迅速发展，加之可锻铸铁退火时间长、工艺复杂、成本高，不少可锻铸铁件已被球墨铸铁所代替。

3. 可锻铸铁的生产

可锻铸铁的生产分两个步骤。

第一步，先浇铸成白口铸件。

第二步，石墨化退火。方法是：将白口铸件加热至 900~950 ℃，保温 15 h 左右，使其组织中的渗碳体发生分解，得到奥氏体和团絮状的石墨组织。在随后的缓慢冷却过程中，从奥氏体中析出二次石墨，并沿着团絮状石墨表面长大；当冷却至720~760 ℃共析温度时，奥氏体发生转变，生成铁素体和石墨，最终得到铁素体可锻铸铁。如果在共析转变过程中冷却速度较快，最终得到珠光体可锻铸铁。

可锻铸铁的退火周期过长，约 70 h。为了缩短退火周期，常采用如下方法：

（1）孕育处理。用硼铋等复合孕育剂，在铁水凝固时阻止石墨化，在退火时促进石墨化过程，使石墨化退火周期缩短一半左右。

（2）低温时效。退火前将白口铸件在 300~400 ℃时效处理 3~6 h，使碳原子在时效过程中发生偏析，从而使随后的高温石墨化阶段的石墨核心有所增加。实践证明，时效可显著缩短退火周期。

 认知合金铸铁

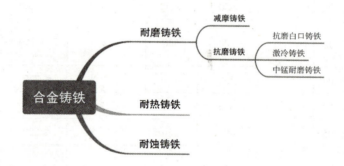

在普通铸铁的基础上加入一定的合金元素，制成特殊性能铸铁，即合金铸铁。与特殊性能钢相比，合金铸铁熔炼简便，成本较低。缺点是脆性较大，综合力学性能不如钢。合金铸铁具有一般铸铁不具备的耐高温、耐腐蚀、抗磨损等特性。

一、耐磨铸铁

耐磨铸铁按其工作条件和磨损形式的不同可分为两大类，一是减摩铸铁，二是抗磨铸铁。

1. 减摩铸铁

减摩铸铁通常是在润滑条件下经受黏着磨损作用，如机床导轨、气缸套、塞环等，不仅要求磨损小，也要求摩擦系数小。一般其组织应是软基体上分布硬强化相，软基体磨损后形成沟槽，可保持油膜，以有利于润滑。符合这一要求的是珠光体基体的灰铸铁，其中铁素体是软基体，渗碳体是硬强化相，石墨片可起贮油润滑作用。

为了提高珠光体灰铸铁的耐磨性，通常加入 P、Cu、Cr、Mo、V、Ti 等元素，并进行孕育处理，得到细珠光体加细小石墨片的组织，同时形成细小分散的高硬度 Fe_3P 或 VC、TiC 等，起强化相作用，使耐磨性显著提高。例如珠光体灰铸铁中加入 0.50%~0.75% 的 P，就成为高磷铸铁。磷与铁素体或珠光体形成磷共晶（$F + Fe_3P$，$P + Fe_3P$ 或 $F + P + Fe_3P$），呈网状分布于珠光体基体上，构成高硬度的组织组成物，有利于耐磨性的提高。

常用的减摩铸铁有高磷铸铁、磷铜钛铸铁和铬钼铜铸铁等。

2. 抗磨铸铁

抗磨铸铁是在干摩擦条件下经受各种磨粒的作用，例如轧辊、杂质泵叶轮、破碎机锤头、球磨机的衬板、磨球等，要求有高而均匀的硬度。白口铸铁是一种很好的抗磨铸铁，我国很早就用它制作犁铧等耐磨铸件，但普通白口铸铁因为脆性大，不能制作承受冲击载荷的零件。目前，抗磨铸铁主要有三种。

（1）抗磨白口铸铁。

在白口铸铁的基础上加入 7%~30% 的 Cr，以及少量的 Mo、Ni、Cu 等元素，使组织中出现大量的 $(CrFe)_7C_3$ 碳化物。这种碳化物的硬度极高（1 300~1 800 HV），耐磨性好，且分布不连续，故使铸铁的韧性也得到改善。这种高铬白口铸铁已用于大型球磨机衬板和破碎机的锤头等零件。

（2）激冷铸铁。

在灰铸铁的基础上加入 1.0%~1.6% 的 Ni 和 0.4%~0.7% 的 Cr，用金属型铸造铸件的耐磨表面，其他部位用砂型，使铸件耐磨表面得到白口铸铁组织，心部仍是灰铸铁组织。激冷铸铁已用于轧辊、车轮等铸铁件。

（3）中锰耐磨铸铁。

在稀土镁球墨铸铁中加入 5.0%~9.5% 的 Mn 和 3.3%~5.0% 的 Si，经球化和孕育处理，适当控制冷却速度，使铸件获得马氏体+残余奥氏体+合金渗碳体+球状石墨的组织。这种抗磨铸铁适于制作球磨机衬板、磨球和喷丸机叶片等零件。

二、耐热铸铁

普通灰铸铁的耐热性较差，只能在低于 400 ℃ 的温度下工作。耐热铸铁是指在高温下具有良好的抗氧化和抗生长能力的铸铁。所谓热生长是指氧化性气氛沿石墨片边界和裂纹渗入铸铁内部，形成内氧化以及因渗碳体分解成石墨而引起体积的不可逆膨胀，结果将使铸件失去精度和产生显微裂纹。

在铸铁中加入 Si、Al、Cr 等合金元素，使之在高温下形成一层致密的氧化膜：SiO_2、Al_2O_3、Cr_2O_3 等，使其内部不再继续氧化。此外，这些元素还会提高铸铁的相变临界点，使其在所使用的温度范围内不发生固态相变，以减少由此造成的体积变化，防止显微裂纹的产生。耐热铸铁按其成分可分为硅系、铝系、硅铝系及铬系等。其中铝系耐热铸铁脆性较大，而铬系耐热铸铁的价格较贵，所以我国多采用硅系和硅铝系耐热铸铁。

三、耐蚀铸铁

在铸铁中加入 Si、Al、Cr 等合金元素，能在铸铁表面形成一层连续致密的保护膜，可有效地提高铸铁的耐蚀性。在铸铁中加入 Cr、Si、Mo、Ni、O 等合金元素，可提高铁素体电极电位，以提高耐蚀性。另外，通过合金化，还可获得单相金属基体组织，减少铸铁中的微电池，从而提高其耐蚀性。

目前应用较多的耐蚀铸铁有高硅铸铁（STSi15RE）、高硅钼铸铁（STSi15Mo3RE）、铝铸铁（STA15）、铬铸铁（STCr28）、抗碱球铁（STQNiCrRE）等。

课后习题

一、填空题

1. 铁碳合金中碳的存在形式有（　　）和（　　）两种。
2. 根据碳在铸铁中存在的形式，铸铁可分为（　　）、（　　）和（　　）。
3. 白口铸铁中的碳以（　　）的形式存在，灰口铸铁中的碳以（　　）的形式存在。
4. 普通灰铸铁中的石墨呈（　　），球墨铸铁中的石墨呈（　　），可锻铸铁中的石墨呈（　　），蠕墨铸铁中的石墨呈（　　）。
5. 常用铸铁中力学性能最好的是（　　）。
6. （　　）可用来制造机床的床身。
7. （　　）铸铁可以用来制造承受较大载荷的曲轴。

二、判断题

1. 向铁液中加入球化剂，冷却后即可得到球墨铸铁。（　　）
2. 向铁液中加入孕育剂，可使灰铸铁的性能提高。（　　）
3. 铁素体基球墨铸铁具有较高的塑性和韧性。（　　）
4. 铸铁热处理过程中可以改变石墨的存在形态。（　　）
5. 可锻铸铁也是由铁液冷却过程中加入孕育剂得到的。（　　）
6. 可锻铸铁可以用锻造的方法生产连杆。（　　）

三、简答题

1. 何谓石墨化？石墨化的影响因素有哪些？
2. 铸铁的石墨化过程分为哪三个阶段？
3. 为什么相同基体的球墨铸铁的力学性能比灰铸铁高得多？
4. 说明下列牌号属于何种铸铁，并指出其主要用途及常用热处理方法。
   HT350　KTH300-06　QT400-15

学习情境八　有色金属及其合金

情境导入

中国高铁不仅使国人出行变得更加便利，更在世界舞台上大放异彩，向世界展示了高铁这张靓丽的"中国名片"，展现了新时代"中国制造"的魅力，这与中国高铁极高的科技含量密不可分。其中列车轻量化也是重要的一方面，大量采用铝合金材料是提高车辆轻量化的最有效途径。目前中国铁路客运专线动车组采用的 CRH1、CRH2、CRH3、CRH5 四种类型中，除 CRH1 型车体采用的是不锈钢材外，其余三种动车组车体均为铝合金材质。

情境解析

工业上使用的金属材料，习惯上可分为黑色金属和有色金属两大类。钢及铸铁为黑色金属，其他非铁金属及合金，如铝、铜、镁、钛、锡、铅、锌等金属及其合金为有色金属。有色金属具有许多特殊性能，在机电、仪表，特别是在航空、航天及航海等领域具有重要的作用。

学习笔记

学习目标

序号	学习内容	知识目标	技能目标	创新目标
1	纯铝的性能特点、铝合金的分类	√		
2	铝合金的牌号表示方法、性能特点、应用场合	√	√	
3	纯铜的性能特点、铜合金的分类	√		
4	铜合金的牌号表示方法、性能特点、应用场合	√	√	
5	滑动轴承合金的种类、性能特点、牌号表示方法	√	√	√
6	钛合金、镁合金的种类、性能特点、牌号表示方法	√	√	√

学习流程

学习任务一　认知铝及其合金

知识导图

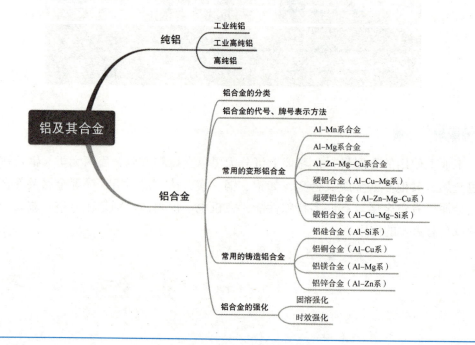

铝是地壳中储量最多的一种元素,约占地壳总重量的8.2%。为了满足工业迅速发展的需要,铝及其合金是我国优先发展的重要有色金属。

一、纯铝

纯铝是一种银白色的轻金属,熔点为660 ℃,具有面心立方晶格,没有同素异构转变。它的密度小(只有2.72 g/cm³),除Mg和Be外,Al是工程金属中最轻的,具有很高的比强度和比刚度;导电性、导热性好,仅次于Au、Cu和Ag,室温时,Al的导电能力约为Cu的62%;若按单位质量材料的导电能力计算,Al的导电能力为Cu的2倍。纯铝的化学性质活泼,在大气中极易氧化,在表面形成一层牢固致密的氧化膜,有效隔绝Al和O的接触,从而阻止Al表面的进一步氧化,使它在大气和淡水中具有良好的耐蚀性。纯铝在低温下,甚至在超低温下都具有良好的塑性($Z=80\%$)和韧性,这与铝具有面心立方晶格结构有关。Al的强度低($R_m=80\sim100$ MPa),冷变形加工硬化后强度可提高到$R_m=150\sim250$ MPa,但其塑性却降低到$Z=50\%\sim60\%$。

纯铝具有许多优良的工艺性能,易于铸造、易于切削、易于通过压力加工。上述这些特性决定了纯铝适合制造电缆电线以及要求具有导热和抗大气腐蚀性能而对强度要求不高的一些用品或器皿。

工业纯铝通常含有Fe、Si、Cu、Zn等杂质,是由冶炼原料铁钒土带入的。杂质含量越多,其导电性、导热性、耐蚀性及塑性越差。

纯铝按纯度可分为3类:

(1)工业纯铝。纯度为98.0%~99.0%,牌号有L1、L2、L3、L4、L5、L6和L7。铝材用汉语拼音第一个字母"L"表示,数字越大,纯度越低。

L1、L2、L3:用于高导电体、电缆、导电机件和防腐机械。

L4、L5、L6:用于器皿、管材、棒材、型材和铆钉等。

L7:用于日用品。

(2)工业高纯铝。纯度为98.85%~99.90%。牌号有L0和L00等。用于制造铝箔、包铝及冶炼铝合金的原料。

(3)高纯铝。纯度为99.93%~99.99%,牌号有L01、L02、L03、L04等。数字越大,纯度越高。主要用于特殊化学机械、电容器片和科学研究等。

二、铝合金

纯铝的强度和硬度很低,不适宜作为工程结构材料使用。向Al中加入适量Si、Cu、Zn、Mn等元素(主加元素)和Cr、Ti、Zr、B、Ni等元素(辅加元素),组成铝合金,可提高强度并保持纯铝的特性。

1. 铝合金的分类

按照铝合金的组织和加工特点,铝合金可分为两类:

(1)变形铝合金:如图8-1所示,按共晶温度时合金元素在α固溶体中的溶解度极限D点分,凡位于D点左边的合金,加热时呈单相固溶体状态,合金塑性好,适宜压力加工,故称为变形铝合金。

(2)铸造铝合金:成分位于D点右边的合金,由于合金元素含量多,具有共晶组织,合金熔化温度低,流动性好,适于铸造,故称为铸造铝合金。

变形铝合金按其能否进行热处理强化,又可分为两类:

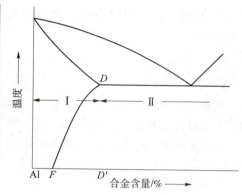

图 8-1 铝合金相图的一般类型

（1）不可热处理强化的铝合金：其合金元素含量在 F 点左边，固溶体的成分不随温度而变化，不能进行时效强化。这类合金应用较少。

（2）可热处理强化的铝合金：成分在 F 点和 D' 点之间的合金，其固溶体的成分将随温度而改变，可进行时效处理。这类合金应用较多。

2. 铝合金的代号、牌号表示方法

变形铝合金根据其性能特点和用途可分为防锈铝合金（LF）、硬铝合金（LY）、超硬铝合金（LC）及锻铝合金（LD），其典型代号有 LF5、LY12、LC4、LD5 等，其中数字为顺序号。

按 GB/T 16474—2011 规定，变形铝合金采用四位数字体系和四位字符体系表达牌号。牌号的第一位数字表示铝及铝合金的组别，如表 8-1 所示。第二组数字或字母表示纯铝或铝合金的改型情况，字母 A 表示原始纯铝，数字 0 表示原始合金，B~Y 或 1~9 表示原始合金改型情况。牌号最后两位数字用以标识同一组中不同的铝合金，纯铝则表示铝的最低质量分数（%）。

按主加元素的不同，铸造铝合金可分为 Al-Si 系、Al-Cu 系、Al-Mg 系、Al-Zn 系。

铸造铝合金的代号由"ZL＋三位阿拉伯数字"组成。"ZL"是"铸铝"二字汉语拼音首字母，其后第一位数字表示合金系列，如 1、2、3、4 分别表示铝硅、铝铜、铝镁、铝锌系列合金；第二、三位数字表示顺序号。例如，ZL102 表示铝硅系 02 号铸造铝合金。优质合金在代号后加"A"，压铸合金在牌号前面冠以字母"YZ"。

铸造铝合金的牌号由"Z＋基体金属的化学元素符号＋合金元素符号＋数字"组成。其中，"Z"是"铸"字汉语拼音首字母，合金元素符号后的数字是以名义百分数表示的该元素的质量分数。例如，ZAlSi12 表示 $w_{Si}≈12\%$ 的铸造铝合金。

表 8-1 变形铝合金的组别

组 别	牌号系列
以铜为主要合金元素的铝合金	2×××
以锰为主要合金元素的铝合金	3×××
以硅为主要合金元素的铝合金	4×××
以镁为主要合金元素的铝合金	5×××
以镁和硅为主要合金元素并以 Mg_2Si 相为强化相的铝合金	6×××
以锌为主要合金元素的铝合金	7×××
以其他元素为主要合金元素的铝合金	8×××
备用合金组	9×××

3. 常用的变形铝合金

不可热处理强化的铝合金有如下几种：

（1）Al-Mn 系合金，如 3A21（LF21），耐蚀性和强度比纯铝高，有良好的塑性和焊接性能，但因太软而切削加工性能不良。主要用于焊接件、容器、管道或需用深延伸、弯曲等方法制造的低载荷零件、制品以及铆钉等。

（2）Al-Mg 系合金，如 5A05（LF5）、5A11（LF11），密度比纯铝小，强度比

Al-Mn 系合金高，具有高的耐蚀性和塑性，焊接性能良好，但切削加工性能差。主要用于焊接容器、管道以及承受中等载荷的零件及制品，也可用于制作铆钉。

（3）Al-Zn-Mg-Cu 系合金，抗拉强度较高，具有优良的耐海水腐蚀性能、较高的断裂韧度及良好的成形工艺性能，适于制造水上飞机蒙皮及其他要求耐腐蚀的高强度钣金零件。不可热处理强化的铝合金比纯铝具有更高的耐蚀性和强度，故常称为防锈铝合金。

可热处理强化的铝合金有如下几种：

（1）硬铝合金（Al-Cu-Mg 系）。Cu 和 Mg 的时效强化可使 R_m 达 420 MPa。

铆钉硬铝：典型牌号为 2A01（LY1）、2A10（LY10），淬火后冷态下塑性极好，时效强化速度慢，时效后切削加工性能也较好，可利用孕育期进行铆接，主要用于制作铆钉。

标准硬铝：典型牌号为 2A11（LY11），强度较高、塑性较好，退火后冲压性能好。主要用于形状较复杂、载荷较轻的结构件。

高强度硬铝：典型牌号为 2A12（LY12），强度、硬度高，塑性、变形加工性及焊接性较差。主要用于高强度结构件，例如飞机翼肋、翼梁等。

硬铝合金的耐蚀性差，尤其不耐海水腐蚀，所以硬铝板材的表面常包有一层纯铝，以提高其耐蚀性，包铝板材在热处理后强度降低。

（2）超硬铝合金（Al-Zn-Mg-Cu 系）。它是工业上使用的室温力学性能最高的变形铝合金，R_m 可达 600 MPa，既可通过热处理强化，也可以采用冷变形强化，其时效强化效果最好。其强度、硬度高于硬铝合金，故称为超硬铝合金，但其耐蚀性、耐热性较差。主要用于要求重量轻、受力较大的结构件，如飞机大梁、起落架、桁架等。

（3）锻铝合金（Al-Cu-Mg-Si 系）。其力学性能与硬铝合金相近，但热塑性及耐蚀性较高，适于锻造，故称为锻铝合金。主要用于制造形状复杂并承受中等载荷的各类大型锻件和模锻件，例如叶轮、框架、支架、活塞、气缸头等。

常用变形铝合金的牌号、代号、化学成分、处理状态、力学性能及用途如表 8-2 所示。

4. 常用的铸造铝合金

（1）铝硅合金（Al-Si 系）。这类合金密度小，有优良的铸造性能（如流动性好、收缩及热裂倾向小）、一定的强度和良好的耐蚀性，但塑性较差。在生产中对它采用变质处理，可显著改善其塑性和强度。如 ZAlSi12（ZL102）是一种典型的铝硅合金，属于共晶成分，通常称为简单硅铝明，致密性较差，且不能热处理强化。若在铸造铝合金中加入 Cu、Mg、Mn 等合金元素，从而获得多元铝硅合金（也称特殊硅铝明），则经固溶时效处理后强化效果更为显著。铝硅合金适于制造质轻、耐蚀、形状复杂且有一定力学性能要求的铸件或薄壁零件。

（2）铝铜合金（Al-Cu 系）。这类合金的优点是室温、高温力学性能都很高，加工性能好，表面粗糙度小，耐热性好，可进行时效硬化。在铸铝中，它的强度最高，但铸造性能和耐蚀性差，主要用来制造要求较高强度或高温下不受冲击的零件。

（3）铝镁合金（Al-Mg 系）。这类合金密度小，强度和塑性均高，耐蚀性优良，但铸造性能差，耐热性低，时效硬化效果甚微，主要用于在腐蚀性介质中工作的零件。

（4）铝锌合金（Al-Zn 系）。这类合金铸造性能好，经变质处理和时效处理后强度较高，价格便宜，但耐蚀性、耐热性差。主要用于制造工作温度不超过 200 ℃、结构形状复杂的汽车、仪表、飞机零件等。

常用铸造铝合金的牌号、代号、化学成分、处理状态、力学性能及用途如表 8-3 所示。

表 8-2 常用变形铝合金的牌号、代号、化学成分、处理状态、力学性能及用途（GB/T 3190—2008）

类别		牌号	代号	化学成分 /%					处理状态	力学性能			用途举例
				Cu	Mg	Mn	Zn	其他		R_m/MPa	A/%	硬度/HBS	
不可热处理强化的铝合金	防锈铝合金	5A05	LF5	0.1	0.6~1.6	0.2	0.2	Si: 0.5 Fe: 0.5	M	280	20	70	焊接油箱、油管、焊条、铆钉以及中等载荷零件及制品
		3A21	LF21	0.2	1.0~1.6	0.1	0.1	Si: 0.6 Ti: 0.15 Fe: 0.7	M	130	20	30	焊接油箱、油管、焊条、铆钉以及轻载荷零件及制品
可热处理强化的铝合金	硬铝合金	2A01	LY1	2.2~3.0	0.2		0.10	Si: 0.5 Ti: 0.15 Fe: 0.5	线材 CZ	300	24	70	工作温度小于 100 ℃的结构用中等强度铆钉
		2A11	LY1	3.8~4.8	0.4~0.8	0.3	0.3	Si: 0.7 Fe: 0.7 Ni: 0.1 Ti: 0.15	板材 CZ	420	18	100	中等强度结构零件，如骨架、接头、螺旋桨叶片、螺栓和铆钉
		2A12	LY12	3.8~4.9	1.2~1.8	0.3~0.9	0.3	Si: 0.5 Ni: 0.1 Ti: 0.15 Fe: 0.5	板材 CZ	470	17	105	高等强度结构零件，如骨架、梁、铆钉等 150 ℃以下工作的零件，模锻件的固定蒙皮、隔框、助
	超硬铝合金	7A04	LC4	1.4~2.0	1.8~2.8	0.2~0.6	5.0~7.0	Si: 0.5 Fe: 0.5 Cr: 0.1~0.25	CS	600	12	120	结构中的主要受力件，如飞机大梁、桁架、加强框、蒙皮、接头及起落架

续表

类别	牌号	代号	化学成分/%					处理状态	力学性能			用途举例
			Cu	Mg	Mn	Zn	其他		R_m/MPa	A/%	硬度/HBS	
可热处理强化的铝合金	锻铝合金 A50	LD5	1.8~2.6	0.4~0.8	0.4~0.8	0.3	Ti: 0.15 Ni: 0.1 Fe: 0.7 Si: 0.7~1.2	CS	420	13	120	形状复杂的中等强度短剑及模锻件
	A70	LD7	1.9~2.5	14~18	0.2	0.3	Ti: 0.02~0.1 Ni: 0.9~1.5 Fe: 0.9~1.5 Si: 0.3	CS	415	13	120	内燃机活塞、高温下工作的复杂锻件、板材、可在高温下工作的结构件
	A14	LD10	3.9~4.8	0.4~0.8	0.4~1.0	0.3	Ti: 0.15 Ni: 0.1 Fe: 0.7 Si: 0.6~1.2	CS	480	19	135	承受重载荷的锻件及模锻件

注：①M—包铝板材退火状态；CZ—包铝板材淬火自然时效状态；CS—包铝板材淬火人工时效状态；②防锈铝合金为退火状态指标；硬铝合金为"淬火+自然时效"状态指标；超硬铝合金为"淬火+人工时效"状态指标；锻铝合金为"淬火+人工时效"状态指标。

表 8-3 常用铸造铝合金的牌号、代号、化学成分、处理状态、力学性能及用途（GB/T 1173—2013）

类别	牌号	代号	化学成分 /%						处理状态		力学性能			用途举例
			Si	Cu	Mg	Mn	其他	Al	铸造①	热处理②	R_m /MPa	A /%	硬度 /HBS	
铝硅合金	ZAlSi12	ZL102	10.0~13.0	—	—	—	—	余量	SB J	F F T2 T2	145 155 135 145	4 2 4 3	50 50 50 50	形状复杂、低载的薄壁零件，如仪表、水泵壳体、传播零件等
	ZAlSi5Cu1Mg	ZL105	4.5~5.5	1.0~1.5	0.4~0.6	—	—	余量	J J	T5 T7	235 175	0.5 1	70 65	工作温度小于225℃以下的发动机曲轴箱、气缸体等
	ZAlSi7Cu4	ZL107	6.5~7.5	3.5~4.5	—	—	—	余量	SB J	T6 T6	245 275	2 2.5	90 100	强度、硬度较高的零件
铝铜合金	ZAlCu5Mn	ZL201	—	4.5~5.3	—	0.6~1.0	Ti 0.15~0.35	余量	S S	T4 T5	295 335	8 4	70 90	工作温度小于300℃的零件，如内燃机气缸头、活塞等
	ZAlCu4	ZL203	—	4.0~5.0	—	—	—	余量	J J	T4 T5	205 225	6 3	60 71	中等载荷、形状比较简单的零件，如支架等
铝镁合金	ZAlMg10	ZL301	—	—	9.5~11.0	—	—	余量	S	T4	280	10	60	承受冲击载荷，在大气或海水中工作的零件，如水上飞机、舰船配件等
	ZAlMg5Si1	ZL303	0.8~1.3	—	4.5~5.5	0.1~0.4	—	余量	S J	F	145	1	55	
铝锌合金	ZAlZn11Si7	ZL401	6.0~8.0	—	0.1~0.3	—	Zn 9.0~13.0	余量	J	T1	245	1.5	90	承受高静载荷或冲击载荷，不能进行热处理的铸件，如仪表零件、医疗器械等
	ZAlZn6Mg	ZL402	—	—	0.5~0.65	—	Cr 0.4~0.6 Zn 5.0~6.5 Ti 0.15~0.25	余量	J	T1	235	4	70	

注：① J—金属型；S—砂型；B—变质处理。
② F—铸态；T1—人工时效；T2—退火；T4—固溶处理后自然时效；T5—固溶处理+不完全人工时效；T6—固溶化处理+完全人工时效；T7—固溶处理+稳定化处理。

5. 铝合金的强化

铝合金的强化方式主要有以下几种：

（1）固溶强化。

纯铝中加入合金元素，形成铝基固溶体，造成晶格畸变，阻碍了位错的运动，起到固溶强化的作用，可使其强度提高。根据合金化的一般规律，形成无限固溶体或高浓度的固溶体型合金时，不仅能获得高的强度，而且还能获得优良的塑性与良好的压力加工性能。Al-Cu、Al-Mg、Al-Si、Al-Zn、Al-Mn 等二元合金一般都能形成有限固溶体，并且均有较大的溶解度（如表 8-4 所示），因此具有较大的固溶强化效果。

表 8-4　常用元素在铝中的溶解度

元素名称	锌	镁	铜	锰	硅
极限溶解度 /%	32.8	14.9	5.65	1.82	1.65
室温时的溶解度 /%	0.05	0.34	0.20	0.06	0.05

（2）时效强化。

经过固溶处理的过饱和铝合金在室温下或加热到某一温度后，放一段时间，其强度和硬度随时间的延长而增高，但塑性、韧性则降低，这个过程称为时效。在室温下进行的时效称为自然时效，在加热条件下进行的时效称为人工时效。时效过程中铝合金的强度、硬度增高的现象称为时效强化或时效硬化。

学习任务二　认知铜及其合金

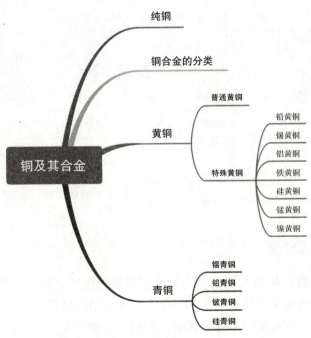

在有色金属中，铜的产量仅次于铝。铜及其合金在我国有着悠久的使用历史，而且范围很广。

一、纯铜

纯铜呈玫瑰红色，但容易和氧化合，表面形成氧化铜薄膜后，外观呈紫红色，故又称紫铜。纯铜具有面心立方晶格，无同素异晶转变。密度为 8.9 g/cm³，熔点为 1 083 ℃。纯铜具有优良的导电、导热性，其导电性在各种元素中仅次于银，故纯铜主要用作导电材料。铜是逆磁性物质，用纯铜制作的各种仪器和机件不受外磁场的干扰，故纯铜适合制作磁导仪器、定向仪器和防磁器械等。

纯铜的强度很低，软态铜的抗拉强度不超过 240 MPa，但是具有极好的塑性，可以承受各种形式的冷热压力加工。因此，铜制品多是经过适当形式的压力加工制成的。在冷变形过程中，铜有明显的加工硬化现象，并且导电性略微降低。加工硬化是纯铜的唯一强化方式。冷变形铜材退火时，也和其他金属一样，产生再结晶。再结晶的程度和晶粒的大小显著影响铜的性能，再结晶软化退火温度一般选择 500~700 ℃。

纯铜的化学性能比较稳定，在大气、水、水蒸气、热水中基本不会被腐蚀。工业纯铜中常含有微量的杂质元素，会降低纯铜的导电性，使铜出现"热脆"性和"冷脆"性。

纯铜中还有无氧铜，牌号有 TU1、TU2，它们含氧极低（＜0.003%），其他杂质也很少，主要用于制作电真空器件及高导电性铜线。这种导线能抵抗氢的作用，不发生氢脆现象。

根据杂质的含量，工业纯铜可分为四种：T1、T2、T3、T4。"T"为铜的汉语拼音首字母，编号越大，纯度越低。工业纯铜的牌号、成分及主要用途如表 8-5 所示。

表 8-5 工业纯铜的牌号、成分及主要用途

牌号	代号	w_{Cu} / %	杂质 /%		杂质总量 /%	用 途
			Bi	Pb		
一号铜	T1	99.95	0.002	0.005	0.05	导电材料和配置不同纯度合金
二号铜	T2	99.90	0.002	0.005	0.1	导电材料、制作电线、电缆等
三号铜	T3	99.70	0.002	0.01	0.3	一般用材料、电器开关、垫圈、铆钉油管等
四号铜	T4	99.50	0.003	0.05	0.5	一般用材料、电器开关、垫圈、铆钉油管等

二、铜合金的分类

纯铜的强度不高，用加工硬化方法虽可提高铜的强度，但却使塑性大大下降，因此常用合金化的方法来获得强度较高的铜合金，作为结构材料。

根据化学成分，可将铜合金分为黄铜、青铜、白铜三大类。最常用的是前两类。

三、黄铜

以锌为唯一或主要合金元素的铜合金称为黄铜。黄铜具有良好的塑性和耐腐蚀性、良好的变形加工性能和铸造性能，在工业中有很好的应用价值。按化学成分的不同，黄铜可分为普通黄铜和特殊黄铜两类。表 8-6 所列是常用黄铜的牌号、成分、力学性能和用途。

黄铜

表 8-6 常用黄铜的牌号、成分、力学性能和用途

类别	牌号	化学成分 /% Cu	化学成分 /% 其他	状态	R_m /MPa	A /%	硬度 /HBS	用途举例
黄铜	H96	95.0~97.0	Zn：余量	T L	240 450	50 2	45 120	冷凝罐、散热器管及导电零件
黄铜	H62	60.5~63.5	Zn：余量	T L	330 600	49 3	56 164	铆钉、螺帽、垫圈、散热器零件
特殊黄铜	HPb59-1	57.0~60.0	Pb：0.8~0.9 Zn：余量	T L	420 550	45 5	75 149	用于热冲压和切削加工制作的各种零件
特殊黄铜	HMn58-2	57.0~60.0	Mn：1.0~2.0 Zn：余量	S J	400 700	40 10	90 178	腐蚀条件下工作的重要零件和弱电流工业零件
特殊黄铜	HSn90-1	88.0~91.0	Sn：0.25~0.75 Zn：余量	S J	280 520	40 4	58 148	汽车、拖拉机弹性套管及其他耐蚀减震零件
铸造黄铜	ZCuZn38	60.0~63.0	Zn：余量	S J	295 295	30 30	59 69	一般结构件及耐蚀零件，如法兰、阀座、支架等
铸造黄铜	ZCuZn31Al2	66.0~68.0	Al：2.0~3.0 Zn：余量	S J	295 390	12 15	79 89	制作发电机、仪表等压铸件及船舶、机械中的耐蚀件
铸造黄铜	ZCuZn38Mn2Pb2	57.0~60.0	Mn：1.5~2.5 Pb：1.5~2.5 Zn：余量	S J	245 345	10 14	69 79	一般用途机构件、船舶仪表等使用的外形简单的铸件，如套筒、轴瓦等
铸造黄铜	ZCuZn16Si4	79.0~81.0	Si：2.5~4.5 Zn：余量	S J	345 390	15 20	89 98	船舶零件，内燃机零件，在气、水油中的零件

1. 普通黄铜

普通黄铜是 Cu-Zn 二元合金。图 8-2 是 Cu-Zn 合金相图。

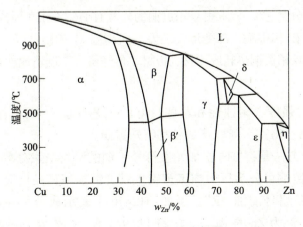

图 8-2 Cu-Zn 合金相图

从图中可以看出，Cu-Zn 系具有六种相，但工业中应用的黄铜的含锌量一般不超过 47%，所以在黄铜中只有单相（α）和两相（α+β）状态。α 相是锌溶于铜中的固溶体，其溶解度随温度的下降而增加，在 456 ℃时溶解度为最大（约含有 39% 锌），456 ℃以下，溶解度又减小。α 相具有面心立方晶格，塑性很好，适于进行冷、热加工，并有优良的铸造、焊接和镀锡的能力。高温时，Cu-Zn（β 相）中的铜、锌原子处于无序状态，当合金缓冷至 456~468 ℃时 β 相会转变为有序状态称 β′ 相，具有体心立方晶格，高温时 β 相具有极好的塑性，适于热加工，低温时 β′ 相比较脆，故不适于冷加工。

黄铜的含锌量对其力学性能有很大的影响（如图 8-3 所示）。当黄铜处于单相 α 状态（w_{Zn} ≤ 30%~32%）时，随着含锌量的增加，强度和延伸率都升高，当 w_{Zn}>32% 后，因组织中出现 β′ 相，塑性开始下降，而强度继续升高，在 w_{Zn}=45% 附近达到最大值。当 w_{Zn} 更高时，黄铜的组织全部为 β′ 相，强度与塑性急剧下降。

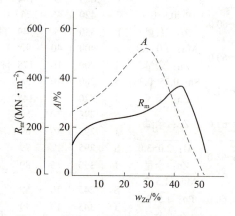

图 8-3 黄铜的含锌量与力学性能的关系

普通黄铜根据其组织不同可分为单相黄铜和双相黄铜，单相黄铜的组织为 α，塑性很好，可进行冷、热压力加工，适于制作冷轧板材、冷拉线材、管材及形状复杂的深冲零件。常用的单相黄铜代号有 H80、H70、H68 等，"H" 为黄铜的汉语拼音首字母，数字表示铜的平均质量分数（%）。常用双相黄铜的代号有 H62、H59 等，双相黄铜的组织为 α+β′。由于室温 β′ 相很脆，冷变形性能差，而高温 β 相塑性好，因此它们可以进行热加工变形。通常双相黄铜热轧成棒材、板材，再经机加工制造成各种零件。

2. 特殊黄铜

为了获得更高的强度、耐蚀性和某些良好的工艺性能，在铜锌合金中加入 Pb、Sn、Al、Fe、Si、Mn、Ni 等元素，形成各种特殊黄铜。

特殊黄铜的编号方法是："H+ 主加元素符号 + 铜的平均质量分数 + 主加元素的平均质量分数"。特殊黄铜可分为压力加工黄铜（以黄铜加工产品供应）和铸造黄铜两类，其中铸造黄铜在编号前加 "Z"。例如：HSn70-1 表示成分为 w_{Cu}=69.0%~71.0%，w_{Sn}=1.0%~1.5%，其余为 Zn 的锡黄铜；ZHPb59-1 表示成分为 w_{Cu}=57.0%~61.0%，

w_{Pb}=0.8%~1.9%，其余为 Zn 的铅黄铜。

（1）铅黄铜。铅能改善黄铜的切削加工性能，并能提高合金的耐磨性。铅对黄铜的强度影响不大，略微降低塑性。压力加工铅黄铜主要用于要求有良好切削加工性能及耐磨的零件（如钟表零件），铸造铅黄铜可以制作轴瓦和衬套。

（2）锡黄铜。锡可显著提高黄铜在海洋大气和海水中的耐蚀性，能使黄铜的强度有所提高。压力加工锡黄铜广泛应用于制造海船零件。

（3）铝黄铜。铝能显著提高黄铜的强度和硬度，但使合金的塑性降低。铝能使黄铜表面形成保护性的氧化膜，因而使黄铜在大气中的耐蚀性得以改善。铝黄铜可制作海船零件及其机器的耐蚀零件。铝黄铜中加入适量的镍、锰、铁后，可得到高强度、高耐蚀性的特殊黄铜，常用于制作大型蜗杆、海船用螺旋桨等需要高强度、高耐蚀性的重要零件。

（4）铁黄铜。铁能提高黄铜的强度，并使黄铜具有高的韧性、耐磨性及在大气和海水中优良的耐蚀性，因而铁黄铜可以用于制造受摩擦及受海水腐蚀的零件。

（5）硅黄铜。硅能显著提高黄铜的力学性能、耐磨性和耐蚀性。硅黄铜具有良好的铸造性能，并能进行焊接和切削加工。主要用于制造船舶及化工机械零件。

（6）锰黄铜。锰能提高黄铜的强度，不降低塑性，也能提高在海水中及过热蒸汽中的耐蚀性。合金的耐热性和承受冷热压力加工的性能也很好。锰黄铜常用于制造海船零件及轴承等耐磨部件。

（7）镍黄铜。镍可增大锌在铜中的溶解度，全面提高合金的力学性能和工艺性能，降低应力腐蚀开裂倾向。镍可提高黄铜的再结晶温度和细化其晶粒，可提高黄铜在大气、海水中的抗蚀性。镍黄铜的热加工性能良好，在造船工业、电动机制造工业中广泛应用。

四、青铜

青铜是人类历史上应用最早的合金，它是 Cu-Sn 合金，由于合金中有 δ 相，因呈青白色而得名青铜。它在铸造时体积收缩量很小，充模能力强，耐蚀性好和有极高的耐磨性，因而得到广泛应用。近几十年来由于采用了大量的含铝、硅、铍、铅和锰的铜合金，习惯上也叫青铜，为了区别起见，把 Cu-Sn 合金称为锡青铜，而其他铜合金分别称为铝青铜、硅青铜、铅青铜、铍青铜和锰青铜等。

青铜按生产方式分为压力加工青铜和铸造青铜两类。其编号方法是用"Q +主加元素符号+主加元素平均含量（或+其他元素平均含量）"表示，"Q"是"青"字的汉语拼音首字母。例如 QAl5 表示含质量分数为 5%的 Al 的铝青铜，QSn4-3 表示含质量分数为 4%的 Sn、3%的 Zn 的锡青铜。铸造青铜的编号前加"Z"，例如 ZQSn10-5 表示含质量分数为 10%的 Sn、5%的 Pb，其余为 Cu 的铸造锡青铜。此外，青铜还可以合金成分的名义百分含量命名，例如 ZCuSn10Pb5 表示含质量分数为 10%的 Sn、5%的 Pb 的铸造锡青铜。

（1）锡青铜。

锡青铜是我国历史上使用最早的有色合金，也是最常用的有色合金之一。它的力学性能与含锡量有关，生产上应用的锡青铜的 w_{Sn} 一般为3%~14%。当 $w_{Sn} > 20\%$ 时，由于出现过多的 δ 相，合金变得很脆，强度也显著下降。当 $w_{Sn} \leq 5\%$~6% 时，锌溶于铜中，形成面心立方晶格的 α 固溶体，它是 Cu-Sn 合金中最基本的相组成物，随着 α 固溶体中含锡量的增加，合金的强度和塑性都增加。当 $w_{Sn} \geq 5\%$~6% 时，组织中出现硬而脆的 δ 相（以复杂立方结构的电子化合物 $Cu_{31}Sn_8$ 为基的固溶体），虽然强度继续升高，但塑性却会下降。$w_{Sn} < 5\%$ 的锡青铜适宜冷加工使用。含锡 w_{Sn}=5%~7% 的锡青铜适宜热加工。大于 10% 的锡青铜中一般含有少量锌、铅、磷、镍等元素。锌能提高锡青铜的力学性能和流动性。铅能改善青铜的耐磨性能和切削加工性能，却要降低力学性能。镍能细化青铜的晶粒，提高力学性能和耐蚀性。磷能提高青铜的韧性、硬度、耐磨性和流动性。

（2）铝青铜。

以铝为主要合金元素的铜合金称为铝青铜。铝青铜的强度比黄铜和锡青铜高，工业中应用的铝青铜含铝量一般为 5%~11%。当 $w_{Al} < 5\%$ 时，合金强度很低。当 $w_{Al} \leq 5\%$~7% 时，合金的塑性很好，适于冷加工。当 $w_{Al} > 7\%$~8% 时，合金的塑性急剧降低。在大气、海水、碳酸及大多数有机酸中的耐蚀性也比黄铜和锡青铜好。此外，还耐磨损。铝青铜与上述介绍的铜合金有明显不同的是铝青铜可通过热处理进行强化。铝青铜有良好的铸造性能。它的体积收缩率比锡青铜大，铸件内容易产生难溶的氧化铝。难于钎焊，在过热蒸汽中不稳定。

（3）铍青铜。

铍青铜具有很高的弹性极限、疲劳强度、耐磨性和耐蚀性，导电性、导热性极好，而且耐热、无磁性，受冲击时不产生火花，因此铍青铜常用来制造各种重要弹性元件、耐磨零件（如钟表齿轮，高温、高压、高速下的轴承）及防爆工具等。在工艺性方面，它承受冷、热压力加工的能力很强，铸造性能亦很好。但铍是稀有金属，价格昂贵，在使用上受到限制。

（4）硅青铜。

以硅为主加元素的铜合金，含硅量一般在 3.5% 以内。它的力学性能比锡青铜好，而且价格低廉，并有很好的铸造性能和冷热加工性能。加入镍可形成金属间化合物 NiSi，使硅青铜通过固溶时效处理后获得较高的强度和硬度。同时具有很高的导电性、耐热性和耐蚀性。若向硅青铜加入锰可显著提高合金的强度和耐磨性。

常用加工青铜的代号、化学成分、力学性能及用途如表 8-7 所示。常用铸造青铜的牌号、化学成分、力学性能及用途如表 8-8 所示。

表 8-7 常用加工青铜的代号、化学成分、力学性能及用途（GB/T 5231—2001）

类别	代号	化学成分 %			力学性能			用途举例
		主加元素		其他	R_m/MPa	A/%	硬度/HBS	
锡青铜	QSn4-3	Sn: 3.5~4.5	Zn: 2.7~2.3	杂质总和 0.2 Cu 余量	550	4	160	弹性元件、化工机械耐磨零件和抗磁零件
	QSn4-4-2.5	Sn: 3.0~5.0	Zn: 3.0~5.0	Pb: 1.5~3.5 杂质总和 0.2, Cu 余量	600	2~4	160~180	航空、汽车、拖拉机用轴承受摩擦的零件，如轴套等
	QSn4-4-4	Sn: 3.0~5.0	Zn: 3.0~5.0	Pb: 3.5~4.5 杂质总和 0.2, Cu 余量	600	2~4	160~180	航空、汽车、拖拉机用轴承受摩擦的零件，如轴套等
	QSn6.5-0.1	Sn: 6.0~7.0	Zn: 0.3	P: 0.1~0.25, Cu 余量, 杂质总和 0.1	750	10	160~200	弹簧接触片，精密仪器中的耐磨零件和抗磁零件
铝青铜	QAl5	Al: 4.0~6.0		杂质总和 1.6 Mn、Zn、NiFe 各 0.5, Cu 余量	750	5	200	弹簧
	QAl9-2	Al: 8.0~10.0	Mn: 1.5~2.5	杂质总和 1.7, Cu 余量	700	4~5	160~200	在 250 ℃以下工作的管配件和海轮上零件
	QAl9-4	Al: 8.0~10.0	Fe: 2.0~4.0	Zn: 1.0 杂质总和 1.7, Cu 余量	900	5	160~200	船舶零件和电器零件
	QAl10-3-1.5	Al: 8.5~10.0	Fe: 2.0~4.0	Mn: 1.0~2.0 Zn: 1.0 杂质总和 0.75, Cu 余量	800	9~12	160~200	船舶用高强度耐蚀零件，如齿轮等
硅青铜	QSi3-1	Si: 2.7~3.5	Mn: 1.0~1.5	Zn: 0.5,Fe: 0.3,Sn: 0.25, 杂质总和 1.1, Cu 余量	700	1~5	180	弹簧、耐蚀零件以及蜗轮、蜗杆、齿轮、制动杆等
	QSi1-3	Si: 0.6~1.1	Ni: 2.4~3.4	Mn: 0.1~0.4 杂质总和 0.5, Cu 余量	600	8	150~200	发动机和机械制造中的机构件，在 300 ℃以下工作的摩擦零件
铍青铜	QBe2	Be: 1.8~2.1	Ni: 0.2~0.5	杂质总和 0.5, Cu 余量	1250	2~4	330	重要的弹簧和弹性元件、耐磨零件以及高压、高速、高温轴承

学习笔记

表 8-8 常用铸造青铜的牌号、化学成分、力学性能及用途

类别	牌号（旧牌号）	化学成分 w/% 主加元素	化学成分 w/% 其他		铸造方法	R_m/MPa	A/%	硬度/HBS	用途举例
铸造锡青铜	ZCuSn3Zn8Pb5Ni1 (ZQSn3-7-5-1)	Sn: 2.0~4.0	Zn: 6.0~9.0 Pb: 4.0~7.0 Ni: 0.5~1.5	Cu 余量	S J	175 215	8 10	60 17	在各种液体燃料和海水、淡水和蒸汽（<225 ℃）中工作的零件及压力小于 2.5 MPa 的阀门和管配件
铸造锡青铜	ZCuSn32nl1Pb4 (ZQSn3-12-5)	Sn: 2.0~4.0	Zn: 9.0~13.0 Pb: 3.0~6.0	Cu 余量	S J	175 215	8 10	60 65	在海水、淡水和蒸汽中工作的零件及压力小于 120 MPa 阀门和管配件
铸造锡青铜	ZCuSn5Pb5Zn5 (ZQSn5-5-5)	Sn: 4.0~6.0	Zn: 4.0~6.0 Pb: 4.0~6.0	Cu 余量	S J	200 200	13 13	70 90	在较高负荷、滑动速度下工作的耐磨、耐蚀零件，如轴瓦、缸套、活塞、离合器等
铸造锡青铜	ZCuSn10Pb1 (ZQSn10-1)	Sn: 9.0~11.5	Pb: 0.5~1.0	Cu 余量	S J	220 310	3 2	90 115	在高负荷、高滑动速度下工作的耐磨零件，如连杆、轴套、衬套、涡轮等
铸造铝青铜	ZCuSn3Zn8PbNil (ZQSn3-7-5-1)	Sn: 2.0~4.0	Zn: 6.0~9.0 Pb: 4.0~7.0 Ni: 0.5~1.5	Cu 余量	S J	175 215	8 10	60 71	在各种液体燃料、海水、淡水和蒸汽（<225 ℃）中工作的零件及压力小于 2.5 MPa 的阀门和管配件
铸造铝青铜	ZCuSn32nl1Pb4 (ZQSn3-12-5)	Sn: 2.0~4.0	Zn: 9.0~13.0 Pb: 3.0~6.0	Cu 余量	S J	175 215	8 10	60 65	在海水、淡水中、中等滑动速度下工作的耐磨、耐蚀零件，如轴瓦、缸套、活塞、离合器、涡轮等
铸造铝青铜	ZCuSn5Pb5Zn5 (ZQSn5-5-5)	Sn: 4.0~6.0	Zn: 4.0~6.0 Pb: 4.0~6.0	Cu 余量	S J	200 200	13 13	70 90	在较高负荷、高滑动速度下工作的耐磨零件，如缸套、衬套、涡轮等
铸造铝青铜	ZCuSn10Pb1 (ZQSn10-1)	Sn: 9.0~11.5	Pb: 0.5~1.0	Cu 余量	S J	220 310	3 2	90 115	在高负荷、高滑动速度下工作的耐磨零件，如缸套、衬套、涡轮等
铸造铅青铜	ZCuPb10Sn10 (ZQPb10-10)	Pb: 8.0~11.0	Sn: 9.0~11.0	Cu 余量	S J	180 220	7 5	62 65	表面高压力且存在侧压的滑动轴承、轧辊、车辆轴承内燃机的双金属轴瓦等
铸造铅青铜	ZCuPb17Sn4Zn4 (ZQPb17-4-4)	Pb: 14.0~20.0	Sn: 3.5~5.0 Zn: 2.0~6.0	Cu 余量	S J	150 175	5 7	55 60	一般耐磨件、高滑动速度的轴承等
铸造铅青铜	ZCuPb30 (ZQPb30)	Pb: 27.0~33.0		Cu 余量	J	—	—	40	高滑动速度的双金属轴瓦、减摩零件等

学习任务三 认知滑动轴承合金

知识导图

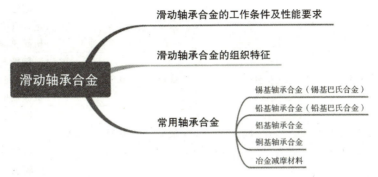

滑动轴承是用以支撑轴进行工作的重要部件。与滚动轴承相比，滑动轴承具有承压面积大、工作平稳、无噪声以及拆卸方便等优点，广泛用于机床主轴轴承、发动机轴承以及其他动力设备的轴承上。

一、滑动轴承合金的工作条件及性能要求

滑动轴承合金用来制造滑动轴承中的轴瓦及内衬。当轴旋转时，轴瓦和轴发生强烈的摩擦，并承受周期性载荷。由于轴的制造成本高，所以应首先考虑使轴磨损最小，然后再尽量提高轴承的耐磨性。为此，滑动轴承合金应具备较高的抗压强度和疲劳强度；高的耐磨性，良好的磨合性和较小的摩擦系数；足够的塑性和韧性；良好的耐蚀性和导热性，较小的膨胀系数和良好的工艺性。

二、滑动轴承合金的组织特征

为了满足上述要求，轴承合金的理想组织是在软的基体上分布着硬质点（如图8-4所示）；或者在硬基体上分布着软质点。

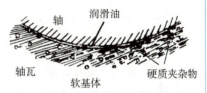

图8-4 软基体硬质点轴瓦与轴的分界面

当机器运转时，软基体被磨损而凹陷，硬质点就凸出于基体上，减小轴与轴瓦之间的摩擦系数。凹下去的坑可以存储润滑油，同时使外来硬物能嵌入基体中，使轴颈不被擦伤。软基体能承受冲击和振动，并使轴与轴瓦很好地磨合。同样，采用硬基体上分布软质点的组织，也可达到上述目的。同软基体硬质点的组织相比，硬基体软质点组织具有较好的承载能力，而磨合能力较差。

最能满足上述要求的轴承合金是以锡或铅为基的合金，一般称为"巴氏合金"。其编号方法为："ZCh+基本元素符号+主加元素符号+主加元素的质量分数（%）+辅助元素的质量分数（%）"，其中"Z""Ch"分别是"铸"和"承"的汉语拼音首字母。例如，ZChSnSb11-6表示w_{Sb}=11.0%、w_{Cu}=6%的锡基轴承合金。常用的轴承合金除巴氏合金外还有铝基和铜基轴承合金。巴氏合金的牌号、性能及用途如表8-9所示。

表 8-9　巴氏合金的牌号、性能及用途

类别	牌号	化学成分 /%					硬度/HB	用途举例
		Sb	Cu	Pb	Sn	杂质		
锡基轴承合金	ZChSnSb4-4	4~5	4~5	—	余量	0.5	28.6	耐蚀、耐热、耐磨，适用于涡轮机及内燃机高速轴承及轴衬
	ZChSnSb7.5-3	7~8	3~4	—	余量	0.55	28.6	韧性与 ZChSnSb4-4 相同，适用于一般大机械轴承及轴衬
	ZChSnSb8-8	7.5~8.5	7.5~8.5	—	余量	0.65	34.3	硬度最高，可承受大负荷，适用于大型机械轴承及轴衬
	ZChSnSb11-6	10~12	5.5~6.5	—	余量	0.55	30.0	较硬，适用于 2 000 马力以上的高速汽轮机和 500 马力的涡轮机、透平压缩机、透平泵及高速内燃机等
	ZChSnSb12-3-10	11~13	2.5~3.5	9~11	余量	0.85	29.6	软而韧，耐压，适用于一般发动机的主轴承，但不适于高温部分
	ZChSnSb15-2	14~16	1.5~2.5	17~19	余量	0.85	29.6	适用于中等速度和压力的机械轴承，但不适于高温部分
铅基轴承合金	ZChSnSb1-16-1	14.5~17.5	—	余量	0.75~1.25	As: 0.8~1.4	20	重负荷高速机械轴衬
	ZChSnSb5-15	14~16	—	79~81	4.5~5.5	—	—	轻负荷低转速机械轴衬
	ZChSnSb5-9	15~17	—	余量	4~6	—	17.5	与 ZChPbSn1-16-1 相近
	ZChSnSb10-15	14~16	—	74~76	9.3~10.7	—	22	与 ZChPbSn20-15-1.5 相近但硬度略高
	ZChSnSb10-15-1	14~16	0.7~1.1	余量	9~11	Te: 0.05~0.2	—	汽车和拖拉机发动机轴衬
	ZChSnSb16-16-1.8	15~17	1.5~2.0	余量	15~17	—	30	轻负荷高速轴衬，如汽车、轮船、发动机等

三、常用轴承合金

1. 锡基轴承合金（锡基巴氏合金）

锡基轴承合金是一种软基体硬质点类型的轴承合金。它是以锡、锑为基础，并加入少量其他元素的合金。常用的牌号有 ZChSnSb11-6、ZChSnSb8-4、ZChSnSb4-4 等。

锡基轴承合金膨胀系数小、磨合性良好，抗咬合性、嵌藏性和耐蚀性、导热性、浇注性也很好。锡基轴承合金的缺点是疲劳强度较低，工作温度也较低（一般不大于150 ℃），价格高。

2. 铅基轴承合金（铅基巴氏合金）

铅基轴承合金是以 Pb–Sb 为基的合金，但二元 Pb–Sb 合金有密度偏析，同时锑颗粒太硬，基体又太软，只适用于速度低、负荷小的次要轴承。为改善其性能，要在合金中加入其他合金元素，如 Sn、Cu、Cd、As 等。常用的铅基轴承合金为 ZChPbSn16-16-1.8，其中 w_{Sn}=15%~17%、w_{Sb}=15%~17%、w_{Cu}=1.5%~2.0% 及余量的 Pb。

铅基轴承合金的硬度、强度、韧性都比锡基轴承合金低，但摩擦系数较大，价格便宜，铸造性能好。常用于制造承受中、低载荷的轴承，但其工作温度不能超过 120 ℃。

铅基、锡基巴氏合金的强度都较低，为了提高巴氏合金的疲劳强度、承压能力和使用寿命，常把它镶铸在钢的轴瓦（一般用 08 钢冲压成形）上，形成薄而均匀的内衬，才能发挥作用。这种工艺称为挂衬。这种结构的轴承称为"双金属轴承"。

3. 铝基轴承合金

铝基轴承合金是以铝为基本元素，锑或锡等为主加元素的轴承合金，它具有密度小、导热性好、疲劳强度高和耐蚀性好的优点。它原料丰富，价格便宜，广泛用于制造高速高负荷条件下工作的轴承。按化学成分将铝基轴承合金分为铝锡系（Al–20%Sn–1%Cu）、铝锑系（Al–4%Sb–0.5%Mg）和铝石墨系（Al–8Si 合金基体 +3%~6% 石墨）三类。

铝锡系轴承合金是一种既有高疲劳强度，又有适当硬度、耐热性和耐磨性良好等优点的轴承合金，在轧制成成品后，经退火热处理，使锡球化，获得在较硬的 Al 基体上弥散分布着较软的球状锡的显微组织。适用于制造高速、重载条件下工作的轴承。铝锑系轴承合金适用于载荷不超过 2 000 MPa、滑动线速度不大于 10 m/s 工作条件下的轴承。铝石墨系轴承合金具有优良的自润滑作用和减振作用以及耐高温性能，适用于制造活塞和机床主轴的轴承。

铝基轴承合金的缺点是膨胀较大，抗咬合性低于巴氏合金。为此，常采用较大的轴承间隙，并采取降低轴与轴承表面的粗糙度值和镀锡的办法来改善综合性，以减小启动时发生咬合的危险性。

4. 铜基轴承合金

铜基轴承合金是以铅为基本合金元素的铜基合金。它属铅青铜类，因其性能适于制造轴承，故又称其为铜基轴承合金。

由于铅不溶于铜，所以铅青铜在室温时的组织是在硬基体铜上均匀分布着软的铅颗粒，极有利于保持润滑油膜，使合金具有优良的耐磨性。此外，铅青铜比巴氏合金更能耐疲劳、抗冲击，承载能力也更强。所以铜基轴承合金可用作高速、高载下的发动机轴承和其他高速重载轴承。

5. 冶金减摩材料

粉末冶金减摩材料在纺织机械、汽车、冶金、矿山机械等方面已获得广泛应用。

粉末冶金减摩材料包括铁石墨和铜石墨多孔含油轴承和金属塑料减摩材料。

粉末冶金多孔含油轴承与巴氏合金、铜基合金相比，具有减摩性能好、寿命高、成本低、效率高等优点，特别是它具有自润滑性，轴承孔隙中所贮润滑油，足够其在整个有效工作期间消耗，因此特别适用于作为制氧机、纺纱机等的轴承。

学习任务四　了解其他常用有色金属及合金

知识导图

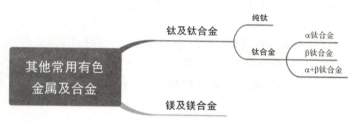

一、钛及钛合金

钛及钛合金

钛及钛合金不仅密度小、强度高（抗拉强度最高可达 1 400 MPa）、低温韧性好，还有良好的塑性和优良的耐蚀性、耐高温性能等，所以得到广泛应用。但钛及钛合金的加工条件复杂，成本高，在很大程度上限制了它们的应用。

1. 纯钛

钛是灰白色轻金属，密度小（4.507 g/cm³），相当于铜的 50%，熔点高（1 668 ℃）；热膨胀系数小，使它在高温工作条件下或热加工过程中产生的热应力小；导热性差，加工钛的摩擦系数大（$\mu = 0.2$），使切削、磨削加工困难；塑性好，强度低，易于加工成形，可制成板材、管材、棒材和线材等。钛在大气中十分稳定，表面生成致密氧化膜，使它具有耐蚀作用，并有光泽，但当加热到 600 ℃以上时氧化膜就失去保护作用；同时在海水和氯化物中具有优良的耐蚀性，在硫酸、盐酸、硝酸、氢氧化钠等介质中都有良好的稳定性，但不能抵抗氢氟酸的浸蚀作用。钛的抗氧化能力优于大多数奥氏体不锈钢。

纯钛具有同素异构转变，在 882.5 ℃以下为密排六方结构的 α 相，在 882.5 ℃以上为体心立方结构的 β 相。钛的这种同素异构转变对强化钛合金有很重要的意义。

工业纯钛中常含少量的氮、碳、氧、氢、铁和镁等杂质元素。这些少量杂质能使钛的强度、硬度显著增加，塑性、韧性明显降低。工业纯钛按杂质含量不同分为三个等级，即 TA1、TA2 和 TA3。"T"为钛的汉语拼音首字母，数字编号越大则杂质越多。工业纯钛一般用于制作 350 ℃以下工作的、强度要求不高的零件。

2. 钛合金

在钛中加入合金元素能显著提高纯钛的强度。如工业纯钛的 R_m 为 350~700 MPa，而钛合金的 R_m 可达 1 200 MPa。

钛合金根据使用状态的组织可分为三类：α 钛合金、β 钛合金、α+β 钛合金。牌号分别以 TA、TB、TC 加上编号表示。

（1）α 钛合金。

在钛中加入铝、碳、氮、氧、硼等元素形成 α 固溶体，并使 α ⇌ β 同素异构转变温度上升，称为 α 稳定化元素。从而使钛合金的组织全部为 α 固溶体单相组织，具有很好的强度、韧性及塑性。在冷态也能加工成某种半成品，如板材、棒材等。

在高温下组织稳定，抗氧化能力较强，热强性较好。在高温（500~600 ℃）时的强度性能在三类钛合金中较高。在室温中强度一般低于 β 和 α+β 钛合金。α 钛合金是单相合金，不能进行热处理强化。代表性的合金有 TA5、TA6、TA7。

（2）β 钛合金。

在合金中加入铁、钼、镁、铬、锰、钒等元素使合金的组织主要为 β 固溶体。全 β 钛合金由于是体心立方结构，具有良好的塑性，为了利用这一特点，发展了一种介稳定的 β 相钛合金。此合金在淬火状态为全 β 组织，便于进行加工成形。β 钛合金可进行热处理强化。通过淬火与时效能获得 β 相中弥散分布细小 α 相组织，进一步提高 β 钛合金的强度。因为这类合金密度较大，耐热性差及抗氧化性能低，生产工艺复杂，在工业上很少使用。

（3）α+β 钛合金。

当钛中同时加入稳定 α 相和 β 相的元素时，可获得（α+β）的双相组织。（α+β）钛合金兼有 α 和 β 钛合金两者的优点，耐热性和塑性都比较好，可进行热处理强化，且生产比较简单，是应用最广的一类钛合金。部分钛合金的牌号、成分、力学性能及用途如表 8-10 所示。

表 8-10 部分钛合金的牌号、成分、力学性能及用途

类别	牌号	化学成分 /%	状态	室温力学性能		高温力学性能			用途
				R_m/ MPa	A /%	温度 /℃	R_m / MPa	R_{el} / MPa	
α 钛合金	TA4	Ti-3Al	T	700	12	—	—	—	在 500 ℃ 以下工作的零件，导弹燃料罐、超音速飞机的涡轮机匣
	TA5	Ti-4Al-0.005B	T	700	15	—	—	—	
	TA6	TI-5Al	T	700	12~20	350	430	400	

续表

类别	牌号	化学成分/%	状态	室温力学性能		高温力学性能			用途
				R_m/MPa	A/%	温度/℃	R_m/MPa	R_{el}/MPa	
β钛合金	TB1	Ti-3Al-8Mo-11Cr	C	1 100	16	—	—	—	在350℃以下工作的零件,压力机叶片、轴、轮盘等重载荷旋转件,飞机构件
			CS	1 300	5				
	TB2	Ti-5Mo-5V-8Cr-3Al	C	100	20	—	—	—	
			CS	1 350	8				
α+β钛合金	TC1	Ti-2Al-1.5Mn	T	600~800	20~25	350	350	350	400℃以下工作的零件,有一定的高温强度要求的发动机零件,低温用部件
	TC2	Ti-3Al-1.5Mn	T	700	12~15	350	430	400	
	TC3	Ti-5Al-4V	T	900	8~10	500	450	200	
	TC4	Ti-6Al-4V	T	950	10	400	630	580	
			CS	1 200	8				

二、镁及镁合金

镁及镁合金的主要优点是密度小,比强度、比刚度高,抗振能力强,可承受较大的冲击载荷,切削加工性能和抛光性能好,但耐蚀性差,熔炼技术复杂,冷变形困难,缺口敏感性大。镁合金可分为变形镁合金和铸造镁合金两大类,其代号、性能及用途如表8-11所示。

表8-11 镁合金的代号、性能及用途

代号	主要成分	状态	R_m/MPa	$R_{r0.2}$/MPa	A/%	硬度/HBS	用途举例
MB1	Mg-Mn	板 M 型材 R	190 260	110 —	5 4	— —	飞机蒙皮、锻件
MB8	Mg-Mn-Ce(铈)	板 M 板 Y2 棒 R	230 250 220	120 160 —	12 8 —	— — —	飞机蒙皮、锻件(在200℃以下工作)
MB2	Mg-Al-Mn-Zn	棒 R 锻件	260 240	— —	5 5	45 45	形状复杂的锻件及其他零件
MB15	Mg-Zn-Zr	棒 时效型材	320 320	250 250	6 7	75 —	形状复杂的大锻件、长桁、翼肋
ZM1	Mg-Zn-Zr	S.T1 S.T6	220 240	165 —	2.5 2.5	— —	受冲击件,如轮毂、轮缘隔板、支架等
ZM2	Mg-Zn-Re-Zr	S.T1	170	—	1.5	—	机匣、电动机壳等
ZM5	Mg-Al-Zn-Mn	S.T4 S.T6 J.T4	155 160 170	— — —	2.5 1.0 2.5	— — —	受高载荷件,如热机舱、连接框、电动机壳体、机匣等

课后习题

一、选择题

1. 下列几种变形铝合金系中属于超硬铝合金的是（　　）。
   A. Al-Mn 和 Al-Mg　　　　　　B. Al-Cu-Mg
   C. Al-Cu-Mg-Zn　　　　　　　D. Al-Mg-Si-Cu

2. 下列几种变形铝合金系中属于锻造铝合金的是（　　）。
   A. Al-Mn 和 Al-Mg　　　　　　B. Al-Cu-Mg
   C. Al-Cu-Mg-Zn　　　　　　　D. Al-Mg-Si-Cu

3. HMn58-2 是（　　）的代号。
   A. 普通黄铜　　　　　　　　　B. 特殊黄铜
   C. 无锡青铜　　　　　　　　　D. 青铜

4. 镁合金按成分及生产工艺特点，可以分为（　　）两大类。
   A. 高强度镁合金、高硬度镁合金
   B. 高强度铸造镁合金、耐热铸造镁合金
   C. 变形镁合金、铸造镁合金
   D. 耐热铸造镁合金、变形镁合金

二、判断题

1. 5A05、2A12、2A50 都是变形铝合金。（　　）
2. 6A02 和 2A50 铝合金具有优良的锻造性。（　　）
3. 单相黄铜比双相黄铜的塑性和强度都高。（　　）
4. 制造飞机起落架和大梁等承受载荷的零件，可采用防锈铝合金。（　　）
5. 铸造铝合金塑性差，不宜进行压力加工。（　　）
6. 铜和铝及其合金均可以利用固态相变来提高强度和硬度。（　　）
7. 镁合金可以制作重要的结构零件。（　　）
8. 轴承合金是制造轴承内外圈套和滚动体的材料。（　　）

三、简答题

1. 简要说明时效强化的机理。
2. 铝合金性能有何特点？为什么在工业上得到广泛应用？
3. 铸造铝合金（Al-Si 合金）为何要进行变质处理？
4. 锡青铜属于什么合金？为什么工业用锡青铜的含锡量大多不超过 14%？
5. 用作轴瓦材料必须具有什么特性？对轴承合金的组织有什么要求？
6. 镁及镁合金的特点是什么？

学习情境九　高分子材料

情境导入

3D 打印是一种快速成型技术，它以数字模型文件为基础，运用粉末状金属或塑料等可黏合材料，通过逐层打印的方式来构造物体。其原理与普通打印机基本相同，只是打印材料有些不同，普通打印机的打印材料是墨水和纸张，而 3D 打印机内装有金属、陶瓷、塑料、砂等不同的"打印材料"，是实实在在的原材料，打印机与电脑连接后，通过电脑控制可以把"打印材料"一层层叠加起来，最终把计算机上的蓝图变成实物。3D 打印常用材料有尼龙玻纤、耐用性尼龙材料、石膏材料、铝材料、钛合金、不锈钢、镀银、镀金、橡胶类材料。

由于使用塑料作为原材料进行 3D 打印具有成本低、加工高效、适用领域广泛、表面处理可能性多等优点，因此塑料在 3D 打印行业应用最多。

情境解析

上述情境中的塑料就是高分子材料的一种。

高分子材料是以高分子化合物为主要成分，与各种添加剂配合而形成的材料。

高分子化合物是分子量很大的有机化合物，也称为聚合物或高聚物。人们把分质量小于 500 的化合物称为低分子化合物，分子量大于 500 的化合物称为高分子化合物。一般来说，高分子化合物的分子量在 $10^3 \sim 10^4$ 范围内，所以高分子也常被称为大分子。

当然，是否为高分子，主要由它们的物理、力学性能来决定。一般说来，高分子化合物具有较好的强度和弹性，而低分子化合物则没有。而且当化合物的分子量达到一定值之后，其物化性能基本不因分子量不同而变化。这时的化合物，便可称为高分子化合物。

严格地讲，高分子化合物和高分子材料的含义是不同的，但工业上并未严格地进行区分。通常高分子材料根据力学性能和用途可分为塑料、橡胶、合成纤维、胶黏剂和涂料五类。

学习目标

序号	学习内容	知识目标	技能目标	创新目标
1	高分子材料的组成、结构、性能特点	√		
2	塑料的组成、种类、性能特点，常用塑料的应用	√	√	√
3	橡胶的组成、种类、性能特点，常用橡胶的应用	√	√	√

学习流程

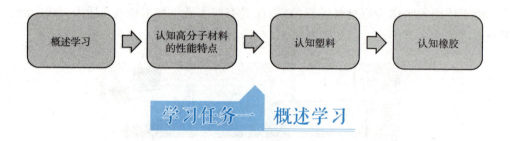

学习任务一　概述学习

知识导图

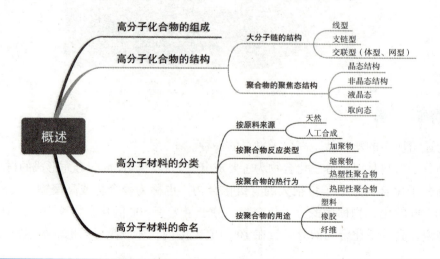

一、高分子化合物的组成

高分子的分子量虽然很大，但它的化学组成一般却比较简单，通常由C、H、O、N、S等构成，其中主要是碳氢化合物及其衍生物。它们往往是由一种或几种低分子化合物的成千上万个原子以共价键形式重复连接而成的大分子所组成的。

通常把组成高分子化合物的简单低分子化合物（或聚合前的低分子化合物）叫作单体，如乙烯是聚乙烯的单体。构成聚合物的重复结构单元称为链节，聚合物分子中链节的数目称为聚合度。

一般说来，同一种高分子化合物中各个分子的聚合度（即所含链节的数目）是不同的。因此，合成高分子化合物实际上是分子量大小不同的同系混合物，它们的分子量或聚合度通常是在一定范围之内的，也可以说是指平均分子量或平均聚合度。高分子化合物中分子量大小不等的现象，称为高分子的多分散性（即不均一性）。这在低分子中是不存在的。因此，多分散性是高分子化合物和低分子化合物的另一显著差别。

高分子材料制品

二、高分子化合物的结构

高分子化合物的结构有两方面的含义：一是指聚合物中大分子链的结构，二是指大分子的聚集态结构。和金属材料一样，高分子化合物的结构直接决定着高分子材料的性能。

大分子链的结构指大分子的内部结构，即大分子链中原子或基团间的几何排列形态，有线型、支链型和体型三种。

（1）线型。由许多链节以共价键连接成线型长链分子，其分子直径为几埃，而长度可达几千甚至几万埃，像一条长线。通常其分子直径与长度之比在1∶1 000以上。这种细而长的形状，通常呈蜷曲状或线团状，受拉伸时呈直线，如图9-1（a）所示。

（2）支链型。在主链的两侧以共价键连接相当数量的长短不一的支链，其形状有树枝状、梳状等。由于支链存在，分子链之间不易规则排列，同时还有可能形成局部的三维缠结，如图9-1（b）所示。

（3）交联型（体型、网型）。在分子链之间有许多链节互相交联，它是沿横向通过链节以共价键连接起来形成三维空间网状大分子的，高分子之间不易相互流动，如图9-1（c）所示。

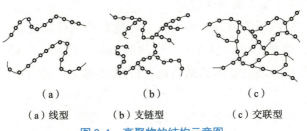

图9-1　高聚物的结构示意图

线型和支链型结构的聚合物有热塑性塑料、未硫化的橡胶、合成纤维等，体型结构的聚合物有热固性塑料、硫化橡胶等。线型结构和体型结构在一定条件下可以转化，即线型大分子→体型大分子，这种现象称为固化或交联，属于不可逆变化。

聚合物的聚集态结构是指在分子间力作用下大分子链相互聚集所形成的几何排列和堆砌方式，一般可分为晶态、非晶态、液晶态、取向态等。

（1）晶态结构。线型聚合物固化时可以结晶，但由于分子链运动较困难，不可能完全结晶。所以晶态聚合物实际为晶（分子有规律排列）和非晶区（分子无规律排列）两相结构，一般结晶度（晶区所占有的质量分数）只有50%~85%，特殊情况可达到98%。在结晶聚合物中，晶区与非晶区相互穿插，紧密相连，一个大分子链可以同时穿过许多晶区和非晶区。

（2）非晶态结构。聚合物凝固时，分子不能规则排列，呈长程无序、近程有序状态。非晶态聚合物分子链的活动能力大，弹性和塑性较好。由于其聚集态结构是均相的，因而材料各个方向的性能是相同的。

（3）液晶态。液晶态是介于晶态和液态之间的热力学稳定态相。其物理状态为液体，又具有晶体的有序性。液晶有许多特殊的性质，如有些液晶具有灵敏的电响应特性和光学特性，广泛应用于显示技术中。刚性溶致性液晶聚合物具有高浓度、低黏度和低剪切应力下的高度取向的特性，利用该特性进行纺丝可制成高强度的纤维，如芳纶纤维。

（4）取向态。结构在外力作用下，卷曲的大分子链沿外力方向平行排列而形成的定向结构。有单轴（一个方向）和双轴（相互垂直两个方向）两种取向。取向态聚合物呈现明显的各向异性，材料的强度大大增加。取向对聚合物的光学性质、热性质等也会产生影响。

三、高分子材料的分类

高分子材料的分类方法很多，常用的有以下几种：

（1）按原料来源有天然和人工合成之分。天然的，如淀粉、天然橡胶、松香等；人工合成的，如塑料、合成橡胶、合成纤维等。

（2）按聚合物反应类型可分为加聚物和缩聚物。加聚物是由加成聚合反应得到的，其链节结构与单体相同，如聚乙烯；缩聚物是由缩合聚合反应得到的，反应过程中有小分子副产物（如水、氨、醇等）放出。

（3）按聚合物的热行为可分为热塑性聚合物和热固性聚合物。热塑性聚合物的特点是受热后软化、熔融，可塑制成一定形状的制品，冷却后坚硬，再受热又可软化，可塑制成另一形状的制品，如聚乙烯；热固性聚合物受热时固化，成型后受热不再软化，如环氧树脂。

（4）按聚合物的用途可分为塑料、橡胶、纤维等。塑料在常温下有固定形状，强度较大，受力后能发生一定变形；橡胶在常温下具有高弹性；纤维的单丝强度高，可制成纺织品。

四、高分子材料的命名

目前高分子材料的名称仍处于习惯命名阶段。最常用的是按聚合物的链节所含单体结构单元的名称来命名，即在单体名称前加"聚"字，如聚乙烯、聚氯乙烯、聚甲基丙烯酸甲酯（有机玻璃）等，或在单体名称后加"树脂"两字，如酚醛树脂、环氧树脂等。

此外，还可见许多商品名称及表示符号，商品名称各国不统一，如聚丙烯腈（人造羊毛），外国叫奥纶，我国叫腈纶。符号表示法多以英文名称缩写字头表示，如 PS 为聚苯乙烯，PVC 为聚氯乙烯等。

 **认知高分子材料的性能特点**

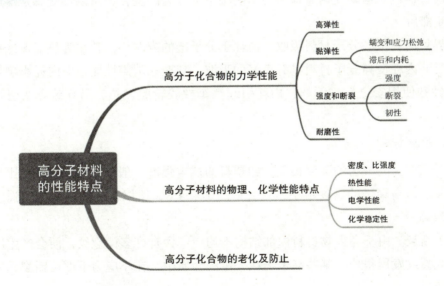

一、高分子化合物的力学性能

1. 高弹性

轻度交联的高聚物在玻璃化温度以上时具有典型的高弹性，即变形大、弹性模量小，而且弹性随温度的升高而增大，如橡胶。

2. 黏弹性

高聚物的黏弹性是指高聚物材料既具有弹性材料的一般特性，又具有黏性流体的一些特性，即受力同时发生高弹性变形和黏性流动，变形与时间有关。高聚物的黏弹

学习情境九　高分子材料　213

性主要表现在蠕变、应力松弛、滞后和内耗等现象上。

（1）蠕变和应力松弛。

蠕变是在应力（或载荷）保持恒定的情况下，应变随时间的延长而增加的现象。其本质是在恒定应力作用下蜷曲分子链发生位移导致了不可逆塑性变形。例如，架空的聚氯乙烯电缆套管时间长了会发生弯曲，就是蠕变引起的。蠕变实际上反映了材料在一定外力作用下的尺寸稳定性，对于尺寸精度要求高的聚合物零件，需要选择蠕变抗力高的材料。

应力松弛指的是聚合物受力后其变形量保持不变，而应力随时间延长逐渐衰减的现象。例如，化工管道法兰盘橡胶密封垫圈使用一段时间后，常因密封不严而发生泄漏。其原因就是应力松弛。应力松弛是受力伸直的大分子链借助于链段的运动趋于稳定蜷曲态的缘故，因此凡降低链段或大分子链运动能力的因素，如增加主链刚性、增加交联密度、提高次价力等均可提高聚合物的应力松弛抗力。

（2）滞后和内耗。

滞后是指在交变应力的作用下，变形速度跟不上应力变化的现象。这是由于高聚物形变时，链段的运动受内摩擦力的影响跟不上外力的变化，所以形变总是落后于应力，产生滞后。

外界做的功被高分子材料吸收，消耗于分子链的内摩擦，转化为热能，这种现象称为内耗。内耗使高分子材料具有良好的吸波、减振和消声性能，但内耗影响聚合物的稳定性和使用安全性。例如：内耗引起汽车橡胶轮胎发热，易导致爆胎引发交通事故。

3. 强度和断裂

（1）强度。高聚物的强度很低，如塑料的抗拉强度一般低于 100 MPa，比金属材料低很多。但高聚物的密度很小，只有钢的 1/4~1/8，所以部分高聚物的比强度要比一些金属高。

（2）断裂。由于高聚物材料内部结构不均一，含有许多微裂纹，便会产生应力集中，因此裂纹发展很快。某些高聚物在一定的介质中，在小应力下即可断裂，称为环境应力断裂。

（3）韧性。高聚物的韧性用冲击韧度表示。各类高聚物的冲击韧度相差很大，脆性高聚物的冲击韧度值一般都小于 0.2 J/cm^2，韧性高聚物的冲击韧度值一般大于 0.9 J/cm^2。

4. 耐磨性

高分子材料的硬度虽低于金属，但具有优于金属的摩擦性能，大多数聚合物的摩擦系数为 0.2~0.4，在所有固体中几乎是最低的。有些高分子材料还具有良好的自润滑性能，如尼龙、聚四氟乙烯和高密度聚乙烯等，因而可以用于制作耐磨和减摩零件，如轴承、凸轮、密封圈、活塞环和刹车片等。

二、高分子材料的物理、化学性能特点

1. 密度、比强度

高聚物比金属和陶瓷的密度都小,密度为 1 000~2 000kg/m³,最轻的聚丙烯密度为 910 kg/m³,而泡沫塑料只有 10 kg/m³。虽然高分子材料的强度低于金属材料,但是由于其密度非常小,所以其比强度很高。

2. 热性能

高聚物在受热过程中,大分子链和链段容易产生运动,因此其耐热性较差。由于高聚物内部无自由电子,因此具有低的导热性能。高聚物的线膨胀系数也较大。大多数塑料的长期使用温度在 100 ℃以下,大多数橡胶的最高使用温度也低于 200 ℃。与金属相比,聚合物的耐热性较低。高分子材料的导热性为金属材料的 0.1%~10%。高分子材料的膨胀系数为金属材料的 3~10 倍,因此在设计制作与金属紧密结合的塑料制品时,应考虑其线膨胀系数,以免开裂和脱落。

3. 电学性能

高分子材料内部无自由电子,也无足够的离子,因此大多数高分子材料是绝缘体。

4. 化学稳定性

高聚物大分子链以共价键结合,没有自由电子,因此不发生电化学反应,也不易与其他物质发生化学反应。所以大多数高聚物具有较高的化学稳定性,对酸、碱溶液具有优良的耐腐蚀性能。比如常用的硬聚氯乙烯,耐浓硫酸、浓盐酸和碱的侵蚀。聚四氟乙烯具有极好的化学稳定性,可以耐沸腾王水腐蚀。但聚酯类和聚酰胺类塑料在酸、碱作用下会水解,聚碳酸酯溶于四氯化碳有机溶剂。因此选用塑料、橡胶制作耐蚀零件或制品时,除考虑其化学稳定性(如耐蚀性)外,还应注意其抗溶剂性。

三、高分子化合物的老化及防止

高分子材料在储存和使用过程中,由于空气、水、光、热、辐射等环境因素的作用,失去原有性能的现象称为老化。高分子材料的老化是很普遍的现象,如塑料、橡胶材料变硬、变脆、出现龟裂,或者变软发黏、褪色、变色、透明度下降,等等。

防止老化的措施主要有以下几种:①对高聚物进行改性,改变大分子的结构,提高其稳定性;②进行表面处理,在材料表面镀上一层金属或喷涂一层耐老化涂料,隔绝材料与外界的接触;③加入各种稳定剂,如热稳定剂、抗氧化剂等。

学习任务三　认知塑料

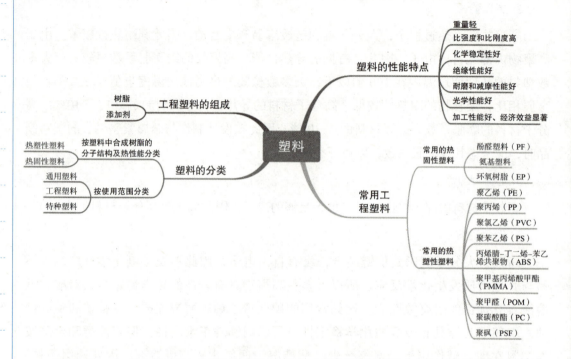

塑料是在玻璃态使用的高分子材料。实际上使用的塑料，是以树脂为基础原料，加入（或不加）各种助剂、增强材料或填料，在一定温度和压力条件下塑造或固化成形，得到固体制品的一类高分子材料。

目前，已工业化生产的塑料品种有 300 多种，常用的有 60 多种，品牌、规格则数以万计。由于塑料的原料丰富、制取方便、成形加工简单、成本低，并且不同的塑料具有多种性能，所以塑料是应用最广泛的有机高分子材料，也是最主要的工程结构材料之一。

一、工程塑料的组成

如上所述，塑料就是以树脂（或在加工过程中用单体直接聚合）为主要成分，以增塑剂、填充剂、润滑剂、着色剂等添加剂为辅助成分，在一定温度和压力的作用下流动成型的高分子有机材料。

塑料的成分主要有以下几种：

1. 树脂

一般采用合成树脂作为塑料的主要成分，其在塑料中的含量一般为 40%～100%。它联系或胶黏着塑料中的其他一切组成部分，并决定塑料的类型和性能（如热塑性或热固性、物理、化学及力学性能等）。塑料的可塑性和流动性，就是树脂所赋予的。由于塑料中树脂含量大，而且树脂的性质常常决定了塑料的性质，所以人们常把树脂看成是塑料的同义词。例如把聚氯乙烯树脂与聚氯乙烯塑料、酚醛树脂与酚醛塑料混为一谈。其实树脂与塑料是两个不同的概念。树脂是一种未加工的原始聚合物，它不仅用于制造塑料，而且还是涂料、胶黏剂以及合成纤维的原料。而塑料除了极少一部分含 100% 的树脂外，绝大多数的塑料，除了主要组分树脂外，还需要加入其他物质。

2. 添加剂

常用的添加剂有填料、增塑剂、稳定剂、润滑剂、着色剂、固化剂等。

（1）填料：填料又称填充剂，是塑料中的另一重要的但并非必要的成分，在许多情况下填充剂所起的作用并不比树脂小。

加入填充剂后，不仅能使塑料的成本降低，而且还能使塑料的性能得到显著改善，对塑料的推广和应用起促进作用，如酚醛树脂中加入木粉后，既克服了它的脆性，又降低了成本；聚酰胺、聚甲醛等树脂中加入二硫化钼、石墨、聚四氟乙烯后，使塑料的耐磨性、抗水性、耐热性、硬度及强度等得到全面改进；用玻璃纤维作为塑料的填充剂，能使塑料的强度大幅提高；有的填充剂还可以使塑料具有树脂所没有的性能，如导电性、导磁性、导热性等。

填充剂按其化学性能可分为无机填料和有机填料；按其形状可分为粉状的、纤维状的和层（片）状的。粉状填料有木粉、纸浆、硅藻土、大理石粉、滑石粉、云母粉、石棉粉、高岭土、石墨、金属粉等；纤维状填料有棉花、亚麻、石棉纤维、玻璃纤维、碳纤维、硼纤维、金属须等；层状填料有纸张、棉布、石棉布、玻璃布、木片等。

（2）增塑剂：增塑剂是为改善塑料的性能和提高柔软性而加入塑料中的一种低挥发性物质。常用的有邻苯二甲酸酯类、癸二酸酯类、磷酸酯类、氯化石蜡等。树脂中加入增塑剂后，分子间的距离加大，大分子间的作用力被削弱，这样便使树脂分子容易滑移，从而使塑料能在较低的温度下具有良好的可塑性和柔软性，如聚氯乙烯树脂中加入邻苯二甲酸二丁酯，可变为像橡胶一样的软塑料。

加入增塑剂固然可以使塑料的工艺性能和使用性能得到改善，但也降低了树脂的某些性能，如硬度、抗拉强度等。

（3）稳定剂：稳定剂是指可以提高树脂在热、光、氧和霉菌等外界因素作用时的稳定性，减缓塑料变质的物质。许多树脂在成型加工和使用过程中由于受上述因素的影响，性能会变坏。加入少量（一般是千分之几）稳定剂可以减缓这种情况的发生。

对稳定剂的要求是除对聚合物的稳定效果好外，还应能耐水、耐油、耐化学品，并与树脂相溶，在成型过程中不分解、挥发小、无色。常用的稳定剂有硬脂酸盐、铅的化合物及环氧化合物等，如二盐基性亚磷酸铅、三盐基性硫酸铅、硬脂酸钡等。稳

学习笔记

定剂可分为热稳定剂、光稳定剂等。

(4) 润滑剂：为改进塑料熔体的流动性，减少或避免对模具的摩擦和黏附，以及降低塑件表面粗糙度等而加入的添加剂为润滑剂。常用的有硬脂酸及其盐类。

(5) 着色剂：在塑料中有时可以用有机颜料、无机颜料和染料使塑料制件具有各种色彩，以适合使用上的美观要求。有些着色剂兼有其他作用，如本色聚甲醛塑料用碳黑着色后能在一定程度上有助于防止光老化；聚氯乙烯用二盐基性亚磷酸铅等颜料着色后，可避免紫外线的射入，对树脂起屏蔽作用，因此，它们还可以提高塑料的稳定性。

(6) 固化剂：固化剂又称硬化剂，它的作用在于通过交联使树脂具有体型网状结构，成为较坚硬和稳定的塑料制件。例如，在酚醛树脂中加入六亚甲基四胺，在环氧树脂中加入乙二胺、顺丁烯二酸酐等。

(7) 其他添加剂：除上述几种外，塑料的添加剂还有发泡剂、阻燃剂、防静电剂、导电剂和导磁剂等。比如，为了使塑料制品如塑料地板、塑料地毡抗静电，则加入抗静电剂，以提高表面导电度，使带电塑料迅速放电。

需要注意：并非每一种塑料都要加入全部添加剂，而是根据塑料品种和使用要求加入所需的某些添加剂。

二、塑料的分类

1. 按塑料中合成树脂的分子结构及热性能分类

按塑料中合成树脂的分子结构及热性能的不同，可分为热塑性塑料和热固性塑料。

热塑性塑料的分子链具有线型结构，用聚合反应生成。加热软化、熔融，可塑制成一定形状的制品，冷却后变硬并保持既得形状，并可如此多次反复，性能也不发生显著变化。

热固性塑料的分子链是体型的，在一定温度加热时会软化或熔融，但同时发生了结构变化。冷却后塑料会固化成型，但这种软化和固化是不可逆的。固化成型后呈现不溶和不熔特性，直至强热分解、破坏。

2. 按使用范围分类

按使用范围可分为通用塑料、工程塑料和特种塑料。

通用塑料产量大、价格低、用途广，主要包括聚乙烯、聚氯乙烯、聚苯乙烯、聚丙烯、酚醛塑料和氨基塑料等，是一般工农业生产和生活中不可缺少的廉价材料，其产量约占塑料总产量的 3/4 以上。

工程塑料是指在工程技术中用作结构材料的塑料，它们的力学性能较高，耐热、耐蚀性能也比较好，主要有聚酰胺、聚甲醛、聚碳酸酯、ABS、聚苯醚、聚砜、氟塑料等。

特种塑料是指具有某些特殊性能（如耐高温、耐腐蚀）的塑料，这类塑料产量少、价格贵，只用于特殊需要的场合。

三、塑料的性能特点

（1）重量轻：塑料的密度一般在 0.9~2.3 g/cm³ 范围内，约为铝的 1/2，铜的 1/6。

（2）比强度和比刚度高：塑料的强度和刚度虽然不如金属好，但塑料的密度小，所以其比强度（强度与密度之比）和比刚度（刚度与密度之比）相当高。如玻璃纤维增强塑料和碳纤维增强塑料的比强度和比刚度比钢材好。

（3）化学稳定性好：塑料对酸、碱等化学物质具有良好的抗腐蚀能力，因此，在化工设备以及日用品和工业品中得到广泛应用。比如聚四氟乙烯（F-4）具有极高的耐腐蚀性，任何强酸、强碱、强氧化剂对它都不起作用，素有"塑料王"之称，被广泛用来制造化工管道及容器。

（4）绝缘性能好：塑料对电、热、声都有良好的绝缘性能，被广泛地用来制造电绝缘材料、绝缘保温材料以及隔音吸音材料。塑料的优越电气绝缘性能和极低的介电损耗性能，可以与陶瓷和橡胶媲美。除用作绝缘外，现又制造出半导体塑料、导电导磁塑料等，它们对电子工业的发展具有独特的意义。

（5）耐磨和减摩性能好：塑料的摩擦系数小，耐磨性强，可以作为减摩材料，如用来制造轴承、齿轮等零件。

（6）光学性能好：塑料的折射率较高，并且具有很好的光泽。不加填充剂的塑料大都可以制成透光性良好的制品，如有机玻璃、聚苯乙烯、聚碳酸酯等都可以制成晶莹剔透的制品。目前，这些塑料已广泛地用来制造玻璃窗、罩壳、透明薄膜以及光导纤维。

（7）加工性能好、经济效益显著：塑料具有容易成型、成型周期短的特性，将塑料做成零件，所需专用设备投资少、能耗低。特别是与金属制件加工相比，加工工序少，成型周期短，加工过程中的边角废料多数可回收利用，如果以单位体积计算，生产塑料制件的费用仅为有色金属的 1/10，因此塑料制件的总体经济效益显著。

应该指出的是，塑料也存在一些缺点，在应用中受到一定的限制。一般塑料的刚性差，如尼龙的弹性模量约为钢铁的 1/100。塑料的耐热性差，在长时间工作条件下一般使用温度在 100 ℃以下，在低温下易开裂。塑料的导热系数只有金属的 1/200 ~ 1/600，这对散热而言是一个缺点。若长期受载荷作用，即使温度不高，塑料也会渐渐产生塑性流动，即产生"蠕变"现象。塑料易燃烧，在光和热作用下性能容易变坏，发生老化现象。所以，在选择塑料时要注意扬长避短。

四、常用工程塑料

1. 常用的热固性塑料

（1）酚醛塑料（PF）。

首先由酚类化合物和醛类化合物缩聚而成酚醛树脂，再以该树脂为基础制得酚醛塑料。酚醛本身很脆，呈琥珀玻璃态。必须加入各种纤维或粉末状填料后才能获得具有一定性能要求的酚醛塑料。酚醛塑料大致可分为三类：层压塑料、纤维状压塑料、碎屑状压塑料。酚醛塑料与一般热塑性塑料相比，刚性好，变形小，耐热耐磨，能在150~200 ℃的范围内长期使用。在水润滑条件下，有极低的摩擦系数，电绝缘性能优良。缺点是质脆，冲击强度差。

酚醛塑料主要用途：酚醛层压塑料用浸渍过酚醛树脂溶液的片状填料制成，可制成各种型材和板材。根据所用填料不同，有纸质、布质、木质、石棉和玻璃布等各种层压塑料。布质及玻璃布酚醛层压塑料具有优良的力学性能、耐油性能和一定的介电性能，用于制造齿轮、轴瓦、导向轮、轴承及电工结构材料和电气绝缘材料；木质层压塑料适用于作水润滑冷却下的轴承及齿轮等；石棉布层压塑料主要用于高温下工作的零件。酚醛纤维状压塑料可以加热模压成各种复杂的机械零件和电器零件，具有优良的电气绝缘性能，耐热、耐水、耐磨，可制成各种线圈架、接线板、电动工具外壳、风扇叶子、耐酸泵叶轮、齿轮、凸轮等。

（2）氨基塑料。

氨基塑料是由氨基化合物与醛类（主要是甲醛）经缩聚而得的塑料，主要包括脲－甲醛（UF）、三聚氰胺－甲醛（MF）等。

脲－甲醛塑料是脲－甲醛树脂和漂白纸浆等制成的压缩粉。可染成各种鲜艳的色彩，外观光亮，部分透明，表面硬度较高，耐电弧性能好，耐矿物油、耐霉菌；但耐水性较差，在水中长期浸泡后电气绝缘性能下降。

脲－甲醛塑料大量用于压制日用品及电气照明用设备的零件、电话机、收音机、钟表外壳、开关插座及电气绝缘零件。

三聚氰胺－甲醛塑料由三聚氰胺－甲醛树脂与石棉滑石粉等制成，可制成各种色彩、耐光、耐电弧、无毒的塑件，能耐沸水且耐茶、咖啡等污染性强的物质。能像陶瓷一样方便地去掉茶渍一类污染物，且有重量轻、不易碎的特点。三聚氰胺－甲醛塑料主要用作餐具、航空茶杯及电器开关、灭弧罩及防爆电器的配件。

（3）环氧树脂（EP）。

基本特性：是含有环氧基的高分子化合物。未固化之前，是线型的热塑性树脂，在加入固化剂（如胺类、酸酐等）之后，交联成不溶的体型结构的高聚物，才有作为塑料的实用价值。环氧树脂种类繁多，应用广泛，有许多优良的性能。其最突出的特点是黏结能力很强，是"万能胶"的主要成分。此外，还耐化学药品、耐热，电气绝缘性能良好，收缩率小。比酚醛树脂力学性能好。缺点是耐气候性差、耐冲击性低，质地脆。

主要用途：环氧树脂可用作金属和非金属的黏结剂，用于封装各种电子元件。用环氧树脂配以石英粉等可用来浇铸各种模具；环氧树脂还可以作为各种产品的防腐涂料。

2. 常用的热塑性塑料

（1）聚乙烯（PE）。

基本特性：聚乙烯塑料是塑料工业中产量最大的品种。按聚合时采用的压力不同可分为高压、中压和低压三种。低压聚乙烯的分子链上支链较少，比较硬，耐磨、耐蚀、耐热及绝缘性较好。高压聚乙烯分子带有许多支链，有较好的柔韧性、耐冲击性及透明性。

聚乙烯无毒、无味，呈乳白色，密度为 0.91~0.96 g/cm³，有一定的强度，但和其他塑料相比强度低，表面硬度差；绝缘性能优异，常温下不溶于任何一种已知的溶剂，并耐稀硫酸、稀硝酸和任何浓度的其他酸以及各种浓度的碱、盐溶液；有高度的耐水性，长期与水接触其性能可保持不变；透水汽性能差，而透氧气和二氧化碳以及许多有机物质蒸气的性能好；在热、光、氧气的作用下会老化和变脆；能耐寒。

主要用途：低压聚乙烯可用于制造塑料管、塑料板、塑料绳以及承载不高的零件，如齿轮、轴承等。高压聚乙烯常用于制作塑料薄膜、软管、塑料瓶，以及电气工业的绝缘零件和包覆电缆等。

（2）聚丙烯（PP）。

基本特性：无色、无味、无毒。外观似聚乙烯，但比聚乙烯更透明、更轻。密度仅为 0.90~0.91 g/cm³。不吸水，光泽好，易着色；屈服强度、抗拉强度、抗压强度和硬度及弹性比聚乙烯好；定向拉伸后聚丙烯可制作成铰链，有特别高的抗弯疲劳强度；耐热性好；高频绝缘性能好。但在氧、热、光的作用下极易解聚、老化，所以必须加入防老化剂。

主要用途：聚丙烯可用作各种机械零件，如法兰、接头、泵叶轮、汽车零件和自行车零件。作水、蒸气、各种酸碱等的输送管道，化工容器和其他设备的衬里、表面涂层，箱壳、绝缘零件，还可用于医药工业中。

（3）聚氯乙烯（PVC）

基本特性：聚氯乙烯是世界上产量最大的塑料品种之一。聚氯乙烯树脂为白色或浅黄色粉末。根据不同的用途可以加入不同的添加剂，使聚氯乙烯塑件呈现不同的物理性能和力学性能。在聚氯乙烯树脂中加入适量的增塑剂，就可制成多种硬质、软质和透明制品。纯聚氯乙烯的密度为 1.4 g/cm³，加入了增塑剂和填料的聚氯乙烯塑件的密度一般在 1.15~2.00 g/cm³ 范围内。硬聚氯乙烯不含或含有少量的增塑剂，有较好的抗拉、抗弯、抗压和抗冲击性能，可单独作结构材料。软聚氯乙烯含有较多的增塑剂，它的柔软性、断裂伸长率、耐寒性增加，但脆性、硬度和抗拉强度降低。聚氯乙烯有较好的电气绝缘性能，化学稳定性也好，但热稳定性较差，长时间加热会分解放出氯化氢气体，使聚氯乙烯变色；应用温度范围较窄，一般在 -15~55 ℃范围内。

主要用途：由于化学稳定性高，聚氯乙烯可用于制作防腐管道、管件、输油管、离心泵、鼓风机等，建筑物的瓦楞板、门窗结构、墙壁装饰物等建筑用材，电子、电气工业的插座、插头、开关、电缆，日常生活用品的凉鞋、雨衣、玩具、人造革等。

（4）聚苯乙烯（PS）。

基本特性：是仅次于聚氯乙烯和聚乙烯的第三大塑料品种，它无色透明、无毒无味，落地时发出清脆的金属声，密度为 1.054 g/cm³。聚苯乙烯有优良的电性能（尤其是高频绝缘性能）和一定的化学稳定性，能耐碱、酸（硝酸和氧化剂除外）、水、乙醇、汽油等。能溶于苯、甲苯、四氯化碳、氯仿、酮类和脂类等。聚苯乙烯的着色性能优良，能染成各种鲜艳的色彩。但耐热性低，热变形温度一般在70~98 ℃，质地硬而脆，有较高的热膨胀系数，因此限制了它在工程上的应用。但通过发展改性聚苯乙烯和以苯乙烯为基体的共聚物，在一定程度上克服了原有缺点，又保留了优点，从而扩大了它的应用范围。

主要用途：在工业上可作仪表外壳、灯罩、化学仪器零件、透明模型等；在电气方面用作良好的绝缘材料、接线盒、电池盒等；在日用品方面广泛用于包装材料、各种容器、玩具等。

（5）丙烯腈－丁二烯－苯乙烯共聚物（ABS）。

基本特性：ABS是由丙烯腈、丁二烯、苯乙烯共聚而成的。这三种组分的各自特性，使ABS具有良好的综合力学性能。丙烯腈使ABS耐腐蚀、有表面硬度，丁二烯使ABS坚韧，苯乙烯使ABS有良好的加工性和染色性能。

ABS无毒无味，呈微黄色，成型的塑件有较好的光泽度。密度为 1.02~1.05g/cm³。有极好的抗冲击强度，在低温下也不迅速下降；有良好的机械强度和一定的耐磨性、耐寒性、耐油性、耐水性、化学稳定性和电气性能；几乎不受水、无机盐、碱、酸类影响，在酮、醛、酯、氯代烃中会形成乳浊液，不溶于大部分醇类及烃类熔剂，但长期接触会软化；有一定的硬度和尺寸稳定性，易于成型加工；经过调色可配任何颜色。缺点是耐热性不高，耐气候性差，在紫外线作用下易变硬发脆；表面受植物油等侵蚀会引起应力开裂。根据ABS中三种组分比例不同，其性能也略有差异，可适应各种应用。

主要用途：ABS在机械工业上用来制造齿轮、泵叶轮、轴承、把手、管道、电机外壳、仪表壳、仪表盘、水箱外壳、蓄电池槽等，在汽车工业上用来制造汽车挡泥板、扶手、热空气调节导管、加热器等；纺织器材、电器零件、文教体育用品、玩具甚至家具也可使用。

（6）聚甲基丙烯酸甲酯（PMMA）。

基本特性：俗称有机玻璃，是一种透光性塑料，透光率达92%，优于普通硅玻璃。密度为 1.18 g/cm³，比普通硅玻璃轻一半，机械强度却是普通玻璃的10倍以上；轻而坚韧，容易着色，有较好的电气绝缘性能；化学性能稳定，能耐一般的化学腐蚀，但会溶于芳烃、氯代烃等有机溶剂；在一般条件下尺寸较稳定。其最大缺点是表面硬度低，容易被硬物擦伤拉毛。

主要用途：用于制造要求具有一定透明度和强度的防震、防爆和观察等方面的零件，也可用作绝缘材料、广告铭牌等。

（7）聚甲醛（POM）。

基本特性：是继尼龙之后发展起来的一种性能优良的热塑性工程塑料，其性能不亚于尼龙，而价格却比尼龙低廉。聚甲醛表面硬而滑，呈淡黄色或白色，薄壁部分半透明。有较高的机械强度及抗拉、抗压性能和突出的耐疲劳强度，特别适合于作长时间反复承受外力的齿轮材料。聚甲醛尺寸稳定，吸水率小，具有优良的减摩、耐磨性能；能耐扭变，有突出的回弹能力，可用于制造弹簧；耐汽油及润滑油的性能也很好；有较好的电气绝缘性能。其缺点是成型收缩率大，在成型温度下的热稳定性差。

主要用途：特别适合用作轴承、凸轮、滚轮、辊子、齿轮等耐磨、传动零件，还可用于制造汽车仪表盘、汽化器、各种仪器外壳、罩盖、箱体、化工容器、泵叶轮、叶片、塑料弹簧等。

（8）聚碳酸酯（PC）。

基本特性：是一种性能优良的热塑性工程塑料，密度为 1.20 g/cm^3，本色微黄，而加入少量淡蓝色后可得无色的透明塑件，透光率接近 90%。聚碳酸酯韧而刚，抗冲击性在热塑性塑料中名列前茅。成型零件可达到很好的尺寸精度并在很宽的温度变化范围内保持其尺寸的稳定性。成型收缩率恒定为 0.5%~0.8%；抗蠕变、耐磨、耐热、耐寒；脆化温度在 -100 ℃以下，长期工作温度达 100 ℃；吸水率低，能在较宽的温度范围内保持较好的电性能；有良好的耐气候性；不耐碱、胺、酮、脂、芳香烃。最大缺点是塑件易开裂，耐疲劳强度差。如用玻璃纤维来增强聚碳酸酯，可克服上述缺点并能提高耐热性和耐药性，降低成本。

主要用途：在机械上主要用作各种齿轮、蜗轮、蜗杆、齿条、凸轮、芯轴、轴承、滑轮、铰链、螺母、垫圈、泵叶轮、灯罩、节流阀、润滑油输油管、各种外壳、盖板、容器和冷却装置零件等。在电气方面，用作电机零件、电话交换机零件、信号用继电器、风扇部件、仪表壳等，还可制作照明灯、高温透镜、视孔镜、防护玻璃等光学零件。

（9）聚砜（PSF）。

基本特性：聚砜是 20 世纪 60 年代出现的工程塑料，它是在大分子结构中含有砜基（—SO$_2$—）的高聚物。呈透明而微带琥珀色，也有的是象牙色的不透明体。具有突出的耐热、耐氧化性能，可在 -100~150 ℃的范围内长期使用，热变形温度为 174 ℃；有很高的力学性能，其抗蠕变性能比聚碳酸酯还好，有很好的刚性；介电性能优良；有较好的化学稳定性，但对酮类、氯代烃不稳定，不宜在沸水中长期使用；尺寸稳定性好，还能进行一般机械加工和电镀；耐气候性较差。

主要用途：可用于制造要求精密公差、热稳定性、刚性及良好电绝缘性的电气和电子零件，如断路元件、恒温容器、开关、绝缘电刷、电视机元件、整流器插座、线圈骨架、仪器仪表零件等；制造需要具备热性能好、耐化学性、持久性、刚性好的机械零件，如转向柱轴环、电动机罩、电池箱、汽车零件、齿轮、凸轮等。

其他的热塑性塑料还有：

聚酰胺（PA）：通称尼龙，由二元胺和二元酸通过缩聚反应制取或是以一种丙酰胺的分子通过自聚而成。有优良的力学性能。

聚苯醚（PPO）：全称为聚二甲基苯醚，为工程塑料，硬度较 PA、POM、PC 高，蠕变小，其他特性相似。

氯化聚醚（CPT）：工程塑料，刚性较差，抗冲击强度不如 PC。

氟塑料：是含氟塑料的总称，主要包括四氟乙烯（PTFE）、聚三氟氯乙烯（PCTFE）、聚全氟乙丙烯（PEP）等。

学习任务四　认知橡胶

橡胶制品

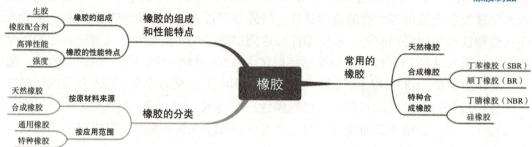

橡胶是以高分子化合物为基础的具有高弹性的材料，其弹性变形量可达 100%～1 000%，同时，橡胶不仅有一定的耐磨性，而且有很好的绝缘性、不透气和不透水性，是常用的弹性材料、密封材料、减震防震材料和传动材料。

一、橡胶的组成和性能特点

1. 橡胶的组成

工业用橡胶是由生胶和橡胶配合剂组成的。

生胶是指无配合剂、未经硫化的橡胶，其来源有天然和合成两种。生胶基本上是线型非晶态高聚物，其结构特点是由许多能自由旋转的链段构成柔顺性很大的大分子长链，通常呈卷曲线团状。当受外力时，分子便沿外力方向被拉直，产生变形，外力去除后又恢复到卷曲状态，变形消失。生胶具有很高的弹性，但生胶分子链间相互作用力很弱，强度低，易产生永久变形。此外，生胶的稳定性差，如会发黏、变硬、溶于某些溶剂等。为此，工业橡胶中还必须加入各种配合剂。

橡胶配合剂主要有硫化剂、填充剂、软化剂、防老化剂及发泡剂等。硫化剂的作用是使生胶分子在硫化处理中产生适度交联而形成网状结构，从而大大提高橡胶的强度、耐磨性和刚性，并使其性能在很宽的湿度范围内具有较高的稳定性。

2. 橡胶的性能特点

（1）高弹性能。受外力作用而发生的变形是可逆弹性变形，外力去除后，只需要 1/1 000 s 便可恢复到原来的状态。高弹变形时，弹性模量低，只有 1 MPa。高弹变形时，变形量大，可达 100%～1 000%。具有良好的回弹性能，如天然橡胶的回弹高度可达 70%～80%。

（2）强度。经硫化处理和炭黑增强后，其抗拉强度达 25~35 MPa，并具有良好的耐磨性。

二、橡胶的分类

根据原材料的来源可分为天然橡胶和合成橡胶。按应用范围又可分为通用橡胶和特种橡胶。

由于资源的限制，天然橡胶的产量远远不能满足工业生产的需要，因而大力发展了用人工方法将单体聚合而成的合成橡胶。合成橡胶的种类繁多，目前世界上的合成橡胶主要有 7 大品种：丁苯橡胶、顺丁橡胶、氯丁橡胶、异戊橡胶、丁基橡胶、乙丙橡胶和丁腈橡胶。习惯上把性能和天然橡胶接近，可以代替天然橡胶的橡胶称为通用橡胶或普通橡胶，而把具有特殊性能并在特殊条件下使用的橡胶称为特种橡胶。通用橡胶主要用于制作轮胎、运输带、胶管、绝缘层、密封装置等，特种橡胶主要用于制造在高（低）温、强腐蚀、强辐射等环境下工作的橡胶制品。

三、常用的橡胶

1. 天然橡胶

天然橡胶是橡胶树上流出的胶乳，经过加工制成的固态生胶。它的成分是异戊二烯高分子化合物。天然橡胶具有很好的弹性，但强度、硬度并不高。为了提高其强度并使其硬化，要进行硫化处理。经处理后抗拉强度为 17~29 MPa，用炭黑增强后可达 35 MPa。

天然橡胶是优良的电绝缘体，并有较好的耐碱性，但耐油、耐溶剂性和耐臭氧老化性差，不耐高温，使用温度为 -70~110 ℃。广泛用于制造轮胎、胶带、胶管等。

2. 合成橡胶

（1）丁苯橡胶（SBR）。

丁苯橡胶是应用最广、产量最大的一种合成橡胶。它是以丁二烯和苯乙烯为单体形成的共聚物。丁苯橡胶的性能主要受苯乙烯含量的影响，随苯乙烯含量的增加，橡胶的耐磨性增强、硬度增大而弹性下降。

丁苯橡胶比天然橡胶质地均匀，耐磨、耐热、耐老化性能好，但加工成型困难，硫化速度慢。这种橡胶广泛用于制造轮胎、胶布、胶板等。

（2）顺丁橡胶（BR）。

顺丁橡胶是丁二烯的聚合物。其原料易得，发展很快，产量仅次于丁苯橡胶。顺丁橡胶的特点是具有较高的耐磨性。可用于制造轮胎、三角胶带、减震器、橡胶弹簧、电绝缘制品等。

3. 特种合成橡胶

（1）丁腈橡胶（NBR）。

丁腈橡胶是丁二烯和丙烯腈的共聚物。丙烯腈的含量一般为 15%~50%，过高会失

学习笔记

去弹性，过低则不耐油。

丁腈橡胶具有良好的耐油性及对有机溶液的耐蚀性，有时也称为耐油橡胶。此外，还有较好的耐热、耐磨和耐老化性等。但其耐寒性和电绝缘性较差，加工性能也不好。

它主要用于制造耐油制品，如输油管、耐油耐热密封圈、贮油箱等。

（2）硅橡胶。

硅橡胶的分子结构中是以硅原子和氧原子构成主链。这种链是柔性链，极易于内旋转，因而硅橡胶在低温下也具有良好的弹性。此外，硅氧键的键能较高，这就使硅橡胶有很高的热稳定性。

硅橡胶品种很多，目前用量最大的是甲基乙烯基硅橡胶。其加工性能好，硫化速度快，能与其他橡胶并用，使用温度为 –70~300 ℃。

硅橡胶具有优良的耐热性、抗寒性、耐候性、耐臭氧性以及良好的绝缘性。

主要用于制造各种耐高低温的橡胶制品，如管道接头、高温设备的垫圈、衬垫、密封件及高压电线、电缆的绝缘层等。常用橡胶的性能和用途如表 9-1 所示。

表 9-1　常用橡胶的性能和用途

类别	名称	代号	抗拉强度/MPa	伸长率/%	使用温度/℃	回弹性	耐磨性	耐浓碱性	耐油性	耐老化	用途
通用橡胶	天然	NR	25~30	650~900	–50~120	好	中	中	差		轮胎、通用制品
	丁苯	SBR	15~20	500~600	–50~140	中	好	中	差	好	轮胎、胶板、通用制品
	顺丁	BR	18~25	450~800	120	好	好	好	差		轮胎、耐寒运输带
	丁腈	NBR	15~30	300~800	–35~175	中	中	中	好	中	输油管、耐油密封圈
	氯丁	CR	25~27	800~1000	–35~130	中	中	好	好	好	胶管、胶带、电线包皮
特种橡胶	聚氨酯	UR	20~35	300~800	80	中	好	差	好		胶管、耐磨制品
	三元乙丙	EPDM	10~25	400~800	150	中	中	好	差	好	散热管、绝缘体
	氟	EPM	20~22	100~500	–50~300	中	中	中	好	好	高级密封件、高真空耐蚀件
	硅		4~10	50~500	–70~275	差	差	好	差		耐高低温零件、绝缘体
	聚硫		9~15	100~700	80~135	差	差	好	好	好	

课后习题

一、填空题

1. 工程塑料按热性能的不同可分为（　　　）和（　　　）。
2. 按应用范围分类，可将塑料分为（　　　）、（　　　）和（　　　）。
3. 某工厂使用库存已两年的尼龙绳吊具时，在承载能力远大于吊装应力时发生断裂，其原因是（　　　）。

二、选择题

1. 制作电源插座选用（　　　），制作飞机窗玻璃选用（　　　），制作化工管道选用（　　　），制作齿轮选用（　　　）。

   A. 酚醛塑料　　　　　　　　B. 聚氯乙烯
   C. 聚甲基丙烯酸甲酯　　　　D. 尼龙

2. 橡胶是优良的减振材料和摩阻材料，因为它具有突出的（　　　）。

   A. 高弹性　　　　　　　　　B. 黏弹性
   C. 减摩性　　　　　　　　　D. 抗老化性

三、判断题

1. 塑料之所以用于机械结构是由于其强度和硬度比金属高，特别是比强度高。（　　）
2. 聚酰胺是最早发现能够承受载荷的热固性塑料。（　　）
3. 聚四氟乙烯有优异的抗化学腐蚀性，有"塑料王"之称。（　　）
4. 聚甲基丙烯酸甲酯是塑料中最好的透明材料，但其透光率仍比普通玻璃差得多。（　　）
5. 酚醛树脂具有较高的强度和硬度、良好的绝缘性能，因此是用于电子、仪表工业中的最理想的热塑性塑料。（　　）

四、简答题

1. 什么是热塑性塑料？什么是热固性塑料？试举例说明。
2. 有机玻璃是玻璃吗？它有什么性能特点？主要应用在哪些场合？
3. 简述橡胶的组成及性能特点。

学习情境十 陶瓷材料

情境导入

未来航空发动机的机械构造要比现有的类型更加简单，部件更少，在更高的涡轮入口温度和组件负荷下运行，其可靠性和组件寿命也将提高。涡轮材料必须在抗拉强度、蠕变阻力、耐高温腐蚀和耐冲击损伤等方面满足要求。采用热性能更好的陶瓷材料可以减少对冷却空气的需要量，并明显提高气体温度。

之前大型飞机的发动机主要使用镍基耐高温材料，而氮化硅材料在1 000 ℃以上时比镍基耐热合金具有更高的强度、更好的蠕变强度和抗氧化性，且密度小，仅为耐热合金的40%，可满足未来航空发动机减轻重量、减少油耗的要求。

情境解析

上述情境中航空发动机的材料氮化硅属于典型的陶瓷材料。

陶瓷材料是各种无机非金属材料的通称，是指以天然矿物或人工合成的各种化合物为基本原料，经粉碎、配料、成型和高温烧结等工序而制成的无机非金属固体材料。

传统意义上的陶瓷主要指陶器和瓷器，也包括玻璃、搪瓷、耐火材料、砖瓦等，所使用的原料主要是天然硅酸盐类矿物，故又称为硅酸盐材料；其主要成分是 SiO_2、Al_2O_3、TiO_2、Fe_2O_3、CaO、K_2O、MgO、PbO、Na_2O 等氧化物。

现今意义上的陶瓷材料已有了巨大变化，许多新型陶瓷已经远远超出了硅酸盐的范畴，不仅在性能上有了重大突破，在应用上也已渗透到各个领域。当今的陶瓷材料与金属材料、高分子材料、复合材料一起构成了工程材料的四大支柱。

学习目标

序号	学习内容	知识目标	技能目标	创新目标
1	陶瓷材料的多种分类方法	√		
2	陶瓷材料的组织结构	√		
3	陶瓷材料的力学性能、物理性能、化学性能	√	√	
4	常用陶瓷材料及其应用场合	√	√	√

学习流程

学习任务一　了解陶瓷材料的分类

知识导图

陶瓷零件

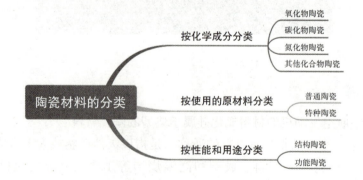

陶瓷材料的种类很多，主要有以下分类方式：

1. 按化学成分分类

按化学成分可将陶瓷材料分为氧化物陶瓷、碳化物陶瓷、氮化物陶瓷及其他化合物陶瓷。氧化物陶瓷种类多、应用广，常用的有 SiO_2、Al_2O_3、ZrO_2、MgO、CaO、

BeO、Cr_2O_3 等。碳化物陶瓷熔点高、易氧化，常用的有 SiC、B_4C、WC、TiC 等。氮化物陶瓷常用的有 Si_3N_4、AlN、TiN、BN 等。

2. 按使用的原材料分类

按使用的原材料可将陶瓷材料分为普通陶瓷和特种陶瓷两类。普通陶瓷主要用天然的岩石、矿石、黏土等含有较多杂质或杂质不定的材料做原料。而特种陶瓷则采用化学方法人工合成的高纯度或纯度可控的材料做原料。

3. 按性能和用途分类

按性能和用途可将陶瓷材料分为结构陶瓷和功能陶瓷两类。在工程结构上使用的陶瓷称为结构陶瓷。利用陶瓷特有的物理性能制造的陶瓷材料称为功能陶瓷。它们的物理性能差异往往很大，因此，用途很广泛。

 认知陶瓷材料的组织结构与性能

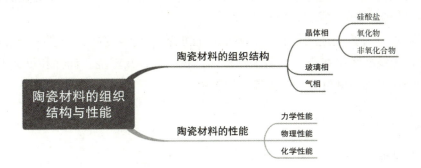

一、陶瓷材料的组织结构

通过前面的学习可知，材料的性能由成分和组织决定。陶瓷的组织结构非常复杂，一般由晶体相、玻璃相和气相组成。各种相的组成、结构、数量、几何形状及分布状况等都会影响陶瓷的性能。

1. 晶体相

晶体相是陶瓷的主要组成相，有硅酸盐、氧化物和非氧化合物等结构，决定了陶瓷的主要性能和应用。

（1）硅酸盐。硅酸盐是普通陶瓷的主要原料，又是陶瓷组织中的重要晶体相，其结合键为离子键与共价键的混合键。

（2）氧化物。其结合键有离子键，也有共价键结合。

（3）非氧化合物。非氧化合物的种类比较多，包括金属碳化物、氮化物、硼化物等。金属碳化物的化学键有共价键和金属键之间的过渡键，其中以共价键为主。氮化物的金属性弱些，有一定的离子键。硼化物和硅化物有较强的共价键，连成链、网和骨架结构，构成独立结构单元。

2. 玻璃相

玻璃相一般是指从熔融液态冷却时不进行结晶的非晶态固体。陶瓷材料中，玻璃相的作用：① 粘连晶体相，填充晶体相间空隙，提高材料致密度；② 降低烧成温度，加快烧结；③ 阻止晶体转变，抑制其长大；④ 获得透光性等玻璃特性；⑤ 对陶瓷的机械强度、介电性能、耐热耐火性等不利。

玻璃相的结构主要由氧化硅和其他氧化物组成。氧化硅组成不规则的空间网，形成玻璃的骨架。

3. 气相

气相是陶瓷组织内部残留的孔洞。气孔可造成裂纹，使陶瓷材料强度、热导率、抗电击穿强度下降，介点损耗增大，同时气相的存在可使光线散射而降低陶瓷的透明度。根据气孔情况，陶瓷分致密陶瓷、无开孔陶瓷和多孔陶瓷。普通陶瓷的气孔率为 5%~10%；特种陶瓷的气孔率在 5% 以下。

由于陶瓷材料的上述结构特点，其总的性能特点是强度高、硬度大、熔点高、化学稳定性好、线膨胀系数小，且多为绝缘体；相应地，其塑性、韧性和可加工性较差。在这里主要介绍陶瓷材料的一些主要性能特点。

二、陶瓷材料的性能

1. 力学性能

陶瓷的硬度在各类材料中最高，作为超硬耐磨损材料，其性能特别优良。由于陶瓷中存在着大量相当于裂纹源的气孔，在拉应力的作用下会迅速扩展而导致脆断，因此陶瓷的抗拉强度低。但它具有较高的抗压强度，可以用于承受压缩载荷的场合。多数陶瓷弹性模量高于金属，在外力作用下只产生弹性变形，伸长率和断面收缩率几乎为零，完全是脆性断裂，故冲击韧性和断裂韧度很低。

2. 物理性能

陶瓷的熔点很高，有很好的高温强度，高温抗蠕变能力强，热硬性高达 1 000 ℃，但热膨胀系数和热导率小，温度剧烈变化时易破裂，不能急热骤冷。大多数陶瓷绝缘性较好，是传统的绝缘材料，如电瓷。有的陶瓷还具有各种特殊性能，如压电陶瓷、磁性陶瓷、铁电陶瓷等。

3. 化学性能

陶瓷的结构稳定，金属离子被周围的非金属离子包围，很难与介质中的氧发生反应，甚至在 1 000 ℃ 的高温下也是如此，所以具有优良的耐火性或不燃烧性。而且陶瓷对酸、碱、盐等腐蚀介质有较强的抗蚀性，与许多熔融金属不发生作用，所以可作坩埚材料。

陶瓷材料还有一些特殊的光学性能、磁性能、生物相容性以及超导性能等；而陶瓷薄膜的力学性能除与其结构因素有关外，还服从薄膜的力学性能规律以及其独特的光、电、磁等物理化学性能。利用这些性能，将可开发出具有各种各样功能的应用前景广泛的材料。

学习任务三　认知常用工业陶瓷

知识导图

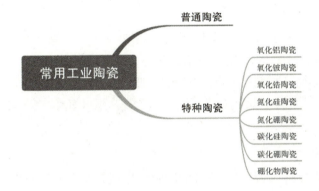

一、普通陶瓷

普通陶瓷是用黏土、长石和石英等天然原料，经粉碎配制、坯料成型、高温烧结而成的，这类陶瓷又称为硅酸盐陶瓷，其性能取决于三种原料的纯度、粒度与比例。

普通陶瓷质地坚硬，不会氧化生锈，不导电，能耐 1 200 ℃ 高温。加工成型性好，成本低廉，强度较低，耐高温性和绝缘性不如特种陶瓷。可用加入 MgO、ZnO、BeO、Cr_2O_3 的方法来提高其强度和耐碱抗力；加入 Al_2O_3、ZrO_2 等以提高其强度和热稳定性；加入滑石或镁砂以降低其热膨胀系数；加入 SiC 以提高其导热性和强度。

工业普通陶瓷主要用于电气、化工、建筑、纺织等部门，如用于装饰板、卫生间装置及器具等的日用陶瓷和建筑陶瓷，用于化工、制药、食品等工业及实验室中的管道设备、耐蚀容器及实验器皿等的化工陶瓷，用于电器等的绝缘陶瓷等。

二、特种陶瓷

1. 氧化铝陶瓷

氧化铝陶瓷是以 Al_2O_3 为主要成分，含有少量 SiO_2 的陶瓷，又称高铝陶瓷。根据

Al_2O_3 含量不同分为 75 瓷（75% Al_2O_3，又称刚玉 – 莫来石瓷）、95 瓷（95% Al_2O_3）和 99 瓷（99% Al_2O_3），后两者又称刚玉瓷。氧化铝含量提高，陶瓷性能也随之提高。

氧化铝陶瓷耐高温性能好，在氧化性气氛中可使用到 1 950 ℃，被广泛用作耐火材料，如耐火砖、坩埚、热偶套管等。微晶刚玉的硬度极高（仅次于金刚石），并且其红硬性达到 1 200 ℃，可用于制作淬火钢的切削刀具、金属拔丝模等。氧化铝陶瓷还具有良好的电绝缘性能及耐磨性，强度比普通陶瓷高 2~5 倍，因此，可用于制作内燃机的火花塞、火箭、导弹的导流罩及轴承等。

2. 氧化铍陶瓷

氧化铍陶瓷在还原性气相条件下特别稳定，其导热性极好（与铝相近），故抗热冲击性能好，可用作高频电炉坩埚和高温绝缘子等电子元件，以及用于激光管、晶体管散热片、集成电路基片等；铍的吸收中子截面小，故氧化铍还是核反应堆的中子减速剂和反射材料；但氧化铍粉末及其蒸气有剧毒，生产和应用中应倍加注意。

3. 氧化锆陶瓷

氧化锆陶瓷的熔点在 2 700 ℃以上，能耐 2 300 ℃高温，推荐使用温度 2 000~2 200 ℃；能抗熔融金属的侵蚀，做铂、锗等金属的冶炼坩埚和 1 800 ℃以上的发热体及炉子、反应堆绝热材料等；氧化锆做添加剂可大大提高陶瓷材料的强度和韧性，氧化锆增韧陶瓷可替代金属制造模具、拉丝模、泵叶轮和汽车零件（如凸轮、推杆、连杆）等。

4. 氮化硅陶瓷

氮化硅陶瓷是以 Si_3N_4 为主要成分的陶瓷。根据制作方法可分为热压烧结陶瓷和反应烧结陶瓷。

氮化硅陶瓷具有很高的硬度，摩擦系数小，耐磨性好，抗热振性大大高于其他陶瓷。它具有优良的化学稳定性，能耐除氢氟酸、氢氧化钠外的其他酸和碱性溶液的腐蚀，以及抗熔融金属的侵蚀。它还具有优良的绝缘性能。

热压烧结氮化硅陶瓷的强度、韧性都高于反应烧结氮化硅陶瓷，主要用于制造形状简单、精度要求不高的零件，如切削刀具、高温轴承等。反应烧结氮化硅陶瓷用于制造形状复杂、精度要求高的零件，用于要求耐磨、耐蚀、耐热、绝缘等场合，如泵密封环、热电偶保护套、高温轴套、电热塞、增压器转子、缸套、活塞顶、电磁泵管道和阀门等。氮化硅陶瓷还是制造新型陶瓷发动机的重要材料。

5. 氮化硼陶瓷

氮化硼陶瓷的主晶相为 BN，也是共价晶体，是六方晶系，其结构与石墨相似，故有白"石墨"之称。具有良好的耐热性、高温绝缘性，是理想的高温绝缘材料，在 2 000 ℃仍是绝缘体；导热性好，其导热性与不锈钢相当，是良好的散热材料；膨胀系数小，比金属和其他陶瓷低得多，故其抗热振性、热稳定性和化学稳定性好，能抵抗

Fe、Al、Ni 等熔融金属的侵蚀。硬度较其他陶瓷低，可进行切削加工，并有自润滑性。

氮化硼陶瓷可用于制造熔炼半导体的坩埚、冶金用的高温容器、半导体散热绝缘零件、高温绝缘材料、高温轴承、热电偶套、玻璃成形模具等。

六方晶系的 BN 晶体用碱金属或碱土金属等为触媒，在 1 500~2 000 ℃、6 000~9 000 MPa 压力下转变为立方晶系的 BN，结构牢固，硬度和金刚石相近，是优良的耐磨材料。目前，立方晶系的 BN 只用于磨料和金属切削刀具。

此外，还有压电陶瓷、磁性陶瓷、过滤陶瓷、透明陶瓷和电解陶瓷等。

6. 碳化硅陶瓷

碳化硅（SiC）陶瓷的最大特点是高温强度高，在 1 400 ℃时抗弯强度仍达 500~600 MPa，热压碳化硅是目前高温强度最高的陶瓷。且其导热性好，仅次于 BeO 陶瓷，热稳定性、耐蚀性、耐磨性也很好。主要可用于制作热电偶套管、炉管、火箭喷管的喷嘴，以及高温轴承、高温热交换器、密封圈和核燃料的包封材料等。

7. 碳化硼陶瓷

碳化硼陶瓷的硬度极高，抗磨粒磨损能力很强，最大用途是用作磨料和制作磨具，有时用于制作超硬工具材料。碳化硼陶瓷能耐酸、碱腐蚀，熔点达 2 450 ℃，高温下会快速氧化，并与熔融钢铁材料发生反应，使用温度限定在 980 ℃以下。

8. 硼化物陶瓷

硼化物陶瓷有硼化铬、硼化钼、硼化钛、硼化钨和硼化锆等。具有高硬度，同时具有较好的耐化学侵蚀能力。硼化物陶瓷熔点范围为 1 800~2 500 ℃。比起碳化物陶瓷，硼化物陶瓷具有较高的抗高温氧化性能，使用温度达 1 400 ℃。硼化物主要用于高温轴承、内燃机喷嘴、各种高温器件、处理熔融非铁金属的器件等。各种硼化物还用作电触点材料。

伴随着各种新型材料的出现，离子陶瓷、压电陶瓷、导电陶瓷、光学陶瓷、敏感陶瓷（如光敏、气敏、热敏、湿敏等）、激光陶瓷、超导陶瓷等性能各异的功能陶瓷也在不断地涌现，在各个领域发挥着巨大的作用。

课后习题

一、填空题

1. 按使用的原材料可将陶瓷材料分为（　　　）和（　　　）两类；按性能和用途可将陶瓷材料分为（　　　）和（　　　）两类。
2. 陶瓷的组织结构非常复杂，一般由（　　　）、（　　　）和（　　　）组成。
3. 普通陶瓷的基本原料是（　　　）、（　　　）和（　　　）等天然原料。
4. 陶瓷材料的生产过程一般都有经过（　　　）、（　　　）、（　　　）三个阶段。

二、判断题

1. 普通陶瓷材料的韧性都很高。（　　）
2. 立方氮化硼的硬度与金刚石相近，是金刚石的代用品。（　　）
3. 陶瓷材料可以作为高温材料，也可以作为耐磨材料使用。（　　）
4. 陶瓷材料可以做刀具，也可用来作为保温材料。（　　）

三、简答题

1. 陶瓷材料有哪些种类？
2. 陶瓷材料有哪些性能特点？
3. 举出四种常见的工程陶瓷材料，并说明其性能及在工程上的应用。

学习情境十一　复合材料

情境导入

C919 中型客机是我国按照国际民航规章自行研制、具有自主知识产权的中型喷气式民用飞机，座级 158~168 座，航程 4 075~5 555 km，于 2017 年 5 月 5 日成功首飞。对于飞机来说"减重"是一个永恒的主题，比强度、比刚度高的材料成为首选材料，C919 飞机上，针对主要结构件的不同要求，中国商飞公司分别选取了碳纤维复合材料、第三代铝锂合金以及钛合金这三种主要的航空新材料。

情境解析

现代机械、电子、化工、国防等工业的发展及航天、信息、能源、激光、自动化等高科技的进步，对材料的性能提出了越来越高的要求。在某些构件上，甚至要求材料具有相互矛盾的性能，如一定方向要求导电而另外方向又要求绝缘，既要求耐高温又要求耐低温等，这对单一的金属、陶瓷、非金属材料来说是无法实现的。于是，人们采取一定的手段把两种或两种以上不同化学成分或不同组织结构的物质复合到一起，从而产生了复合材料。

学习目标

序号	学习内容	知识目标	技能目标	创新目标
1	复合材料的性能特点和分类	√		
2	常用复合材料的种类及应用	√	√	√

学习流程

学习任务一　了解复合材料的性能特点和分类

知识导图

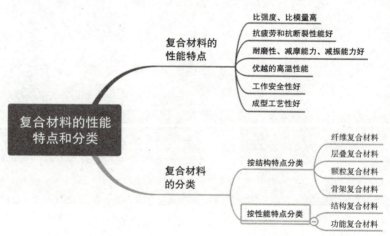

复合材料船体

复合材料是指两种或两种以上的物理、化学性质不同的物质，经一定方法得到的一种新的多相固体材料。由于复合材料各组分之间"取长补短""协同作用"，即复合材料既能保持各组成相的最佳性能，又具有组合后的新性能，同时还可以按照构件的结构、受力和功能等要求，给出预定的、分布合理的配套性能，进行材料的最佳设计，而且材料与结构可一次成型（即在形成复合材料的同时也就得到了结构件）。复合材料的某些性能是单一材料无法比拟也无法具备的。例如：玻璃和树脂的强韧性都不高，但它们组成的复合材料（玻璃钢）却有很高的强度和韧性，而且重量很轻；用缠绕法制造的火箭发动机壳，主应力方向上的强度是单一树脂的 20 多倍；热膨胀系数不同的黄铜片和铁片复合能实现自动控温，用于制作自动控温开关；导电铜片两边加上隔热、隔电塑料，能实现一定方向导电、另外方向绝缘及隔热的双重功能。

在自然界和人类社会中，复合材料并不是一个陌生的领域，如树木、竹子是由纤维素和木质素复合而成的；动物骨骼是由硬而脆的无机磷酸盐和软而韧的蛋白质骨胶组成的复合材料；日常所见的人工复合材料也很多，如钢筋混凝土就是用钢筋与石子、沙子、水泥等制成的复合材料，轮胎是由人造纤维与橡胶复合而成的材料。

现代复合材料是在充分利用材料科学理论和材料制作工艺发展的基础上发展起来的一类新型材料。复合材料是多相体系，一般分为两个基本组成相：一个相是连续相，称为基体相，主要起黏结和固定作用；另一个相是分散相，称为增强相，主要起承受载荷作用。增强相常用高强度、高弹性模量和脆性大的材料，如玻璃纤维、碳纤维、硼纤维，也可以用金属和陶瓷等；基体相常用强度低、韧性好、低弹性模量的材料组成，如树脂、橡胶、金属等。

一、复合材料的性能特点

影响复合材料性能的因素很多，主要有增强材料的性能、含量及分布状况，基体材料的性能、含量，以及它们之间的界面结合情况，作为复合材料产品，性能还与成型工艺和结构设计有关。因此，无论对哪种复合材料，性能不是一个定值，但就常用的工程复合材料而言，与其相应的基体材料相比较，其主要有如下力学性能特点：

1. 比强度、比模量高

比强度和比模量是指材料的强度或模量与相对密度之比。复合材料的比强度和比模量都比较大，这对现代工业设备和结构是很有好处的。它不但强度高，而且重量轻，对高速运输的零件、要求自重轻的运输机械或工程构件等具有重要意义。

从表 11-1 中可看出碳纤维环氧树脂复合材料的比强度比钢高 7 倍，比模量比钢高 3 倍。

表 11-1　常用材料和复合材料性能比较

材料名称	相对密度	抗拉强度/ ($\times 10^3$ MPa)	弹性模量/ ($\times 10^3$ MPa)	比强度/ ($\times 10^3$ MPa)	比模量/ ($\times 10^3$ MPa)
钢	7.8	1.03	2.10	0.13	0.27
铝	2.8	0.47	0.75	0.17	0.26
钛	4.5	0.96	1.14	0.21	0.25
玻璃钢	2.0	1.06	0.40	0.53	0.21
碳纤维Ⅱ/环氧	1.45	1.50	1.40	1.03	0.965
碳纤维Ⅰ/环氧	1.6	1.07	2.40	0.67	1.50
有机纤维 PRD/环氧	1.4	1.40	0.80	1.00	0.57
硼纤维/环氧	2.1	1.38	2.10	0.65	1.00
硼纤维/铝	2.65	1.00	2.10	0.38	0.75

2. 抗疲劳和抗断裂性能好

通常，在纤维增强复合材料中，由于纤维缺陷较少，本身的抗疲劳能力很高，而基体的塑性和韧性也较好，能够消除或减少应力集中，不易产生微裂纹。即使形成微裂纹，裂纹的扩展过程也与金属材料完全不同。这是因为，一方面，由于材料基体中存在大量纤维，裂纹的扩展要经历曲折、复杂的路径，在一定程度上阻止了裂纹的扩展；另一方面，塑性变形的存在又使微裂纹产生钝化而减缓其扩展，这样就使得复合材料具有较高的抗疲劳性能。例如，碳纤维增强树脂的疲劳强度为其拉伸强度的 70%~80%，而一般金属材料的疲劳强度仅为其拉伸强度的 40%~50%。

纤维增强复合材料中有大量的纤维存在，在其受力时将处于力学上的静不定状态。在较大载荷作用下，当部分纤维发生断裂时，载荷将由韧性好的基体重新分配到其他未断纤维上，使构件不至于在瞬间失去承载能力而断裂。因此，复合材料具有良好的抗断裂能力，或者说，其断裂安全性较高。

3. 耐磨性、减摩能力、减振能力好

复合材料的摩擦系数比高分子材料本身低得多，少量短切纤维可大大提高耐磨性。大的比模量、高的自振频率，可避免在工作状态下产生共振。此外，由于纤维与基体界面吸振能力大、阻尼特性好，也可使产生振动的振幅很快衰减下去，如对相同形状和尺寸的梁进行振动实验，同时起振时，轻合金梁 9 s 才能停止振动，而碳纤维复合材料的梁却只需 2.5 s 就停止振动。

4. 优越的高温性能

由于各种增强纤维一般在高温下仍可保持高的强度，所以用它们增强的复合材料的高温强度和弹性模量均较高，特别是金属基复合材料。例如 7075-76 铝合金，在 400 ℃时，弹性模量接近于零，强度值也从室温时的 500 MPa 降至 30~50 MPa。而碳纤维或硼纤维增强组成的复合材料，在 400 ℃时，强度和弹性模量可保持接近室温下的水平。碳纤维复合材料在非氧化气氛下在 2 400~2 800 ℃长期使用。

5. 工作安全性好

例如，纤维复合材料在每平方厘米截面上，存在着几千或更多根的纤维，当其中一部分纤维断裂时，其应力会很快重新分布到未破坏的那部分上，不至于造成零件的突然断裂。

6. 成型工艺性好

对于形状复杂的零部件，根据受力情况可以一次整体成型，减少了零件、紧固件的接头数目，提高了材料的利用率。

除上述一些特性外，有些复合材料还具有良好的电绝缘性及光学、磁学特性等。金属基复合材料还具有高韧性和高的抗热冲击性，其导热性、导电性和尺寸稳定性也很好。但复合材料存在各向异性，不适用于复杂受力件，抗冲击能力还不是很好，且生产成本高，所以发展受到一定限制。

二、复合材料的分类

复合材料的分类，目前国内尚无统一标准。通常可按以下方法分类：

（1）按结构特点，复合材料一般可分为纤维复合材料、层叠复合材料、颗粒复合材料和骨架复合材料等。其中以纤维复合材料发展较快，应用最广。

（2）按性能特点，复合材料一般可分为结构复合材料和功能复合材料。

因为复合材料一般是由增强材料和基体所组成，所以通常将增强材料的名称放在前面，基体材料的名称放在后面，再加"复合材料"字样而构成。例如，碳纤维环氧树脂复合材料，可简化为碳纤维/环氧。

学习任务二 了解常用复合材料

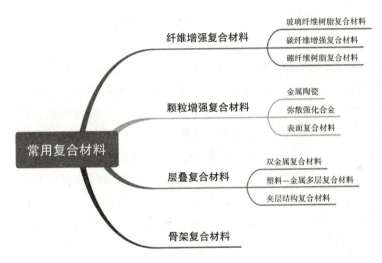

一、纤维增强复合材料

纤维增强复合材料是以纤维增强材料均匀分布在基体材料内所构成的材料，应用最为广泛。它的性能主要取决于纤维的特性、含量和排布方式。常用的是以树脂、金属等为基体，以无机纤维为增强材料的复合材料。这类材料既保持了基体材料的一些特性，又有无机纤维的高模量、高强度的性能。纤维增强复合材料主要有玻璃纤维树脂复合材料、碳纤维增强复合材料和硼纤维树脂复合材料。

1. 玻璃纤维树脂复合材料

玻璃纤维树脂复合材料是以玻璃纤维或玻璃纤维制品（如玻璃布、玻璃带、玻璃毡等）为增强材料，以合成树脂为基体材料制成的。

玻璃纤维是由熔化的玻璃液以极快的速度控制形成细丝状玻璃，直径一般为5~9 μm。

玻璃虽然呈脆性，但玻璃纤维质地柔软，比玻璃的强度和韧性高得多，纤维越细，强度越高。单丝抗拉强度高达 1 000~2 500 MPa，比高强度钢约高 2 倍，比普通天然纤维高 5~30 倍。玻璃纤维的弹性模量为 $7.0×10^4$ MPa，约为钢的 1/3，而其相对密度一般为 2.5~2.7 g/cm^3，因此，它的比强度和比模量都比钢高。

玻璃纤维与热塑性树脂制成的复合材料称为玻璃纤维增强塑料。它比普通塑料具有更高强度和冲击韧性。其增强效果随所用树脂种类不同而异，以尼龙的增强效果最为显著，聚碳酸酯、聚乙烯、聚丙烯的增强效果也较好。

玻璃纤维与热固性树脂制成的复合材料，通常叫作玻璃钢。常用的树脂有环氧树脂、酚醛树脂、聚酯树脂及有机硅树脂等。玻璃钢的性能随着玻璃纤维和树脂的种类不同而异。但其共同的特点是强度较高，强度指标接近或超过铝合金及铜合金。但由于玻璃钢的相对密度小（1.5~2 g/cm^3），因此它的比强度高于铝合金和铜合金，甚至超过合金钢。此外，玻璃钢还有较好的介电性能和耐蚀性能。但玻璃钢的弹性模量小，只有钢的 1/10~1/5，因此刚性差，易产生变形。此外，玻璃钢耐热性差，易老化等。玻璃钢常用于要求自重轻的受力结构件，如飞机、舰艇以及火箭上高速运动的零部件，各类车辆的车身、驾驶室门窗、发动机罩、油箱以及齿轮泵、阀、轴承、压力容器等。

2. 碳纤维增强复合材料

碳纤维树脂复合材料是由碳纤维与合成树脂复合而成的一类新型材料。目前用于制造碳纤维树脂复合材料的合成树脂主要有热固性的酚醛树脂、环氧树脂、聚酯树脂和热塑性的聚四氟乙烯等。工业中生产碳纤维的原料多为聚丙烯腈纤维，经预氧化处理、碳化处理工艺而制得高强度碳纤维（即 Ⅱ 型碳纤维），或再经石墨化处理而获得高弹性模量、高强度的石墨纤维，又称高模量碳纤维（即 Ⅰ 型碳纤维）。

从基体看，碳纤维树脂复合材料与玻璃钢相似，而碳纤维树脂复合材料的许多性能优于玻璃钢，其关键在于碳纤维。碳纤维与玻璃纤维相比，相对密度更小，弹性模量比玻璃纤维高 4~5 倍，强度也略高，因此比模量和比强度均优于玻璃纤维，并有较好的高温性能。碳纤维树脂复合材料不仅保留了玻璃钢的许多优点，而且某些特性远远超过玻璃钢。

碳纤维树脂复合材料在宇航、航空、航海等领域内可作为结构材料，取代或部分取代某些金属或其他非金属材料用来制造某些要求比强度、比模量高的零部件。在机械工业中，用作承载零件（如连杆）和耐磨零件（如活塞、密封圈）以及齿轮、轴承等承载耐磨零件，还可用作有耐腐蚀要求的容器、管道、泵、阀等。

3. 硼纤维树脂复合材料

硼纤维树脂复合材料是一种新型材料，发展历史较短，应用远不及玻璃纤维和碳纤维树脂复合材料普遍。

硼纤维的抗拉强度与玻璃纤维相似，但弹性模量为玻璃纤维的 5 倍。该复合材料所用的树脂主要是环氧树脂。这种复合材料的各向异性非常明显，其纵向与横向的抗拉强度和弹性模量的差值达十倍以上。因此，常用多向叠层复合材料。目前仅在航空工业上用于制造飞机上的某些零件，因其价格贵，应用受到了限制。

近年来，由金属或陶瓷自由长大的针状单晶体晶须，代替或部分代替纤维制成的复合材料发展很快，由于不存在晶体缺陷，所以它的强度很高，可接近于晶体的理论强度。但晶须成本高，目前多用于尖端工程方面。在一般工业上只作为特殊需要，如在应力特别高的部位上撒上晶须，以起到局部增强的作用。

二、颗粒增强复合材料

1. 金属陶瓷

金属陶瓷中常用的增强粒子为金属氧化物、碳化物、氮化物等陶瓷粒子，其体积分数通常要大于20%。陶瓷粒子耐热性好，硬度高，但脆性大，一般采用粉末冶金法将陶瓷粒子与金属基体黏结在一起。典型的金属陶瓷就是前文讲过的硬质合金，如钨钴类硬质合金就是以碳化物（WC）粉末为增强相，以金属钴粉末为黏结剂，用粉末冶金法制得的一种金属陶瓷。

2. 弥散强化合金

弥散强化合金是一种将少量的颗粒尺寸极细的增强微粒高度弥散地均匀分布在金属基体中的颗粒增强金属基复合材料。如用极细小的氧化物（Al_2O_3）颗粒与铜复合得到的弥散强化铜，既有良好的导电性，又可以在高温下保持适当的硬度和强度，常用作高温下的导热体和导电体，如制作高功率电子管的电极、焊接机的电极、白炽灯引线、微波管等。

3. 表面复合材料

在工程上，有很多零件使用时失效仅发生在零件的表面局部区域，要求该区域表面耐磨、耐蚀。为降低成本，可预先将陶瓷颗粒与适量黏结剂混制成膏状，涂抹在铸型中零件需要复合的位置，或者将陶瓷颗粒直接做成预制块放置在铸型中，在浇铸时一次成型。这种复合材料可灵活更换基体金属，最大限度地发挥复合层与基体的性能优势，大大提高表面复合层的耐磨性和其他特殊性能，主要用于严苛工况下的耐磨、耐蚀、耐高温零件。

三、层叠复合材料

层叠复合材料是由两层或两层以上不同材料结合而成的。其目的是更有效地发挥各分层材料的最佳性能而得到更为有用的材料。用层叠法增强的复合材料可使强度、刚度、耐磨、耐腐蚀、绝热、隔音、减轻自重等性能得到改善。常用的层叠复合材料有双层金属或三层金属复合材料、塑料-金属多层复合材料、夹层结构复合材料等。

学习笔记

1. 双金属复合材料

最典型的有双金属轴承。它常用离心浇铸方法在钢管或薄钢板上浇上轴承合金（例如，锡基轴承合金等）制成双金属轴承，既可节省有色金属，又可增加滑动轴承的强度，它是典型的双金属复合材料。

目前在我国已生产了多种普通钢－合金钢复合钢板和多种钢－有色金属双金属片。

2. 塑料－金属多层复合材料

最典型的有 SF 型三层复合材料，它是以钢为基体，烧结多孔青铜作为中间媒介层，聚四氟乙烯或聚甲醛塑料为表面层的三层复合材料。它保持了钢的机械强度、塑料的减摩、耐磨的自润滑性能，中间采用多孔青铜可增加钢和塑料的黏结力。这种材料可作无油润滑轴承、机床导轨和活塞环等，承载能力和寿命都有明显的提高，在矿山、化工、农业机械和机车、汽车中都有应用。

3. 夹层结构复合材料

它是由两层薄而强的面板（或称蒙皮），中间夹着一层轻而弱的芯子组成。面板（用金属、玻璃钢或增强塑料等）在夹层结构中主要起抗拉和抗压作用。夹层结构（用实心芯子或蜂窝格子）起着支撑面板和传递剪力的作用。常用的实心芯子为泡沫塑料、木屑等，蜂窝格子为金属箔、玻璃钢等。面板和芯子的连接，一般采用胶黏剂或焊接方法连接起来。夹层结构的特点是相对密度小、比强度高、刚度和抗压稳定性好以及可根据需要选择面板和芯子的材料，以获得所需要的绝热、隔音、绝缘等性能。这种材料已用于飞机上的天线罩、隔板、火车车厢和运输容器等。

四、骨架复合材料

骨架复合材料包括多孔浸渍材料和夹层结构材料。多孔材料浸渗低摩擦系数的油脂或氟塑料，可作油枕及轴承；浸树脂的石墨可作抗磨材料。夹层结构材料质轻、抗弯强度大，可作大电机罩、门板及飞机机翼等。

自 20 世纪 60 年代末到 90 年代初，世界上复合材料产量大约为 300 万 t，其特点是小批量、多用途。其性能特征是密度小、强度和刚度高、耐温、耐烧蚀、耐冲刷、抗辐射、吸波和换能等，在高技术领域的应用特别突出。要用单一材料使之满足各种要求的综合指标是很困难的，但将现有的有机高分子、无机非金属材料和金属材料通过复合工艺组成复合材料能够产生新的性能，从而达到预期目的。

目前已有 40 000 多种复合材料，几乎所有工业部门都有复合材料的应用。在发达的工业国家，复合材料的发展正在以每年 20%～40% 的速度增长，超过任何一个技术领域的发展速度。复合材料的发展又促进了其他技术领域的发展，复合材料在国民经济中将起着越来越重要的作用。

课后习题

一、填空题

1. 复合材料是多相体系,一般分为(　　)和(　　)。
2. 复合材料中基体相主要起(　　)作用,增强相主要起(　　)作用。
3. 按结构特点,复合材料一般可分为(　　)、(　　)、(　　)和骨架复合材料等。
4. 按性能特点,复合材料一般可分为(　　)和(　　)。
5. 玻璃钢是(　　)和(　　)构成的复合材料。

二、判断题

1. 通常情况下复合材料的比强度优于金属材料。(　　)
2. 复合材料的抗疲劳能力较好。(　　)
3. 玻璃钢是玻璃和钢构成的复合材料。(　　)
4. 复合材料都是通过人工合成的方法获得的。(　　)

三、简答题

1. 何谓复合材料?它有哪些种类?
2. 复合材料有哪些特点?

学习情境十二　新材料

情境导入

"鹊桥"是嫦娥四号月球探测器的中继卫星,是中国首颗,也是世界首颗地球轨道外专用中继通信卫星,于 2018 年 5 月 21 日在西昌卫星发射中心由长征四号丙运载火箭发射升空。作为地月通信和数据中转站,"鹊桥"可以实时地把在月球背面着陆的嫦娥四号探测器发出的科学数据第一时间传回地球,其中的关键是通信天线。"鹊桥"上架设了一副展开后口径达近 5 m 的伞状天线,这是人类深空探测器历史上携带的最大口径通信天线,它为"鹊桥"和地球之间铺设了一架宏伟的高速桥梁,让遥远的星地距离变为大道通途。

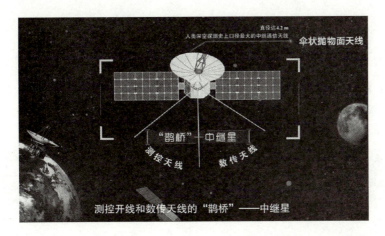

情境解析

上述情境中的通信天线就用到了形状记忆合金这种新材料。

新材料是现代文明的三大支柱之一。新材料是指以新制备工艺制成的或正在发展中的材料,这些材料比传统材料具有更优异的特殊性能。

新材料是高技术的一个组成部分,因为它不但具有高技术产业的特点,即高效益、高智力、高投入、高竞争、高风险、高起点,而且新材料的发展亦有赖于其他高技术的支持。新型材料种类繁多,本章只介绍其中的几种。

学习目标

序号	学习内容	知识目标	技能目标	创新目标
1	形状记忆合金的特点、应用	√		√
2	超导材料的特点、应用	√		√
3	非晶态合金的特点、应用	√		√
4	纳米材料的特点、应用	√		√
5	储氢合金的特点、应用	√		√

学习流程

学习任务一 了解形状记忆合金

知识导图

一般金属材料受到外力作用后，首先发生弹性变形，达到屈服点就产生塑性变形，应力消除后留下永久变形。但有些材料在发生变形后，经过合适的热过程，能够恢复到变形前的形状，这种现象叫作形状记忆效应。具有形状记忆效应的金属一般是由两种以上的金属元素组成的合金，称为形状记忆合金。

形状记忆效应最早出现于 20 世纪 30 年代，但当时并没有引起人们的重视。1963 年美国海军军械实验室在研究 Ni-Ti 合金时发现其具有良好的形状记忆效应，这引起了人们的重视并进行了集中研究。目前，形状记忆效应在生物医学领域得到了广泛应用。

一、形状记忆的原理

冷却时高温母相转变为马氏体的开始温度 M_s 与加热时马氏体转变为母相的起始温度 A_s 之间的温度差称为热滞后。普通马氏体相变的热滞后大,在 M_s 以下马氏体瞬间形核长大,随温度下降,马氏体数量增加是靠新核心形成和长大实现的。而形状记忆合金中的马氏体相变热滞后非常小,在 M_s 以下升降温时马氏体数量减少或增加是通过马氏体片缩小或长大来完成的,母相与马氏体相界面可逆向光滑移动。这种热滞后小、冷却时界面容易移动的马氏体相变称为热弹性马氏体相变。

如图 12-1 所示,当形状记忆合金从高温母相状态(a)冷却到低于 M_s 点的温度后,将发生马氏体相变(b),这种马氏体与钢中的淬火马氏体不一样,通常它比母相还软,称为热弹性马氏体。在马氏体范围变形成为变形马氏体相(c),在此过程中,马氏体发生择优取向,处于与应力方向有利的马氏体片长大,而处于不利取向的马氏体被有利取向的吞并,最后成为单一有利取向的有序马氏体。将变形马氏体加热到 A_s 以上,晶体恢复到原来单一取向的高温母相,随之其宏观形状也恢复到原始状态。经过此过程处理的母相再冷却到 M_s 点以下,又可记忆在(c)阶段的变形马氏体形状。

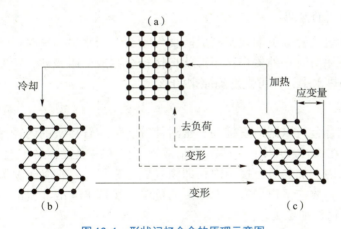

图 12-1　形状记忆合金的原理示意图
(a)母相;(b)马氏体相;(c)变形马氏体相

二、形状记忆效应

如表 12-1 所示,形状记忆合金可以分为三种:

(1)单程记忆效应。形状记忆合金在较低的温度下变形,加热后可恢复变形前的形状,这种只在加热过程中存在的形状记忆现象称为单程记忆效应。

(2)双程记忆效应。某些合金加热时恢复高温相形状,冷却时又能恢复低温相形状,称为双程记忆效应。

(3)全程记忆效应。加热时恢复高温相形状,冷却时变为形状相同而取向相反的低温相形状,称为全程记忆效应。

表 12-1 形状记忆效应

种类	初始形状	低温变形	加热	冷却
单程	(	—	(	(
双程	(	(	(	—
全程	(	—	(	(

三、形状记忆合金的应用

目前已经发现 20 多个合金系，共 100 多种合金具有形状记忆效应，典型的形状记忆合金有 Ti-Ni 系形状记忆合金、Cu 系形状记忆合金、Fe 系形状记忆合金。前两种合金的应用领域很广，包括各种管接头、电路的连接、自控系统的驱动器以及热机能量转换材料等。Fe 系形状记忆合金，属应力诱导型记忆合金，亦有很好的应用前景。

1. 日常生活中的应用

有人用形状记忆合金黄铜弹簧制成防烫伤喷头，当水温太高时，弹簧可以自行关闭热水，以防止沐浴时意外烫伤；用形状记忆合金制成的眼镜架，弯曲时，只要将它放入一定温度的热水中，即可恢复到原来的形状。

2. 工业应用

用形状记忆合金可以制造管接头、密封件等。例如管接头的内径比待连接管子的外径约小 4%，在 M_f 温度以下，马氏体非常软，接头内径很容易扩大。在此形态下，将管子插入接头内，加热后，接头内径即恢复到原来尺寸，把管子紧紧地箍住。因为形状恢复力很大，故连接很严密，无泄漏的危险。美国 F14 战斗机的油压系统内很多管接头都采用了这种加工工艺。

3. 医学应用

应用 Ti-Ni 系形状记忆合金的形状记忆效应和超弹性的医学实例很多，如血栓过滤器、脊柱矫形棒、牙齿矫形丝、脑动脉瘤夹、接骨板、髓内针、人工关节、心脏修补元件、人造肾脏用微型泵等。

4. 高科技应用

1970 年，美国首先将 Ti-Ni 系形状记忆合金用于宇宙飞船天线。在宇宙飞船发射之前的室温条件下，将经过形状记忆处理的 Ti-Ni 合金丝折成球状放入飞船内。飞船进入太空轨道后，通过加热或利用太阳热能使合金丝升温，达到 77 ℃后，被折成球状的合金丝就完全打开，成为原先设定的抛物面形状，充当天线，用于通信。对于体积大而难以运输的物体亦可用这种材料及方法制造。

自 1984 年以来，日本每年发行一次"形状记忆合金专利调查报告书"，每年申请的形状记忆合金专利项目约 1 000 件，应用的领域涉及电气、机械、运输、化学、医疗、能源、生活用品等。仅以此例，足以得知形状记忆合金应用研究的活跃程度。

学习任务二　了解超导材料

知识导图

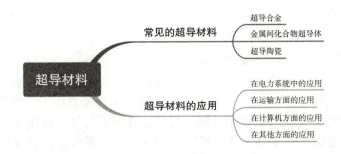

某些物质达到临界温度（T_c）以下时，电阻急剧消失，这样的物质称为超导体。这种现象只有在温度（T）、磁场（H）和其中流过的电流密度（J）达到其相应的临界值（T_c、H_c、J_c）以下时才能发生，其临界值越高，超导体的使用价值越大。目前许多超导材料的 T_c 都太低，但已取得了许多突破，1975 年，T_c 从 4.2 K 提高到 23.2 K，1988 年又提高到 120 K。

一、常见的超导材料

（1）超导合金。超导合金是超导材料中机械强度最高、刚度大、在给定磁场能承载更大电流的超导体。广泛使用的是 Ti–Nb 系，美国和日本用 Ti–Nb 系超导体制造磁流体发电的超导磁体，特别适用于军事上大功率脉冲和舰艇、潜艇的电力推进。

（2）金属间化合物超导体。金属间化合物超导体的 T_c 和 H_c 一般比超导合金高，如 Nb_3Sn 金属间化合物超导体是至今投入使用的最重要的超导体。但此类超导体的脆性大，不易直接加工成带材或线材。

（3）超导陶瓷。超导陶瓷的出现，使超导体的 T_c 获得重大突破，即在液氮温度以上的复相材料中观察到了超导性。我国科学家制取 T_c 为 90 K 的 YBaCuO 超导体，液氮的禁区（77 K）奇迹般地被突破了，1993 年 Hg–Ba–Ca–Cu–O 的 T_c 已超过 134 K，在加压下超过 164 K。在液氮温度下工作的超导材料称为高温超导体。

二、超导材料的应用

1. 在电力系统中的应用

超导电力存储是目前效率最高的电力存储方式。超导磁体（磁场强、损耗小、重量轻）用于发电机，可大大提高电动机中的磁感应强度，从而大大提高其输出功率；利用超导磁体实现磁流体发电，可直接将热能转换为电能，使发电效率提高

50%~60%。利用超导输电可大大降低目前高达 8% 左右的输电损耗，如果我国利用超导输电系统每年可节约用电 1 000 多亿千瓦时，相当于上海一年半的用电量。

2. 在运输方面的应用

利用超导材料的抗磁性，将超导材料放在一块永久磁体的上方，由于磁体的磁力线不能穿过超导体，磁体和超导体之间会产生排斥力，使超导体悬浮在磁体上方。超导磁悬浮列车在车底部安装许多小型超导磁体，在轨道两旁埋设一系列闭合的铝环，当列车运行时，超导磁体产生的磁场相对于铝环运动，铝环内产生的感应电流与超导磁体相互作用，产生的浮力使列车浮起。列车运行的速度越快，产生的浮力就越大，超导磁悬浮列车的速度可达 500 km/h。

3. 在计算机方面的应用

人们可以利用超导材料制成超导存储器或其他超导器件，再利用这些器件制成超导计算机。超导计算机的性能是目前电子计算机无法相比的。目前制成的超导开关器件的开关速度已达到皮秒（10^{-12} s）的高水平。这是当今所有电子、半导体、光电器件都无法比拟的，比集成电路要快几百倍。超导计算机的运算速度比现在的电子计算机快 100 倍，而电能消耗仅是电子计算机的千分之一。如果目前一台大中型计算机每小时耗电 10 kW，那么同样一台超导计算机只需一节干电池就可以工作了。

4. 在其他方面的应用

高温超导滤波器系统用于 CDMA 手机，高温超导材料在微波频段的电阻几乎为零，对信号的损耗极小，大大提高了收音质量。而且，该技术在移动通信基站的应用使基站的覆盖范围提高了 30%~50%，在通话繁忙时的通话容量提高 80%，手机所需的功率却可降低到原来的一半，也就是说，手机的辐射将降低 50%。

此外，超导器件还具有重量轻、体积小、稳定性好、均匀度高以及易于启动和能长期运转等优点，广泛用于高能物理研究（粒子加速器、气泡室）、固体物理研究（如绝热去磁和输运现象）、磁力选矿、污水净化以及人体核磁共振成像装置及超弱电应用等。

了解非晶态合金

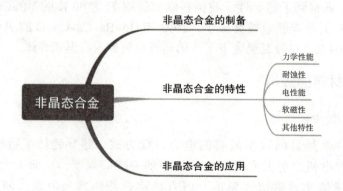

非晶态是指原子呈长程无序排列的状态。具有非晶态结构的合金称为非晶态合金，又称金属玻璃。通常认为，非晶态仅存在于玻璃、聚合物等非金属领域，而传统的金属材料都是以晶态形式出现的。20世纪90年代后，大块非晶态合金的出现引起了人们的极大兴趣，非晶态合金已成为金属材料的一个新领域。

早在20世纪50年代，人们就从电镀膜上了解到非晶态合金的存在。60年代发现用激光法可从液态获得非晶态的Au-Si合金，70年代后开始采用熔体旋辊急冷法制备非晶薄带，其中非晶态软磁材料发展较快，已能成批生产。

一、非晶态合金的制备

非晶态金属可采用液态淬火法、气相沉积法、注入法等制备。

液态淬火法的原理是：在快速冷却条件下，熔体晶核的产生和长大受到抑制，即使冷却到理论结晶温度 T_m 以下也不结晶，被过冷的熔体处于亚稳态。进一步冷却，熔体中的原子扩散能力显著下降，最后被冻结成固体。这种固体原子排列和过冷熔体相同，这种非平衡的固体即为非晶态或玻璃态，其固化温度 T_g 即玻璃化温度。

真空蒸镀法和溅射法统称沉积法。前者是将金属材料在真空下气化，再沉积在冷底板上而获得非晶材料。这种方法的衬底必须处于很低的温度，有时要低到液氮温度（4.2 K）才能避免形成晶核。这是至今获得非晶纯金属（如Fe、Co、Ni等）的唯一方法。这种方法所得非晶材料不够稳定，在40~50 ℃即会晶化。溅射法通过高能惰性气体离子碰撞，把原材料的原子打出来再沉积。其沉积固化过程是一个原子一个原子地排列堆积的过程，增长速度很慢，使用上有困难，仅在大规模集成电路中得到应用。这种方法所得非晶薄膜稳定性较高。

二、非晶态合金的特性

1. 力学性能

非晶态合金力学性能的特点是具有高的强度和硬度。例如，非晶态铝合金的抗拉强度（1 140 MPa）是超硬铝抗拉强度（520 MPa）的2倍。非晶态合金Fe80B20的抗拉强度达3 630 MPa，而晶态超高强度钢的抗拉强度仅为1 820~2 000 MPa。表12-2列举了几种非晶态合金的力学性能。非晶态合金强度高的原因是由于其结构中不存在位错，没有晶体那样的滑移面，因而不易发生滑移。非晶态合金伸长率低但并不脆，而且具有很高的韧性，非晶薄带可以反复弯曲180°而不断裂，并可以冷轧，有些合金的冷轧压下率可达50%。

表12-2 几种非晶态合金的力学性能

类别	合金	硬度/HV	抗拉强度/MPa	断后伸长率/%	弹性模量/MPa
非晶态合金	Pd83Fe7Si10	4 018	1 860	0.1	66 640
	Cu57Zr43	5 292	1 960	0.1	74 480
	Co75Si15B10	8 918	3 000	0.2	53 900

续表

类别	合金	硬度 /HV	抗拉强度 / MPa	断后伸长率 /%	弹性模量 / MPa
非晶态合金	Fe80P13C7 Ni75Si8B17	7 448 8 408	3 040 2 650	0.03 0.14	121 520 78 400
晶态合金	18Ni–9Co–5Mo		1 810~2 130	10~12	

2. 耐蚀性

非晶态合金具有很强的耐腐蚀能力。例如，不锈钢在含有氯离子的溶液中，一般都要发生点腐蚀、晶间腐蚀，甚至应力腐蚀和氢脆，而非晶态的 Fe–Cr 合金可以弥补不锈钢的这些不足。Cr 可显著改善非晶态合金的耐蚀性。非晶态合金耐蚀性好的主要原因是能迅速形成致密、均匀、稳定的高纯度 Cr_2O_3 钝化膜。此外，非晶态合金组织结构均匀，不存在晶界、位错、成分偏析等腐蚀形核部位，因而其钝化膜非常均匀，不易产生点蚀。

3. 电性能

与晶态合金相比，非晶态合金的电阻率显著增高（2~3 倍）。非晶态合金的电阻温度系数比晶态合金的小，多数非晶态合金具有负的电阻温度系数，即随温度升高电阻率连续下降。

4. 软磁性

非晶态合金磁性材料具有高导磁率、高磁感、低铁损和低矫顽力等特性，而且无磁各向异性。这是由于非晶态合金中没有晶界、位错及堆垛层错等钉扎磁畴壁的缺陷。

5. 其他特性

非晶态合金还具有好的催化特性、高的吸氢能力、超导电性、低居里温度等特性，使其在某些特殊领域有着广阔的应用前景。

三、非晶态合金的应用

利用非晶态合金的高强度、高韧性以及工艺上可以制成条带或薄片等特点，目前已用它来制作轮胎、传送带、水泥制品及高压管道的增强纤维，还可用来制作各种切削刀具和保安刀片。

用非晶态合金纤维代替硼纤维和碳纤维制造复合材料，可进一步提高复合材料的适应性。这是由于非晶态合金强度高，且具有塑性变形能力，可阻止裂纹的产生和扩展。非晶态合金纤维正在用于飞机构架和发动机元件的研制中。

非晶态的铁合金是极好的软磁材料，它容易磁化和退磁，比普通的晶体磁性材料导磁率高，损耗小，电阻率大。这类合金主要作为变压器及电动机的铁芯材料、磁头材料。由于磁损耗很低，用非晶态磁性材料代替硅钢片制作变压器，可节约大量电能。

非晶态合金耐腐蚀，特别是在氯化物和硫酸盐中的抗腐蚀性大大超过了不锈钢，获得了"超不锈钢"的名称，可以用于海洋和医学方面，如制造海上军用飞机电缆、鱼雷、化学滤器、反应容器等。

学习任务四　了解纳米材料

纳米材料（Nano Materials）是指，由尺寸为 1~100 nm 的纳米粒子凝聚成的纤维、薄膜、块体及与其他纳米粒子或常规材料（薄膜、块体）组成的复合材料。纳米材料可划分为两个层次，一是纳米微粒，二是纳米固体（包括薄膜）。纳米材料大部分都是用人工制备的，属于人工材料，但是自然界中早就存在纳米微粒和纳米固体，例如天体的陨石碎片，人体和兽类的牙齿以及十分珍贵的蛋白石等都是由纳米微粒构成的。

从 20 世纪 60 年代起人们就开始自觉地把纳米微粒作为研究对象进行探索，但直到 1990 年才正式把纳米材料科学作为材料科学的一个新分支。由于纳米材料结构和性能上的独有特性以及广泛的应用前景，有人将纳米材料、纳米生物学、纳米电子学、纳米机械学等统称为纳米科技。

一、纳米材料的特点

纳米材料的诱人价值在于它具有传统材料所不具备的新特性，而这些新特性又都与其纳米级的小尺寸有着必然联系。纳米颗粒尺寸在 1~100 nm 尺度范围内，纳米效应（表面效应、小尺寸效应、量子尺寸效应等）也随之表现出来，各种纳米效应都可能使得纳米材料产生某一方面新的特性。例如：原来是良导体的金属，当尺寸减小到几个纳米时就变成了绝缘体；原来是典型的共价键无极性的绝缘体，当尺寸减小到几纳米或十几纳米时，电阻大大下降，甚至可能导电；原是铁磁性的粒子在几纳米尺寸时可能变成超顺磁性，矫顽力为零；金属的熔点也会大大降低，如大块金和银的熔点分别是 1 063 ℃和 960 ℃，而在尺寸为 2 nm 时分别降至 330 ℃和 100 ℃；纳米陶瓷具有塑性或超塑性，甚至可以制成透明涂料；气体通过纳米材料的扩散速度比通过一般材料快几千倍；纳米铁的抗断裂能力比一般铁高 12 倍；纳米铜比普通铜坚固 5 倍，而且硬度随纳米颗粒尺寸的减小而增大；纳米氧化物对红外线、紫外线、微波有良好的吸收特性；在传统相图中根本不共溶的两种元素或化合物，在纳米态则可形成共溶体，制成新材料或复合材料。

二、纳米材料的分类

纳米材料的分类方法很多，最常见的是根据三维尺寸分为纳米粉末、纳米纤维、纳米膜、纳米块体四类。其中纳米粉末开发时间最长、技术最为成熟，是生产其他三类产品的基础。

纳米粉末：又称为超微粉或超细粉，一般指粒度在 100 nm 以下的粉末或颗粒，是一种介于原子、分子与宏观物体之间，处于中间物态的固体颗粒材料。可用于：高密度磁记录材料；吸波隐身材料；磁流体材料；防辐射材料；单晶硅和精密光学器件抛光材料；微芯片导热基片与布线材料；微电子封装材料；光电子材料；先进的电池电极材料；太阳能电池材料；高效催化剂；高效助燃剂；敏感元件；高韧性陶瓷材料（摔不裂的陶瓷，用于陶瓷发动机等）；人体修复材料；抗癌制剂等。

纳米纤维：指直径为纳米尺度而长度较大的线状材料。可用于：微导线、微光纤（未来量子计算机与光子计算机的重要元件）材料；新型激光或发光二极管材料等。

纳米膜：纳米膜分为颗粒膜与致密膜。颗粒膜是纳米颗粒粘在一起，中间有极为细小的间隙的薄膜。致密膜指膜层致密但晶粒尺寸为纳米级的薄膜。可用于：气体催化（如汽车尾气处理）材料；过滤器材料；高密度磁记录材料；光敏材料；平面显示器材料；超导材料等。

纳米块体：是将纳米粉末高压成型或控制金属液体结晶而得到的纳米晶粒材料。主要用途为：超高强度材料；智能金属材料等。

三、纳米材料的制备

自纳米技术出现以来，人们开发出了多种纳米材料的制备方法，这些方法虽然有的已经在工业上开始应用，但要完全达到工业化生产的程度，还有许多技术问题需要解决。

1. 纳米粒子的制备方法

纳米粒子的制备方法很多，常见的方法有：化学蒸发凝聚法，是一种通过有机高分子热解来获得纳米陶瓷粉末的方法；气体冷凝法，是指在低压的氩、氦等惰性气体中加热金属，使其蒸发后形成纳米微粒的方法；通电加热蒸发法，是使接触的碳棒和金属通电，在高温下金属与碳反应并蒸发形成碳化物纳米粒子的方法；喷雾法，是将溶液通过各种物理手段进行雾化以获得超微粒子的方法。

此外，还有溅射法、流动液面真空蒸镀法、混合等离子法、激光诱导化学气相沉积法、爆炸丝法、沉淀法、水热法、溶剂挥发分解法、溶胶凝胶法等。

2. 纳米固体（块体、膜）的制备方法

纳米金属与合金常用的制备方法有：惰性气体蒸发原位加压法，是将制成的纳米微粒原位收集压制成块的方法；高能球磨法，即机械合金化法，用这种方法目前能制出的最小粒径为 0.5 μm；非晶晶化法，是使非晶体部分晶化或全部晶化，生成纳米级晶粒的方法；直接淬火法，是通过控制淬火速度来获得纳米晶材料的方法；变形诱导纳米晶法，是对非晶条带进行变形再结晶以形成纳米晶的方法。

纳米陶瓷的制备方法有无压烧结法和加压烧结法。

纳米薄膜常用的制备方法有：溶胶－凝胶法；电沉积法，通过对非水电解液通电，在电极上沉积成膜的方法；高速超微粒沉积法，是以一定压力的惰性气体做载流子，通过蒸发或溅射等方法在基板上沉积成膜而获得纳米粒子的方法；直接沉积法，是将纳米粒子直接沉积在低温基板上的方法。

四、纳米材料的应用

由于纳米材料具有特殊的性能，所以可以应用纳米技术制成各种纳米材料，广泛应用于医药、家电、纺织、机械、环保等行业中。

1. 医药方面

医药使用纳米技术能使药品生产过程越来越精细，并在纳米材料的尺度上直接利用原子、分子的排布制造具有特定功能的药品。纳米材料粒子将使药物在人体内的传输更为方便，用数层纳米粒子包裹的智能药物进入人体后可主动搜索并攻击癌细胞或修补损伤组织。使用纳米技术的新型诊断仪器只需检测少量血液，就能通过其中的蛋白质和 DNA 诊断出各种疾病。

2. 家电方面

用纳米材料制成的纳米材料多功能塑料，具有抗菌、除味、防腐、抗老化、抗紫外线等作用，可用作电冰箱、空调外壳里的抗菌除味塑料。

3. 纺织工业方面

在合成纤维树脂中添加纳米 SiO_2、纳米 ZnO、纳米 SiO_2 复配粉体材料，经抽丝、织布，可制成杀菌、防霉、除臭和抗紫外线辐射的内衣和服装，可用于制造抗菌内衣、用品，可制得满足国防工业要求的抗紫外线辐射的功能纤维。

4. 机械行业方面

采用纳米材料技术对机械关键零部件进行金属表面纳米粉涂层处理，可以提高机械设备的耐磨性、硬度和使用寿命。如纳米 TiN 改性 TiC 基金属陶瓷刀具具有优良的力学性能，是一种高技术含量和高附加值的新型刀具，在切削加工领域可以部分取代 YG8、YT15 等硬质合金刀具，刀具寿命提高两倍以上，生产成本与 YG8 刀具相当或

略低。

5. 环境保护方面

环境科学领域将出现功能独特的纳米膜。这种膜能够探测到由化学和生物制剂造成的污染，并能够对这些制剂进行过滤，从而消除污染。

6. 其他方面

利用纳米材料的反光性及对电磁波的吸收性，可制造隐形飞机和坦克及减小电磁波的污染等；纳米超细原料在较低的温度快速熔合，可制成常规条件下得不到的非平衡合金，为新型合金的研制开辟了新的途径。

将纳米尺寸的超细微无机粒子填充到聚合物基体中所形成的聚合物纳米复合材料称为纳米塑料。纳米塑料具备优异的物理、化学性能，耐热性好，强度高，透明度好，密度小，光泽度高，有阻燃自熄性能。

用纳米氧化锌代替氧化锌添加到橡胶的基体中所形成的纳米橡胶，不仅可减少普通氧化锌的用量，而且可提高橡胶制品的耐磨性和抗老化能力，延长使用寿命。碳纳米管添加到橡胶中，可以制成导电橡胶和防静电橡胶。

由于纳米粒子表面积大、表面活性中心多，所以是一种极好的催化材料。将普通的 Fe、Co、Ni 等催化剂制成纳米微粒，可大大改善催化效果。

学习任务五　了解储氢合金

知识导图

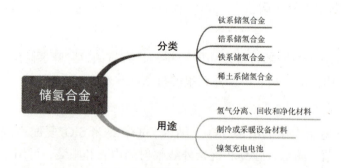

利用金属吸收氢气，使之成为金属氢化物，需要时加热该氢化物，再将氢气放出。这种金属相当于储氢的容器，故称为储氢金属或储氢合金。

储氢合金能够储氢的原理是：在一定的温度和压力条件下，氢分子在合金（或金属）中先分解成单个的原子，而这些氢原子便"见缝插针"般地进入合金原子之间的缝隙中，并与合金进行化学反应生成金属氢化物，外在表现为大量"吸收"氢气，同时放出大量热量。而当对这些金属氢化物进行加热时，它们又会发生分解反应，氢原子又能结合成氢分子释放出来，而且伴随有明显的吸热效应。

虽然储氢合金的金属原子间缝隙不大，但储氢本领却比氢气瓶的本领大多了，因为它能像海绵吸水一样把钢瓶内的氢气全部吸尽。具体来说，相当于储氢钢瓶重量 1/3 的储氢合金，其体积不到钢瓶体积的 1/10，但储氢量却是相同温度和压力条件下气态氢的 1 000 倍，由此可见，储氢合金不愧是一种极其简便易行的理想储氢方法。采用储氢合金来储氢，不仅具有储氢量大、能耗低，工作压力低、使用方便的特点，而且可免去庞大的钢制容器，从而使存储和运输方便而且安全。

目前储氢合金主要包括有钛系、锆系、铁系及稀土系储氢合金。其主要用途包括以下几个方面：

1. 氢气分离、回收和净化材料

化学工业、石油精制以及冶金工业生产中，通常有大量的含氢尾气排出，含氢量有些达到 50%~60%，而目前对这些氢多是采用排空或者白白燃烧处理的方法。因此，若对这部分氢加以回收利用，在经济上有巨大的意义。另外，集成电路、半导体器件、电子材料和光纤等产业中，需要超高纯氢体，而利用储氢合金对氢原子有特殊的亲和力，但对其他气体杂质择优排斥的特性，即利用储氢合金具有只选择吸收氢和捕获不纯杂质的功能，不但可以回收废气中的氢，而且可以使氢纯度高于 99.999 9%，具有十分重要的社会效益和经济效益。

2. 制冷或采暖设备材料

由于储氢合金具有在吸氢化学反应时放出大量热，而在放氢时吸收大量热的特性，因此，人们可以利用储氢合金的这种放热—吸热循环，进行热的储存和传输，制造制冷或采暖设备。美国和日本竞相采用储氢合金制成太阳能和废热利用的冷暖房，其原理就是利用储氢合金在吸氢时的放热反应和释放氢时的吸热反应。我国北京有色金属研究总院则利用储氢合金储放氢过程的吸放热循环效应，制造了一台可以制冷到 77 K 的制冷机，该机器可用于工业、医疗等行业需要低温环境的场合。

3. 镍氢充电电池

目前大量使用的镍镉电池（Ni–Cd）由于其中的镉有毒，使废电池处理较复杂，且环境受到污染，因此将逐渐被用储氢合金做成的镍氢充电电池（Ni–H）所替代。从电池电量来讲，相同大小的镍氢充电电池电量比镍镉电池高 1.5~2 倍，且无镉的污染，现已经广泛地用于移动通信、笔记本电脑等各种小型便携式的电子设备。目前，更大容量的镍氢电池已经开始用于汽油/电动混合动力汽车上，利用镍氢电池的可快速充放电过程，当汽车高速行驶时，发电机所发的电可储存在车载的镍氢电池中；当车低速行驶时，通常会比高速行驶状态消耗大量的汽油，为了节省汽油，此时可以利用车载的镍氢电池驱动电动机来代替内燃机工作。这样既保证了汽车正常行驶，又节省了大量的汽油，因此，混合动力车相对传统意义上的汽车具有更大的市场潜力，世界各国目前都在加紧这方面的研究。

课后习题

一、名词解释

形状记忆效应　超导体　纳米材料

二、填空题

1. 非晶态金属的制备方法有（　　）、（　　）、（　　）等。
2. 纳米材料根据三维尺寸可分为（　　）、（　　）、（　　）、（　　）四类。
3. 制备纳米粒子的常见的方法有（　　）、（　　）、（　　）、（　　）。
4. 目前储氢合金主要包括（　　）系、（　　）系、（　　）系及（　　）系储氢合金。

三、简答题

1. 请列举纳米材料在机械行业的应用例子。
2. 储氢合金能够储氢的原理是什么？

学习情境十三　材料的选用

情境导入

泰坦尼克号是英国白星航运公司下辖的一艘当时世界上体积最庞大、内部设施最豪华的客运轮船，有"永不沉没"的美誉。然而不幸的是，在"处女航行"中，泰坦尼克号便遭厄运。1912年4月14日23时40分左右，泰坦尼克号与一座冰山相撞，造成右舷船首至船中部破裂，五间水密舱进水。4月15日凌晨2时20分左右，泰坦尼克号船体断裂成两截后沉入大西洋底3 700 m处，造成1 517人丧生。

情境解析

这次重大的海难事故中，除了有人为因素以外，在材料选择上也存在重大问题。造船工程师只考虑到要增加钢的强度，而没有想到要增加其韧性。在低温海域航行受到冰山的撞击，由于选择的钢材的冷脆转变温度较高，钢材的力学行为由韧性变成脆性，从而导致灾难性的脆性断裂。因此在选择材料时要进行综合考虑。

任何机械零件产品的设计与制造应当包括结构设计、材料选择和工艺设计三个方面，缺一不可。然而，不少工程技术人员往往有一种偏向，即只重视产品结构设计，而把选材看成是一种简单而又不太重要的任务，以为只要参考类似零件选用类似材料，或根据简单计算和查阅材料性能手册所提供的数据，找出一种通用材料，便可万事大

学习笔记

吉。事实上许多机器设备的重大质量事故均来源于材料问题,因此如何合理地选用材料与安排加工路线,使之既能满足机械零件使用性能的要求,又能提高零件生产过程的经济效益,这是一个细致复杂又必须解决的问题。

选材是指选择材料的成分、组织状态、冶金质量及力学和物理化学性能。在选择材料时应根据零件的工作条件、失效形式,找出该零件选用材料的主要力学性能指标。因为性能与工艺有很大关系,因此在选材的同时必须考虑相应的热处理方法。

学习目标

序号	学习内容	知识目标	技能目标	创新目标
1	失效的形式、原因及进行失效分析的方法	√	√	√
2	选材的原则、方法、步骤	√	√	√
3	典型零件的选材、工艺路线安排	√	√	√

学习流程

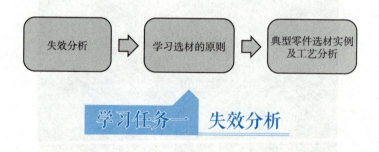

学习任务一　失效分析

知识导图

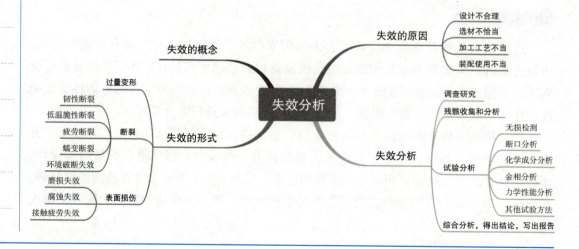

一、失效的概念

所谓失效是指零部件在使用过程中，由于尺寸、形状或材料的组织与性能等的变化而失去预定功能的现象。具体表现为：

（1）完全破坏不能使用；

（2）虽然能工作但不能满意地起到预定的作用；

（3）损伤不严重但继续工作不安全。

上述情况发生任何一种，都认为零件已失效。例如，齿轮在工作过程中磨损而不能正常啮合及传递动力，主轴在工作过程中变形而失去精度等均属于失效。

二、失效的形式

一般机器零件常见的失效形式有过量变形、断裂和表面损伤三种。

1. 过量变形

过量变形包括过量弹性变形、塑性变形和蠕变等。

除了弹簧之类的零件之外，大多数零件必须限制过量弹性变形，要求有足够的刚度。例如，镗床的镗杆，如果工作中产生过量弹性变形，不仅会使镗床产生振动，造成零部件加工精度下降，而且还会使轴与轴承的配合不良，甚至会引起弯曲塑性变形或断裂。引起弹性变形失效的原因，主要是零部件的刚度不足。要预防弹性变形失效，应选用弹性模量大的材料。

零部件承受的静载荷超过材料的屈服强度时，将产生塑性变形。过量的塑性变形是机械零件失效的重要形式，轻则使机器工作情况变坏，重则使它不能继续运行，甚至破坏。例如，压力容器上的紧固螺栓，如果拧得过紧，或因过载引起螺栓塑性伸长，便会降低预紧力，致使配合面松动，导致螺栓失效。

在恒定载荷和高温下，蠕变一般是不可避免的，通常是以金属在一定温度和应力下，经过一定时间所引起的变形量来衡量。

2. 断裂

断裂是金属材料主要也是最严重的失效形式，特别是在没有明显塑性变形的情况下突然发生的脆性断裂，往往会造成灾难性事故。断裂按断裂原因可分为以下几种：

（1）韧性断裂。

零件承受的载荷大于零件材料的屈服强度，断裂前零件有明显的塑性变形，尺寸发生明显的变化，一般断面缩小，且断口呈纤维状。零件的韧性断裂往往是由于受到很大的负荷或过载引起的。

（2）低温脆性断裂。

零件在低于其材料的脆性转变温度以下工作时，其韧性和塑性大大降低并发生脆性断裂而失效。

（3）疲劳断裂。

零件在承受交变载荷时，尽管应力的峰值在抗拉强度甚至在屈服强度以下，但经过一定周期后仍会发生断裂，这种现象称为疲劳。疲劳断裂为脆性断裂，往往没有明显的先兆而突然发生。

（4）蠕变断裂。

在高温下工作的零件，当蠕变变形量超过一定范围时，零件内部产生裂纹而很快断裂。有些材料在断裂前产生颈缩现象。

（5）环境破断失效。

在负载条件下，由于环境因素（例如腐蚀介质）的影响，往往出现低应力下的延迟断裂，使零件失效。环境破断失效应包括应力腐蚀、氢脆、腐蚀和疲劳等。

3. 表面损伤

表面损伤失效的种类很多，主要有磨损失效、腐蚀失效和接触疲劳失效三种。

（1）磨损失效。

相互接触的一对金属部件，相对运动时金属表面不断发生损耗或产生塑性变形，使金属表面状态和尺寸改变的现象称为磨损。磨损使零件尺寸减小、精度降低，甚至产生咬合、剥落而不能工作。磨损种类很多，最常见的有磨粒磨损和黏着磨损两种。

磨粒磨损是在相对运动的物体做相对摩擦时，有硬颗粒嵌入金属表面产生切削作用而造成沟槽，致使磨面材料逐渐耗损的一种磨损，是机械中普遍存在的一种磨损形式，磨损速度较快。这种磨损常发生在农业机械、矿山机械以及车辆、机床等机械运行时嵌入硬屑（硬质颗粒）等情况下。

黏着磨损是指相对运动物体表面的微凸体，在摩擦热的作用下发生焊合或黏着，当相对运动物体继续运动时，两黏着表面发生分离，从而将部分表面物体撕去，造成表面严重损伤。黏着磨损又称咬合磨损。在金属材料中是指滑动摩擦时摩擦副接触面局部发生金属黏着，在随后的相对滑动中，黏着处的金属屑粒被从零件表面拉拽下来或零件表面被擦伤的一种磨损形式。由于摩擦副表面凹凸不平，当相互接触时，局部接触面积很小，接触压力很大，超过材料的屈服强度，而发生塑性变形，使润滑油膜和氧化油膜被挤破，摩擦副金属表面直接接触，发生黏着，屑粒被剪切磨损或工作表面被擦伤。黏着磨损发生在滑动摩擦条件下，磨损速度大，具有严重的破坏性。这种磨损在所有的摩擦副中均会产生，例如蜗轮与蜗杆、内燃机的活塞环和缸套、轴瓦与轴颈等。为了减少黏着磨损，所选材料应当与所配合的摩擦副为不同性质的材料，而且摩擦系数应尽可能小，最好具有自润滑能力或有利于保存润滑剂。例如，近年来在不少设备上已采用尼龙、聚甲醛、聚碳酸酯、粉末冶金材料制造轴承、轴套等。

根据磨损的机理，为了解决磨损失效，减轻磨粒磨损，要求提高材料的硬度。为减轻黏着磨损，必须使摩擦系数减小，最好要有自润滑能力或有利于保存润滑剂或改善润滑条件。对表面进行强化处理（渗碳、氮化）可提高材料的耐磨性；对表面进行硫化处理和磷化处理，既可防腐，又可起减摩作用。

（2）腐蚀失效。

腐蚀失效是指零件暴露于活性介质环境中并与环境介质间发生化学和电化学作用，从而造成零件表面材料的损耗，引起零件尺寸和性能的变化，最后导致失效。腐蚀失效较复杂，分类方法也很多。常见的有点腐蚀、裂缝（隙）腐蚀和应力腐蚀等。

点腐蚀是在金属表面微小区域，因氧化膜破损或析出相和夹杂物剥落，引起该处电极电位降低，而出现小孔，并向深处发展的腐蚀，例如，埋在土壤中输送油、水、气的钢管，常因管壁小孔腐蚀而穿孔造成渗漏等。

裂缝（隙）腐蚀是指电解质进入零（构）件的缝隙中出现缝内金属加速腐蚀的现象，例如法兰连接面或铆钉、螺钉的压紧面，易产生裂隙腐蚀。

应力腐蚀是指零（构）件在拉应力和特定的化学介质联合作用下所产生的腐蚀。它经常是在较小的拉应力和腐蚀性较弱的介质中发生。例如，大桥因钢梁在含有 H_2S 的大气中产生应力腐蚀断裂而塌陷；输油气钢管因在 H_2S 的介质中应力腐蚀而爆裂。

（3）接触疲劳失效。

接触疲劳失效是指相互接触的两个运动表面，在工作过程中承受交变接触应力的作用并使表面层材料发生疲劳而脱落，造成零件失效。按初始裂纹的位置来分，接触疲劳可分为麻点剥落和表层压碎两大类。在接触应力小、摩擦力大、表面质量比较差的情况下，裂纹首先在表面萌生，产生麻点剥落；反之，裂纹首先在次表面萌生，产生表面压碎。但二者往往同时发生。

为了提高零件的抗表面接触疲劳能力，常采用提高零件表面硬度和强度的方法，如表面淬火、化学热处理，使表面硬化层有一定的深度。同时也可提高材料纯洁度，限制夹杂物数量和提高润滑剂的黏度等。

实际上零件的失效形式往往不是单一的，随着外界条件的变化，失效可以从一种形式转变为另一种形式。如齿轮的失效，往往先有点蚀、剥落，后出现断齿等多种形式。

三、失效的原因

造成零部件失效的原因很多，主要有设计、选材、加工、装配使用等方面的因素。

1. 设计不合理

零部件设计不合理主要表现在零部件尺寸和结构设计上。例如，过渡圆角太小、尖锐的切口、尖角等会造成较大的应力集中而导致失效。另外，对零部件的工作条件及过载情况估计不足，所设计的零部件承载能力不够，或对环境的恶劣程度估计不足，忽略或低估了温度、介质等因素的影响等，都会造成零部件过早失效。因设计时计算错误造成零件失效，这种情况随科学水平的发展已大大减少。

2. 选材不恰当

选材所依据的性能指标，不能反映材料对实际失效形式的抗力，不能满足工作条件的要求。另外，材料的冶金质量太差，如存在夹杂物、偏析等缺陷，而这些缺陷通常是零部件失效的发源地。因此,对原材料进行严格检验是避免零件失效的重要步骤。

3. 加工工艺不当

零部件在加工或成形过程中,采用的工艺不当将产生各种质量缺陷,例如,较深的切削刀痕、磨削裂纹等,都可能成为引发零部件失效的危险源。零部件热处理时,冷却速度不够、表面脱碳、淬火变形和开裂等,都是产生失效的重要原因。

4. 装配使用不当

在将零部件装配成机器或装置的过程中,装配不当、对中不好、过紧或过松都会使零部件产生附加应力或振动,使零部件不能正常工作,造成零部件的失效。使用维护不良、不按工艺规程操作,也可使零部件在不正常的条件下运转,造成零部件过早失效。

以上只讨论了导致失效的四个主要原因,实际情况往往很复杂,一个零件的失效可能是多种因素造成的。要逐一考察分析设计、材料、加工和安装使用等各方面可能出现的问题,逐一排除各种可能失效的原因,找出真正起决定性作用的失效原因。

四、失效分析

零部件失效造成的危害是巨大的,因而失效分析越来越受到重视。通过失效分析,找出失效原因和预防措施,可改进产品结构,提高产品质量,发现管理上的漏洞,提高管理水平,从而提高经济效益和社会效益。失效分析的成果也常作为新产品开发的前提,并能推动材料科学理论的发展。失效分析是一个涉及面很广的交叉学科,掌握了正确的失效分析方法,才能找到真正合乎实际的失效原因,提出补救和预防措施。

失效分析的一般程序是:调查研究→残骸收集和分析→试验分析→综合分析,得出结论,写出报告。

1. 调查研究

调查研究是失效分析不可缺少的程序,包括两方面的内容。一是调查失效现场,如失效产品状况、现场环境、失效经过。对重大失效事故,在事故发生以后应立即保护好现场,以免丢失一些有用信息。在现场调查中可用拍照、录像、录音、绘图、文字记述等方式记录失效实况。二是调查背景材料,收集原始材料和数据(如有关设计图纸、工艺说明等技术文件,操作、试验记录),有助于进一步分析判断。

2. 残骸收集和分析

残骸收集和分析是一项十分复杂和艰巨的工作,其目的是确定首先破坏件及其失效源。对多个零部件破损的机械产品要进行残骸拼凑,根据裂纹走向、断裂特征、零件碰撞划伤痕迹判断首先破坏件及失效源。对首先损坏件或对失效影响大的重要零件,还应进一步对其设计图纸、制造加工情况、服役条件等进行收集和分析。此外,与事故有关的残存物,如润滑油、燃气等接触介质也应收集保存,它们也可能会提供一些有用信息。

3. 试验分析

通常可开展下列一些试验分析。

（1）无损检测。

这种检测方法是在不改变材料或零件的形状及内部组织的条件下检查零件表面或内部裂纹等缺陷的大小、数量和位置。常用检测方法有磁粉探伤、液体渗透法探伤、超声波探伤、涡流检测和射线照相检验等。

（2）断口分析。

零件断裂处的自然表面即为断口。通常，从断口上可获得和断裂有关的各种信息，如断裂性质、材料冶金、加工质量、服役条件（载荷性质、大小，环境介质，温度）。因此，断口分析是断裂失效分析中不可缺少的程序。为了能反映断裂的真相，一定要注意保护断口，不得用手触摸或造成人为的损伤。

断口分析分为宏观分析和微观分析两种。断口宏观分析用肉眼、放大镜或低倍光学显微镜来研究断口特征的一种方法。通过宏观分析，可以了解失效的全貌，破坏处外表有无异常（划痕、磨损、污物、颜色或尺寸形状变化），初步确定断裂性质、断裂源和载荷情况（加载方式，应力大小、分布、指向）。

断口微观分析大多采用电子显微镜，其分辨本领和景深都高于光学显微镜，能深入观察断口微观细节和断裂性质，便于研究裂纹形成和扩展机理。目前使用的电子显微镜有透射电子显微镜和扫描电子显微镜两种。透射电镜分辨率高，放大倍数高，可对断口细节进行深入细致的研究，探讨断裂机理，但观察的视域小，不能直接观察断口，需制取金属薄膜或复型。扫描电镜的分辨率不如透射电镜高，一般为10~20nm，放大倍数很少使用到一万倍以上，但可从零件上直接取样观察，图像清晰，立体感强，对样品同一部位可从低倍到高倍连续观察。带有能谱或波谱分析装置的扫描电镜，还能进行微区化学成分分析。

（3）化学成分分析。

通常，对失效件要进行化学成分分析，检验材料化学成分是否符合标准规定，或鉴别零件是由何种材料制造的。有些情况下，需采用电子探针、扫描电镜等进行微区成分分析。特殊情况下，还需对环境介质，失效件上的腐蚀产物、残存物等进行分析鉴定。

（4）金相分析。

金相分析，即对失效件上选定的剖面，经抛光侵蚀后在光学显微镜或电子显微镜下进行试验分析的方法。常用这种方法来分析裂纹的走向、性质，判定材料组织和工艺状态，检查可能导致失效的组织缺陷（如夹杂物、粗大不均匀组织等）。使用光学显微镜进行失效分析是一个普遍使用的手段。有时还进行金相低倍试验，试样用一定的方法侵蚀后凭肉眼或放大镜检查材料的冶金和工艺缺陷。

（5）力学性能分析。

硬度试验简便、迅速且不需制作特定规格的试样，因此它是失效分析的常规力学试验方法。通过硬度试验可检验零件硬度是否符合技术条件要求，评定材料的热处理工艺质量，估算材料的抗拉强度。

学习笔记

一些重大失效事故，必要时还要取样，做强度、塑性、冲击韧性、断裂韧性等试验，以判断材料性能是否满足设计要求，分析性能与材料内部组织和加工工艺的关系。

（6）其他试验方法。

对于重要且复杂的失效产品，为分析机件的服役情况，采用试验性应力测定方法（如静态应变电测法、脆性涂层法、光弹法、X射线法等）测定损坏部件应力及残余应力的大小和性质。

为了验证现场调查和试验分析中所确定的失效原因，按照实际工况条件，对失效的同类机件进行模拟试验，以使故障再现，显示失效的发展过程，机件破坏顺序，失效形式，这在残骸不全、证据不充分的情况下是经常采用的一种方法。

要根据失效分析要求的深度、客观条件来选用试验方法，不能盲目追求进行全面试验分析。

4. 综合分析，得出结论，写出报告

在失效分析工作进行到一定阶段或试验工作结束时，需对所获得的证据、数据进行整理、分析，有时可能还要修订、完善分析计划。在失效分析工作达到预期目的后，应对进行的工作和所获得的全部资料（调查收集的材料，测试、计算数据，照片等）进行集中、整理、分析评价和处理，得出结论，写出报告。

失效分析报告要送交设计、制造、管理、使用等有关部门。有时失效分析报告还要经一定的组织评定、审核。失效分析报告行文要简练，条目要分明，数据和图表要真实可靠。分析报告一般包括下列项目：题目，任务来源，分析目的和要求，试验过程及结果，分析结论，补救和预防措施或建议。

学习任务二　学习选材的原则

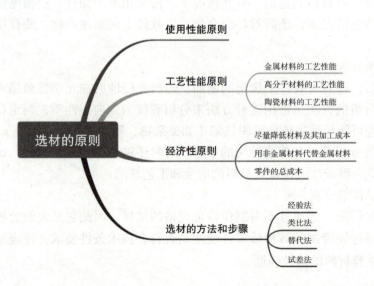

在掌握各种工程材料性能的基础上，正确、合理地选择和使用材料是从事工程构件和机械零件设计与制造的工程技术人员的一项重要任务。

选用材料应考虑的一般原则有：使用性能原则、工艺性能原则和经济性原则。

一、使用性原则

在进行零件选材时，应根据零件的工作条件和失效形式确定材料应具有的主要性能指标，这是保证零件安全可靠、经久耐用的先决条件。

零件的工作条件主要指：

（1）受力情况，包括受力形式（拉伸、压缩、弯曲、扭转等）、载荷性质（静载、循环变载、冲击、载荷分布等）、受摩擦情况等；

（2）工作环境，如工作温度、环境介质的性质、是否有腐蚀性等；

（3）特殊性能要求，如导电、导热以及密度、外观、色泽等。

若材料性能不能满足零件工作条件时，零件就不能正常工作或早期失效。

一般零件的使用性能主要是指材料的力学性能。零件工作条件不同、失效形式不同，其力学性能指标要求也不同。表13-1举出了几种常用零件的工作条件、失效形式和所要求的主要力学性能指标。但是，零件所要求的力学性能数据，不能简单地与手册中所给出的完全等同对待，还必须注意以下情况：

（1）材料的性能不但与化学成分有关，也与加工、处理后的状态有关，金属材料尤其明显，所以要分析手册中的性能指标是在什么加工、处理条件下得到的。

（2）材料的性能与加工处理时试样的尺寸有关，随着截面尺寸的增大，力学性能一般是降低的，因此必须考虑零件尺寸与手册中试样尺寸的差别，并进行适当的修正。

（3）材料的化学成分、加工处理的工艺参数本身都有一定波动范围。一般，手册中的性能，大多是波动范围的下限值，也就是说，在尺寸和处理条件相同时，手册数据是偏安全的。

对于在复杂条件下工作的零件，必须采用特殊实验室性能指标作选材依据，例如高温强度、低周疲劳及热疲劳性能、疲劳裂纹扩展速率和断裂韧性、介质作用下的力学性能等。

表13-1 几种常用零件的工作条件和失效形式及对力学性能的要求

零件	工作条件			常见的失效形式	要求的力学性能
	应力种类	载荷性质	受载状态		
紧固螺栓	拉、剪应力	静载		过量变形、断裂	强度，塑性
传动轴	弯、扭应力	循环、冲击	轴颈摩擦、振动	疲劳断裂、过量变形、轴颈磨损	综合力学性能

续表

零件	工作条件			常见的失效形式	要求的力学性能
	应力种类	载荷性质	受载状态		
传动齿轮	压、弯应力	循环、冲击	摩擦、振动	齿折断、磨损、疲劳断裂、接触疲劳（麻点）	表面强度及疲劳极限，心部强度，韧性
弹簧	扭、弯应力	交变、冲击	振动	弹性失稳，疲劳破坏	弹性极限，屈强比，疲劳极限
冷作模具	复杂应力	交变、冲击	强烈摩擦	磨损，脆断	硬度，足够的强度

二、工艺性原则

材料的工艺性能表示材料加工的难易程度。任何零部件都要通过一定的加工工艺才能制造出来。在满足使用性能选材的同时，必须兼顾材料的工艺性能。工艺性能的好坏，直接影响零部件的质量、生产效率和成本。当工艺性能与使用性能相矛盾时，有时正是从工艺性能考虑，不得不放弃某些使用性能合格的材料，工艺性能实际上成为选择材料的主导因素。工艺性能对大批量生产的零部件尤为重要，因为在大批量生产时，工艺周期和加工费用，常常是生产的关键。

1. 金属材料的工艺性

金属材料的加工工艺路线复杂，要求的工艺性能比较多，如铸造性能、锻造性能、切削加工性能、焊接性能、热处理工艺性能等。在金属材料中，铸造性能最好的是共晶成分附近的合金，铸造铝合金和铜合金的铸造性能优于铸铁，铸铁又优于铸钢。锻造性能最好的是低碳钢，中碳钢次之，高碳钢则较差。变形铝合金和加工铜合金的锻造性较好，而铸铁、铸造铝合金不能进行冷热压力加工。低碳钢焊接性能最好，随碳和合金元素含量增加，焊接性能下降，铸铁则很难焊接，铝合金和铜合金的焊接性比碳钢差。热处理工艺性能包括淬透性，淬火变形开裂及氧化、脱碳倾向等。钢的含碳量越高，其淬火变形和开裂倾向越大。选用渗碳钢时，要注意钢的过热敏感性；选用调质钢时，要注意钢的第二类回火脆性；选用弹簧钢时，要注意钢的氧化、脱碳倾向。

2. 高分子材料的工艺性

高分子材料的加工工艺比较简单，切削加工性尚好，但它的导热性较差，在切削过程中不易散热，易使工件温度急剧升高，可能使热固性塑料变焦，使热塑性塑料变软。高分子材料主要成型工艺的比较如表 13-2 所示。

表 13-2　高分子材料主要成型工艺的比较

工艺	适用材料	形状	表面粗糙度	尺寸精度	模具费用	生产率
热加成型	范围较广	复杂性状	很低	好	高	中等
喷射成型	热塑性塑料	复杂性状	很低	非常好	很高	高
热挤成型	热塑性塑料	棒类	低	一般	低	高
真空成型	热塑性塑料	棒类	一般	一般	低	低

 学习笔记

3. 陶瓷材料的工艺性

陶瓷材料的加工工艺也比较简单，主要工艺是成型。按零部件的形状、尺寸精度和性能要求的不同，可采用不同的成型加工方法（粉浆、热压、挤压、可塑）。陶瓷材料的切削加工性差。

三、经济性原则

在机械设计和生产过程中，一般在满足使用性能和工艺性能的条件下，经济性也是选材必须考虑的主要因素。选材时应注意以下几点：

1. 尽量降低材料及其加工成本

在满足零件对使用性能与工艺性能要求的前提下，能用铸铁不用钢，能用非合金钢不用合金钢，能用硅锰钢不用铬镍钢，能用型材不用锻件、加工件，且尽量用加工性能好的材料。能正火使用的零件就不必调质处理。材料来源要广，尽量采用符合我国资源情况的材料，如含铝超硬高速钢（W6Mo5Cr4V2Al）具有与含钴高速钢（W18Cr4V2Co8）相似的性能，但价格便宜。

2. 用非金属材料代替金属材料

非金属材料的资源丰富，性能也在不断提高，应用范围不断扩大，尤其是发展较快的聚合物具有很多优异的性能，在某些场合可代替金属材料，既改善了使用性能，又可降低制造成本和使用维护费用。

3. 零件的总成本

零件的总成本包括原材料价格、零件的加工制造费用、管理费用、试验研究费和维修费等。选材时不能一味追求原材料低价而忽视总成本的其他各项。

四、选材的方法和步骤

在具体工程实践中常用的选材方法有如下几种：

1. 经验法

经验法也可称为套用法，即根据以往生产相同零件时选材的成功经验，或者有关设计手册对此类零件的推荐用材（它是总结前人的成功经验而得出的）进行选材。此外，在国内外已有同类产品的情况下，可通过技术引进或进行材料成分与性能测试，套用其中同类零件所用的材料。

2. 类比法

通过参考其他种类产品中功能或使用条件类似，且实际使用良好的零件的用材情况，经过合理的分析、对比后，选择与之相同或相近的材料。

3. 替代法

在生产零件或维修机械更新零件时，如果原来所选用的材料因某种原因无法得到或不能使用，则可参照原用材料的主要性能判据，另选一种性能与之近似的材料。为了确保零件的使用安全性，替代材料的品质和性能一般应不低于原用的材料。

4. 试差法

如果是新设计的关键零件，应按照上述选材步骤的全过程进行。如果试验结果未能达到设计的性能要求，应找出差距，分析原因，并对所选材料牌号或热处理方法加以改进后再进行试验，直至其结果满足要求，并根据此结果确定所选材料及其热处理方法。

掌握了以上方法之后，可根据具体情况，有选择性地按照以下步骤进行选材：

（1）分析零件的工作条件及失效形式，确定零件的性能要求（使用性能和工艺性能）。一般主要考虑力学性能，特殊情况应考虑物理、化学性能。

（2）对同类零件的用材情况进行调查研究，从使用性能、原材料供应和加工等方面分析选材是否合理，以此作为选材的参考。

（3）从确定的零件性能要求中找出最关键的性能要求，然后通过力学计算或试验等方法，确定零件应具有的力学性能指标或物理、化学性能指标。

（4）合理选择材料。所选材料除应满足零件的使用性能和工艺性能要求外，还要能适应高效加工和组织现代化生产。

（5）确定热处理方法或其他强化方法。

（6）审核所选材料的经济性（包括材料费、加工费、使用寿命等）。

（7）关键零件投产前应对所选材料进行实验，以验证所选材料与热处理方法能否达到各项性能指标要求，冷热加工有无困难等。当试验结果基本满意后，可小批投产。

对于不重要零件或某些单件、小批生产的非标准设备以及维修中所用的材料，若对材料选用和热处理都有成熟资料和经验时，可不进行试验和试制。

根据前面的分析可以总结得出以下规律：

陶瓷材料是重要的工具材料和耐高温材料，有较好的绝缘性能，目前在航空工业、国防尖端产品中占有重要的地位，但陶瓷材料几乎没有塑性，脆性极大，目前不适合制作重要的受力构件。高分子材料由于存在强度和刚度较低、易老化等缺点，只能制造一些轻载齿轮、壳体、密封圈等零件，在工程上还不能制作承载较大的结构零件。复合材料虽然具有很好的性能，但价格昂贵，在一般工业中应用有限。金属材料具有优良的综合力学性能和某些物理、化学性能，且可以通过不同的工艺来调整其性能，所以金属材料特别是钢铁材料，目前仍然是机械工业中最主要的结构材料。

学习任务三 典型零件选材实例及工艺分析

知识导图

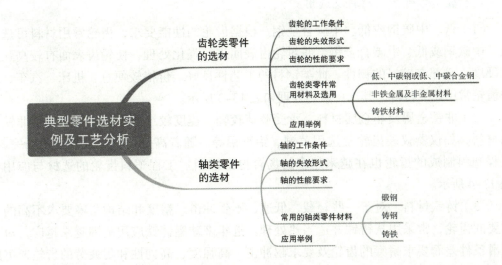

一、齿轮类零件的选材

齿轮是应用极广的重要机械零件，它的主要作用是传递扭矩、调节速度、换挡或改变传动方向。不同条件下工作的齿轮不仅转速可以相差很大，齿轮的直径也由几毫米到几米，因此齿轮的工作条件是复杂的，但大多数重要齿轮仍有其共同特点。

1. 齿轮的工作条件

齿轮工作时的受力情况为：

（1）由于传递扭矩，齿根承受较大的交变弯曲应力；

（2）齿面相互滑动和滚动，承受较大的接触应力，并发生强烈的摩擦；

（3）由于换挡、启动或啮合不良，齿部承受一定的冲击。

2. 齿轮的失效形式

由于齿轮的工作特点，其主要失效形式有以下几种：

（1）疲劳断裂。主要发生在齿根，常常一齿断裂引起数齿甚至更多的齿断裂。它是齿轮最严重的失效形式。

（2）齿面磨损。齿面接触区摩擦，使齿厚变小，齿隙增大。

（3）齿面接触疲劳破坏。在交变接触应力作用下，齿面产生微裂纹并逐渐发展，引起点状剥落。

（4）过载断裂。主要是冲击载荷过大造成的断齿。

学习笔记

3. 齿轮的性能要求

根据工作条件和失效形式，对齿轮用材提出如下性能要求：

（1）高的弯曲疲劳强度；

（2）高的接触疲劳强度和耐磨性；

（3）齿轮心部要有足够的强度和韧性。

4. 齿轮类零件常用材料及选用

（1）低、中碳钢或低、中碳合金钢。根据齿轮的性能要求，齿轮常用材料可选用低、中碳钢或低、中碳合金钢，并对轮齿表面进行强化处理，使轮齿表面有较高强度和硬度，心部有较好的韧性。此类钢材的工艺性良好，价格较便宜。机床、汽车、航空齿轮常用此类材料，其选材及热处理如表13-3所示。

（2）非铁金属及非金属材料。承受载荷较轻、速度较小的齿轮，还常选用非铁金属材料，如仪器仪表齿轮常选用黄铜、铝青铜等。随着高分子材料性能的不断完善，工程塑料制成的齿轮也在越来越多的场合得到应用。工程塑料齿轮的选材与应用如表13-4所示。

（3）铸铁材料。对于一些轻载、低速、不受冲击、精度和结构紧凑要求不高的不重要的齿轮，常采用灰铸铁并适当热处理。近年来球墨铸铁应用范围越来越广，对于润滑条件差而要求耐磨的齿轮及要求耐冲击、高强度、高韧性和耐疲劳的齿轮，可用贝氏体球墨铸铁代替渗碳钢。

表13-3　机床、汽车、航空齿轮的选材及热处理

齿轮工作条件	材料牌号	热处理工艺	硬度要求
低载，要求耐磨，小尺寸机床齿轮	15	900~950 ℃渗碳 780~900 ℃淬火	58~63 HRC
低速（<0.1 m/s）、低载不重要变速箱齿轮和挂轮架齿轮	45	840~800 ℃正火	156~217 HBS
低速（<1 m/s）、低载机床齿轮（如溜板）	45	820~840 ℃水淬 500~550 ℃回火	200~250 HBS
中速、中载或高载机床齿轮（如车床变速器次要载荷齿轮）	45	高频淬火，水冷300~340 ℃，回火	45~50 HRC
高速、中载，要求齿面硬度高的机床齿轮（如磨床砂轮齿轮）	45	高频淬火，水冷180~200 ℃，回火	54~60 HRC
中速（2~4 m/s）、中载高速机床走刀箱，变速箱齿轮	40Cr 42SiMn	调质，高频淬火，乳化液冷却260~300 ℃回火	50~55 HRC

续表

齿轮工作条件	材料牌号	热处理工艺	硬度要求
高速、高载，齿部要求高硬度机床齿轮	40Cr 42SiMn	调质，高频淬火，乳化液冷却 260~300 ℃回火	54~60 HRC
高速、中载，受冲击的机床齿轮（如龙门铣床的电动机齿轮）	20Cr 20Mn2B	900~950 ℃渗碳，直接淬火，800~880 ℃油淬，180~200 ℃回火	58~63 HRC
高速、高载，受冲击的齿轮（如立式车床重要齿轮）	20CrMnTi 20SiMnVB	900~950 ℃渗碳，降温至820~850 ℃直接淬火，180~200 ℃回火	58~63 HRC
汽车变速齿轮及圆锥齿轮	20CrMnTi 20CrMnMo	900~950 ℃渗碳，降温至820~850 ℃直接淬火，180~200 ℃回火	58~64 HRC
航空发动机大尺寸、高载、高速齿轮	18Cr2Ni4WA 37Cr2Ni4A 40Cr2NiMoA	调质，氧化	> 850 HV

表13-4 工程塑料齿轮的选用与应用

塑料品种	性能特点	适用范围
尼龙6 尼龙66	有较高的疲劳强度与耐振性，但吸湿性大	在中等或较低载荷、中等温度（80 ℃以下）和少无润滑条件下工作
尼龙610 尼龙1010	强度与耐热性略差，但吸湿性较小，尺寸稳定性较好，良好的韧性、刚度、耐疲劳、耐油、耐腐蚀，自润滑性好	同上条件，可在温度波动较大的情况下工作
MC尼龙	强度、刚度均较前两种高，耐磨性也较好	适用于铸造大型齿轮及蜗轮等
玻璃纤维增强尼龙	刚度、强度耐热性均优于未增强者，尺寸稳定性也显著提高	
聚甲醛	耐疲劳，刚度高于尼龙，吸湿性很小，耐磨性好（尤其是干磨擦），但成型性差，易老化	在中等轻载荷、中等温度（100 ℃以下）无润滑条件下工作
聚碳酸酯	成型收缩率特小，精度高，抗冲击，耐热疲劳强度较差，并有应力开裂倾向	可大量生产一次加工，可在冲击较大的情况下工作，当速度高时应用油润滑
ABS	韧性和尺寸稳定性，强度高，耐磨，耐蚀，耐水和油，易成型和加工	在冲击情况下工作，低浓度酸碱工况
玻璃纤维增强聚碳酸酯	强度、刚度、耐热性可与增强尼龙媲美，尺寸稳定性超过尼龙，但耐磨性较差	在较高载荷、较高温度下使用的精密齿轮，速度较高时用油润滑

续表

塑料品种	性能特点	适用范围
聚苯醚（PPO）	较上述不增强者均优，成型精度高，耐蒸汽，但有应力开裂倾向	适用于在高温水或蒸汽中工作的精密齿轮
聚酰亚胺（PI）	强度、耐热性高，成本也高	在260 ℃以下长期工作的齿轮

5. 应用举例

如图13-1所示为C620-1卧式车床床头箱中三联滑动齿轮简图。工作中，通过拨动主轴箱外手柄使齿轮在轴上做滑移运动，利用与不同齿数的齿轮啮合，可得到不同转速，工作时转速较高。其热处理技术条件是：轮齿表面硬度为50~55 HRC，齿心部硬度为20~25 HRC，整体强度R_m=780~800 MPa，整体冲击韧度α_k=40~60 J/cm^2。

从下列材料中选择合适的钢种，并制定加工工艺路线，分析每步热处理的目的：

35钢，45钢，T12，20Cr，40Cr，20CrMnTi，38CrMoAl，1Cr18Ni9Ti，W18Cr4V。

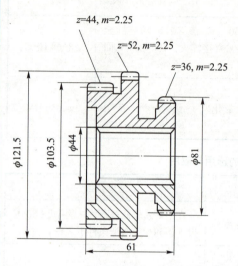

图13-1 C620-1卧式车床床头箱中三联滑动齿轮简图

（1）分析及选材。该齿轮是普通车床主轴箱滑动齿轮，是主传动系统中传递动力并改变转速的齿轮。该齿轮受力不大，在变速滑移过程中，虽然同与其相啮合的齿轮有碰撞，但冲击力不大，运动也较平稳。根据题中要求，轮齿表面硬度只要求50~55 HRC，选用淬透性适当的调质钢经调质、高频感应加热淬火和低温回火即可达到要求。考虑到该齿轮较厚，为提高其淬透性，可选用合金调质钢，油淬即可使截面大部分淬透，同时也可尽量减少淬火变形量，回火后基本上能满足性能要求。因此，从所给钢种中选择40Cr钢比较合适。

（2）确定加工工艺。加工工艺路线为：下料→齿坯锻造→正火（850~870 ℃空冷）→粗加工→调质（840~860 ℃油淬，600~650 ℃回火）→精加工→齿轮高频感应加热淬火（860~880 ℃高频感应加热，乳化液冷却）→低温回火（180~200 ℃回火）→精磨。

（3）热处理目的。正火处理可消除锻造应力，均匀组织，改善切削加工性。对于一般齿轮，正火也可作为高频淬火前的最终热处理工序。调质处理可使齿轮获得较高的综合力学性能，齿轮可承受较大的弯曲应力和冲击载荷，并可减少淬火变形。高频淬火及低温回火提高了齿轮表面硬度和耐磨性，并且使齿轮表面产生压应力，提高了抗疲劳破坏的能力。低温回火可消除淬火应力，对防止产生磨削裂纹和提高抗冲击能力是有利的。

二、轴类零件的选材

轴是机械工业中最基础的零部件之一，主要用以支承传动零部件并传递运动和动力。一切回转零件都安装在轴上。根据承受载荷的不同，轴可分为心轴、传动轴和转轴三种。心轴是只承受弯矩、不传递转矩的轴，如自行车的前轴等。传动轴是只传递扭矩不承受弯矩或承受弯矩较小的轴，如汽车的传动轴等。转轴既传递扭矩又承受弯矩，如齿轮减速箱中的轴等。此外，有些轴还要承受拉、压载荷。

1. 轴的工作条件

轴在工作时主要承受交变弯曲和扭转应力的复合作用，有时也承受拉压应力；轴与轴上零件有相对运动，相互间存在摩擦和磨损；轴在高速运转过程中会产生振动，使轴承受冲击载荷；多数轴在工作过程中常常要承受一定的过载载荷。

2. 轴的失效形式

轴的主要失效形式有：①断裂，这是轴的最主要失效形式，其中以疲劳断裂为多数、冲击过载断裂为少数；②磨损，轴的相对运动表面因摩擦而过度磨损；③过量变形，在极少数情况下会发生因强度不足的过量塑性变形失效和刚度不足的过量弹性变形失效。

3. 轴的性能要求

（1）应具有优良的综合力学性能，即要有足够的强度、塑性和一定的韧性，以承受过载和冲击载荷，防止过量变形和断裂。

（2）当弯曲载荷很大、转速又很高时，轴要承受很高的疲劳应力，因此要求具有高的疲劳强度，以防疲劳断裂。

（3）轴表面要具有高硬度和耐磨性，特别是与滑动轴承接触的轴颈部位，耐磨性要求高；轴转速越高，耐磨性要求也越高。

（4）在特殊条件下，还要提高抗蠕变能力和抗腐蚀性能。

4. 常用的轴类零件材料

高分子材料的强度、刚度太低，极易变形；陶瓷材料太脆，疲劳性能差。这两类材料一般不适宜于制造轴类零件。因此，轴类零件（尤其是重要轴）几乎都选用金属材料，其中钢铁材料最为常见。根据轴的种类、工作条件、精度要求及轴承类型等不同，可选择具体成分的钢或铸铁作为轴的合适材料。

（1）锻钢。

锻造成形的优质中碳或中碳合金调质钢是轴类材料的主体。35、40、45、50（其中 45 钢最常见）等碳钢具有较高的综合力学性能且价格低廉，故应用广泛。对受力不大或不重要的轴，为进一步降低成本，也可采用 Q235、Q255、Q275 等普通碳钢制造；对受力较大、尺寸较大、形状复杂的重要轴，可选用综合力学性能更好的合金调质钢来制造，如 40、45 等，对其中精度要求极高的轴要采用专用氮化钢（如 38）制造。中碳钢轴的热处理特点是：正火或调质保证轴的综合力学性能（强韧性），然后对易磨损的相对运动部位进行表面强化处理（表面淬火、渗氮或表面滚压、形变强化等）。考虑到轴的具体工作条件和性能要求不同，少数情况下还可选用低碳钢或高碳钢来制造轴类零件。如当轴受到强烈冲击载荷作用时，宜用低碳钢（如 20、25）渗碳制造；而当轴所受冲击作用较小而相对运动部位要求更高的耐磨性时，则宜用高碳钢制造。

（2）铸钢。

对形状极复杂、尺寸较大的轴，可采用铸钢来制造，如 ZG230-450。应注意的是，铸钢轴比锻钢轴的综合力学性能（主要是韧性）要低一些。

（3）铸铁。

由于大多数轴很少以冲击过载而断裂的形式失效，故近几十年来越来越多地采用球墨铸铁（如 QT700-2）和高强度灰铸铁（如 HT350）来代替钢作为轴（尤其是曲轴）的材料。与钢轴相比，铸铁轴的刚度和耐磨性不低，且具有缺口敏感性低、减振减摩、切削加工性好及生产成本低等优点，选材时值得被重视。不同工作条件下轴类零件的选材及热处理如表 13-5 所示。

表 13-5 不同工作条件下轴类零件的选材及热处理

工作条件	材料牌号	热处理要求	应用举例
滚动轴承配合，低速，低载，精度不高，冲击不大	45	正火或调质 220~250 HBS	一般工装，简易机床主轴
滚动轴承配合，中速，中载，精度中等	45	整体或局部淬火+回火 40~45 HRC	摇臂钻床，龙门铣床组合机床，工装
滑动轴承配合，有冲击载荷	45	正火，轴颈表面淬火+低温回火 52~58 HRC	机床（如 C6140 车床）和机械设备空心轴
滑动轴承配合，中载，高速，精度要求高，承受一定冲击	20Cr	渗碳+淬火+低温回火 56~62 HRC	齿轮机床轴等
滚动轴承配合，中载，较高速，受冲击，较高疲劳强度，精度高	40Cr	调质或正火，轴颈配合表面淬火 50~52 HRC	磨床砂轮轴，较大车床主轴

5. 应用举例

以 C616 车床主轴为例来分析其选材及热处理，图 13-2 为其简图。

该主轴受交变弯曲和扭转复合应力作用，载荷不大，转速中等，冲击载荷也不大，所以具有一般综合力学性能即可满足要求。但大的内锥孔、外锥体与卡盘、顶尖之间有摩擦，花键处与齿轮有相对滑动。为防止这些部位划伤和磨损，故这些部位要求有较高的硬度和耐磨性。轴颈与滚动轴承配合，硬度要求不高（220~250 HBS）。

根据以上分析，C616 车床主轴选用 45 钢即可。热处理技术条件为：整体硬度为 220~250 HBS；内锥孔和外锥体为 45~50 HRC，花键部分为 48~53 HRC。其加工工艺路线为：锻造→正火→粗加工→调质→半精加工→淬火、低温回火→粗磨（外圆、锥孔、外锥体）→铣花键→花键淬火、回火→精磨。

其中，正火是为了细化晶粒，消除锻造应力，改善切削加工性能，并为调质处理做组织准备；调质处理是为了使主轴获得良好的综合力学性能，为了更好地发挥调质效果，将其安排在粗加工之后。锥孔及外锥体的局部淬火和回火是为了使该处获得较高的硬度。锥孔、外锥体的局部淬火、回火可采用盐浴加热。花键处的表面淬火采用高频表面淬火、回火以减小变形和达到硬度要求。

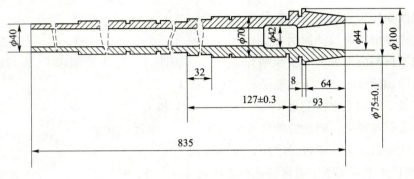

图 13-2　C616 车床主轴简图

课后习题

一、填空题

1. 一般机器零件常见的失效形式有（　　）、（　　）和（　　）三种。
2. 金属材料断裂失效的形式有（　　）、（　　）、（　　）、（　　）和（　　）。
3. 表面损伤失效最主要的三种形式是（　　）、（　　）和（　　）。
4. 造成零部件失效的原因主要有（　　）、（　　）、（　　）、（　　）等因素。
5. 选用材料应考虑的一般原则有（　　）原则、（　　）原则和（　　）原则。
6. 紧固螺栓要求的力学性能是（　　）和（　　）。
7. 弹簧要求的力学性能是（　　）、（　　）和（　　）。
8. 在金属材料中，铸造性能最好的是（　　）附近的合金。
9. 钢铁材料随碳元素含量增加，焊接性能（　　）。
10. 在具体工程实践中通常的选材方法有（　　）、（　　）、（　　）和（　　）。

二、选择题

1. 零件的使用性能取决于零件的（　　）和（　　）热处理。（选材、设计、安装、预备、最终）
2. 大功率内燃机曲轴选用（　　），中吨位汽车曲轴选用（　　），C620车床主轴选用（　　），精密镗床主轴选用（　　）。（合金球墨铸铁、球墨铸铁、45钢、38CrMoAl）
3. 汽车变速箱齿轮用20CrMnTi制造，请在加工工艺路线中选择合适的热处理工艺，下料、锻造、（　　）、切削加工、（　　）、喷丸、磨削加工。（退火、正火、调质、渗碳、淬火+低温回火、淬火+中温回火）
4. 汽车发动机的活塞销要求有较高的疲劳强度和冲击韧性且表面耐磨，一般应选用（　　）制造，并进行（　　）处理。（45钢、40Cr、T8A、QT700-2、20Cr、退火、回火、淬火+低温回火、淬火+中温回火、调质、渗碳、渗氮）

三、简答题

1. 什么叫失效？常见的失效形式有哪些？
2. 失效的原因有哪些？
3. 如何合理选用工程材料？
4. 机床床头箱齿轮应选用哪种材料最合适？请写出工艺路线和热处理目的。

参考文献

[1] 沈莲. 机械工程材料[M]. 北京：机械工业出版社，2018.

[2] 王运炎，朱莉. 机械工程材料[M]. 3版. 北京：机械工业出版社，2017.

[3] 梁戈. 机械工程材料与热加工工艺[M]. 2版. 北京：机械工业出版社，2015.

[4] 李占君，王霞. 机械工程材料[M]. 广州：华南理工大学出版社，2015.

[5] 梁耀能. 机械工程材料[M]. 广州：华南理工大学出版社，2011.

[6] 王霞，李占君. 工程材料与材料成型工艺[M]. 长春：吉林大学出版社，2010.

[7] 齐乐华. 工程材料与机械制造基础[M]. 2版. 北京：高等教育出版社，2018.

[8] 房强汉. 机械工程材料实验指导[M]. 哈尔滨：哈尔滨工业大学出版社，2016.

[9] 刘贯军. 机械工程材料与成型技术[M]. 北京：电子工业出版社，2019.

[10] 边洁. 机械工程材料学习指导（习题与实验）[M]. 哈尔滨：哈尔滨工业大学出版社，2010.

[11] 杜伟，邓想. 工程材料与热加工[M]. 北京：化学工业出版社，2017.

[12] 石德珂，王红洁. 材料科学基础[M]. 3版. 北京：机械工业出版社，2020.

[13] 赵品，谢辅洲，孙振国. 材料科学基础教程[M]. 哈尔滨：哈尔滨工业大学出版社，2016.

[14] 于文强，陈宗民. 金属材料及工艺[M]. 北京：北京大学出版社，2020.

[15] 徐志农，倪益华. 工程材料及其应用[M]. 武汉：华中科技大学出版社，2019.

[16] 刘建华. 工程材料与机械制造[M]. 北京：机械工业出版社，2019

[17] 丁红燕，张临财. 工程材料实验[M]. 西安：西安电子科技大学出版社，2017.

[18] 肖立业，刘向宏，王秋良，等. 超导材料及其应用现状与发展前景[J]. 中国工业和信息化，2018(08): 30-37.

[19] 信赢. 超导材料的发展现状与应用展望[J]. 新材料产业，2017(07):2-8.

[20] 杨延廷. 非晶态合金的制备及应用现状[J]. 科技视界，2014(11):161+148.

[21] 尹雨悦，王福春，王万坤，等. 纳米材料的应用及制备[J]. 广东化工，

2019,46(18):74-75.

［22］李宾,周桓竹,苏学伟,等.纳米科技与生活［J］.科技视界,2018(13):27-28.

［23］石勇,黄智.浅谈纳米材料在生物学及医学领域的应用［J］.信息记录材料,2019,20(04):25-27.

［24］吴朝玲,陈云贵,黄志芬,等.贮氢材料及贮氢技术的发展评述［C］//2011中国功能材料科技与产业高层论坛论文集（第三卷）.美国科研出版社,2011:192-200.

［25］赵东江,马松艳.新型贮氢材料的研究进展［J］.应用化工,2010,39(03):427-431..

机械工程材料

(实验分册)

主 编 李占君

北京理工大学出版社
BEIJING INSTITUTE OF TECHNOLOGY PRESS

机械工程学

目　　录

实验一　硬度试验 ·· 287
　一、实验目的 ·· 287
　二、概述 ·· 287
　三、布氏硬度（HB） ··· 288
　四、洛氏硬度（HR） ··· 291
　五、实验注意事项 ··· 293
　六、实验报告要求 ··· 293

实验二　金相试样的制备 ·· 294
　一、实验目的 ·· 294
　二、概述 ·· 294
　三、实验设备及用品 ··· 297
　四、实验要求 ·· 297
　五、实验报告要求 ··· 297

实验三　金相显微镜的构造与使用 ··· 298
　一、实验目的 ·· 298
　二、实验原理 ·· 298
　三、实验设备及用品 ··· 300
　四、实验要求 ·· 300
　五、实验报告要求 ··· 300

实验四　铁碳合金平衡组织观察 ··· 301
　一、实验目的 ·· 301
　二、概述 ·· 301
　三、实验内容 ·· 304
　四、实验报告要求 ··· 304
　五、思考题 ··· 304

实验五　钢的热处理实验 ………………………………………………………… 305
　　一、实验目的 ………………………………………………………………… 305
　　二、概述 ……………………………………………………………………… 305
　　三、实验内容 ………………………………………………………………… 307
　　四、实验步骤 ………………………………………………………………… 307
　　五、实验报告要求 …………………………………………………………… 308
　　六、思考题 …………………………………………………………………… 308

实验六　铁碳合金非平衡组织观察 ……………………………………………… 309
　　一、实验目的 ………………………………………………………………… 309
　　二、概述 ……………………………………………………………………… 309
　　三、实验内容 ………………………………………………………………… 312
　　四、实验报告要求 …………………………………………………………… 312
　　五、思考问题 ………………………………………………………………… 312

实验七　铸铁及有色金属组织观察 ……………………………………………… 313
　　一、实验目的 ………………………………………………………………… 313
　　二、概述 ……………………………………………………………………… 313
　　三、实验设备及用品 ………………………………………………………… 317
　　四、实验要求 ………………………………………………………………… 317
　　五、实验报告要求 …………………………………………………………… 317

实验一　硬度试验

一、实验目的

（1）熟悉硬度测定的基本原理、表示方法及应用范围。
（2）掌握布氏、洛氏硬度计的主要结构及操作方法。
（3）初步建立碳钢的含碳量与其硬度间的关系和热处理能改变材料硬度的概念。

二、概述

金属的硬度可以认为是金属材料表面在接触应力作用下抵抗塑性变形的一种能力。硬度测量能够给出金属材料软硬程度的数量概念。由于在金属表面以下不同深处材料所承受的应力和所发生的变形程度不同，因而硬度值可以综合地反映压痕附近局部体积内金属的弹性、微量塑变抗力、塑变强化能力以及大量形变抗力。硬度值越高，表明金属抵抗塑性变形能力越大，材料产生塑性变形就越困难。此外，硬度值与其他力学性能（如抗拉强度、断面收缩率等）及某些工艺性能（如切削加工性、冷成形性等）都有一定的联系，故在产品设计图样的技术条件中，硬度是一项主要技术指标。再加上硬度实验设备简单，操作迅速方便，不需要专门制备试样，也不破坏被测试的工件，因此，在工业生产中，被广泛应用于产品质量的检验。

硬度的测试方法很多，在机械工业中广泛采用压入法来测定硬度。压入法又可分为布氏硬度、洛氏硬度、维氏硬度等。

压入法硬度试验的主要特点是：

（1）试验时应力状态最软（即最大切应力远远大于最大正应力），因而不论是塑性材料还是脆性材料均能发生塑性变形。

（2）金属的硬度与强度指标之间存在如下近似关系：

$$R_m = K \cdot HBW$$

式中：R_m——材料的抗拉强度值；

　　　HBW——布氏硬度值；

　　　K——系数。退火状态的碳钢，$K=0.34\sim0.36$；合金调质钢，$K=0.33\sim0.35$；有色金属合金，$K=0.33\sim0.53$。

（3）硬度值对材料的耐磨性、疲劳强度等性能也有定性的参考价值，通常硬度值高，这些性能也就好。在机械零件设计图纸上对力学性能的技术要求，往往只标注硬度值，其原因就在于此。

（4）硬度测定后由于仅在金属表面局部体积内产生很小压痕，并不损坏零件，因而适合于成品检验。

（5）设备简单，操作迅速方便。

三、布氏硬度（HB）

1. 布氏硬度试验的基本原理

布氏硬度试验最新国标是 GB/T 231.1—2018，其原理是：对直径为 D 的碳化钨合金球施加一定大小的载荷 F，将其压入被测金属表面（如图 1-1 所示）保持一定时间，然后卸除载荷，通过读数放大镜测量出压痕的直径 d，根据 d 和 D 的几何关系可以求出压痕的面积 S。以压痕上载荷产生的平均应力值即 $\frac{F}{S}$ 作为硬度值的计量指标，并用符号 HBW 表示。

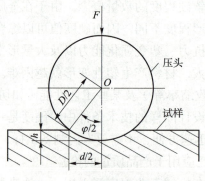

图 1-1　布氏硬度试验原理

其计算公式如下：

$$HBW = F/S \tag{1-1}$$

式中：HBW——布氏硬度值；
　　　F——载荷（N）；
　　　S——压痕面积（mm^2）。

根据压痕面积与压痕深度和碳化钨球直径之间的几何关系，可知压痕部分的球面积为

$$S = \pi D h \tag{1-2}$$

式中：D——碳化钨球直径（mm）；
　　　h——压痕深度（mm）。

由于测量压痕直径 d 要比测定压痕深度容易，故可将式（1-2）中 h 改换成 d 来表示，这可根据图 1-1 有：

$$\frac{1}{2}D - h = \sqrt{\frac{D^2}{2} - \frac{d^2}{2}}$$

$$h = \frac{1}{2}(D - \sqrt{D^2 - d^2}) \tag{1-3}$$

将式（1-2）和式（1-3）代入式（1-1）即得

$$\mathrm{HBW} = \frac{F}{\pi D h} 0.102 \frac{2F}{\pi D(D - \sqrt{D^2 - d^2})} \tag{1-4}$$

式中只有 d 是变数，故只需测出压痕直径 d，根据已知 D 和 F 值就可计算出 HBW 值。在实际测量时，可由测出的压痕直径 d 直接查表得到 HBW 值。0.102 为公斤力（kgf[①]）到牛顿的转换因子，0.102=1/9.806 65，单位为 s/m²。

由于金属材料有硬有软，所测工件有厚有薄，若只采用同一种载荷（如 3 000 kgf）和钢球直径（如 10 mm）时，则对硬的金属适合，而对极软的金属就不适合，会发生整个钢球陷入金属中的现象；若对于厚的工件适合，则对于薄件会出现压透的可能，所以在测定不同材料的布氏硬度值时要求有不同的载荷 F 和球直径 D。为了得到统一的、可以相互进行比较的数值，必须使 F 和 D 之间维持某一比值关系，以保证所得到的压痕形状的几何相似关系，其必要条件就是使压入角 φ 保持不变。

根据相似原理由图 1-1 可知 d 和 φ 的关系为

$$\frac{D}{2}\sin\frac{\varphi}{2} = \frac{d}{2} \quad 或 \quad d = D\sin\frac{\varphi}{2} \tag{1-5}$$

以此代入式（1-4）得

$$\mathrm{HB} = \frac{F}{D^2}\left[\sqrt{\frac{2}{\pi(1-\sin^2\frac{\varphi}{2})}}\right] \tag{1-6}$$

式（1-6）说明，当 φ 值为常数时，为使 HB 值相同，$\frac{F}{D^2}$ 也应保持为一定值。因此对同一材料而言，不论采用何种大小的载荷和钢球直径，只要能满足 $\frac{F}{D^2}$ = 常数，所得的 HB 值是一样的。对不同材料来说，所得的 HBW 值也是可以进行比较的。按照国家标准规定，$\frac{F}{D^2}$ 比值有 30、15、10、5、2.5 和 1 共 6 种，其中 30、10、2.5 较常用，具体试验数据和适用范围可参考表 1-1。

表 1-1 布氏硬度试验规范

材料	HBW 范围	试样厚度 /mm	F/D^2	硬质合金球直径 D/mm	载荷 /kgf	载荷保持时间 /s
黑色金属	140~450	大于 6 6~3 小于 3	30	10 5 2.5	3 000 750 187.5	10

[①] 1 kgf=9.806 65 N。

续表

材料	HBW 范围	试样厚度 /mm	F/D^2	硬质合金球直径 D/mm	载荷 /kgf	载荷保持时间 /s
黑色金属	小于 140	大于 6 6~3 小于 3	10	10 5 2.5	3 000 750 187.5	10
有色金属及合金	36~130	大于 6 6~3 小于 3	10	10 5 2.5	1 000 250 62.5	30
铝合金及轴承合金	8~35	大于 6 6~3 小于 3	2.5	10 5 2.5	250 62.5 15.6	60

布氏硬度表示方法为：k+HBW+$D/F/t$，k 为布氏硬度数值，HBW 为布氏硬度符号，D 为硬质合金球直径（mm），F 为施加的试验力（kgf），t 为试验时载荷保持的时间（s），保持 10~15 s 时不标注。例如：550HBW10/1000/30，表示用直径为 10 mm 的硬质合金球，在 1 000 kgf 试验力作用下，保持 30 s 测得的布氏硬度值为 550 HBW。当然在实际生产中见到的 420 HBW、500 HBW 等是将试验条件省略后的简易表示方法。

2. 布氏硬度测定的技术要求

（1）试样表面必须平整光洁，不应有氧化皮及污染物，以使压痕边缘清晰，保证准确测量压痕直径。

（2）压痕距离试样边缘应大于 D，两压痕之间距离应不小于 D。

（3）用读数显微镜测量压痕直径 d 时，应从相互垂直的两个方向上分别测量，取其平均值。

（4）试样厚度至少应为压痕深度的 10 倍，试验后，试样背面应无可见变形痕迹。

（5）试验前应保证试样支撑面、压头表面及试样台表面清洁。试样稳固地放在试验台上，保证在试验过程中不发生位移。试验时，应均匀平稳施加试验力，不得有冲击和振动。试验力作用方向垂直于试验面。

3. 布氏硬度的试验特点

布氏硬度的压痕面积大，能测出试样较大范围内的性能，不受个别组织的影响，其硬度值代表性较全面，所以特别适合测定灰铸铁、轴承合金和具有粗大晶粒的金属材料，并且试验数据稳定，重复性强。布氏硬度与抗拉强度之间还存在换算关系。由于布氏硬度压痕大，不适合用于成品及薄片金属的检测，通常用于测定铸铁、有色金属、低合金结构钢等原材料及结构钢调质件的硬度。

4. 布氏硬度计的结构

常见的布氏硬度计的主要部件及作用如下：

（1）机体与工作台：布氏硬度计机体为灰铸铁件，机体前台面有丝杠座，内部装有丝杠，丝杠上装有立柱和工作台，能上下移动。

（2）杠杆机构：通过电动机将砝码的载荷自动加载到试样上。

（3）压轴部分：保证工作时试样与压头中心对准。

（4）减速部分：带动曲柄连杆，实现缓慢加载及卸荷。

（5）换向开关系统：控制电动机回转方向，确保加载、卸荷自动进行。

5. 布氏硬度计操作

操作前的准备工作：

（1）把根据表 1-1 选定的压头擦拭干净，装入主轴衬套中。

（2）按表 1-1 选定载荷，加上相应的砝码。

（3）安装工作台。当试样高度 <120 mm 时应将立柱安装在升降螺杆上，然后装好工作台进行试验。

（4）按表 1-1 确定持续时间 T。

（5）接通电源，打开指示灯，证明通电正常。

操作顺序：

（1）将试样放在工作台上，顺时针转动手轮，使压头压向试样表面直至手轮对下面螺母产生相对运动为止。

（2）按动加载按钮，启动电动机，开始加载荷。

（3）保荷时间到，逆时针转动手轮降下工作台，取下试样。

（4）用读数显微镜测出压痕直径 d 值（相互垂直方向分别测量求平均）。

（5）以此值查表即得 HBW 值。

四、洛氏硬度（HR）

1. 洛氏硬度试验的基本原理

洛氏硬度同布氏硬度一样也属压入硬度法，但它不是测定压痕面积；而是根据压痕深度来确定硬度值指标。其试验原理如图 1-2 所示。

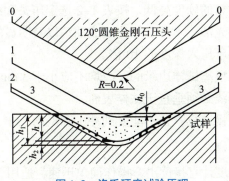

图 1-2 洛氏硬度试验原理

洛氏硬度试验所用压头有两种：一种是顶角为 120° 的金刚石圆锥，另一种是直径为 $\frac{1}{16}''$（1.58 mm）的淬火钢球。根据金属材料软硬程度不一，可选用不同的压头和载荷配合使用，最常用的是 HRA、HRB 和 HRC。这三种洛氏硬度的压头、负荷及使用范围列于表 1-2。

表 1-2 常用三种洛氏硬度试验规范

符号	压头	总载荷/kgf(N)	硬度值有效范围	使用范围
HRA	金刚石圆锥 120°	60（588.4）	20~88HRA	适用于测量硬质合金表面淬火或渗碳层
HRB	1.588 mm 淬火钢球	100（980.7）	20~100HRB	适用于测量有色金属、退火、正火钢等
HRC	金刚石圆锥 120°	150（1 471.0）	20~70HRC	适用于测量调质钢、淬火钢等

洛氏硬度测定时，需要先后两次施加载荷（预载荷和主载荷），预加载荷的目的是使压头与试样表面接触良好，以保证测量结果准确。图 1-2 中 0—0 位置为未加载荷时的压头位置，1—1 位置为加上 10 kgf 预加载荷后的位置，此时压入深度为 h_1，2—2 位置为加上主载荷后的位置，此时压入深度为 h_2，h_2 包括由加载所引起的弹性变形和塑性变形，卸除主载荷后，由于弹性变形恢复而稍提高到 3—3 位置，此时压头的实际压入深度为 h_3。洛氏硬度就是以主载荷所引起的残余压入深度（$h=h_3-h_1$）来表示。

但这样直接以压入深度的大小表示硬度，将会出现硬的金属硬度值小，而软的金属硬度值大的现象，这与布氏硬度所标志的硬度值大小的概念相矛盾。为了与习惯上数值越大硬度越高的概念相一致，采用一常数 K 减去 h 的差值表示硬度值。为简便起见又规定每 0.002 mm 压入深度作为一个硬度单位（即刻度盘上一小格）。

洛氏硬度的表示方法为：数字 +HR（A、B、C），如 62HRC 表示用 HRC 标尺时的硬度值为 62，80HRB 表示用 HRB 标尺时的硬度值为 80。

2. 测定洛氏硬度的技术要求

（1）根据被测金属材料的硬度高低，按表 1-2 选定压头和载荷。
（2）试样表面应平整光洁，不得有氧化皮或油污以及明显的加工痕迹。
（3）试样厚度应不小于压入深度的 10 倍。
（4）两相邻压痕及压痕离试样边缘的距离均不应小于 3 mm。
（5）加载时力的作用线必须垂直于试样表面。
（6）试验加载时应缓慢进行，且不能受到冲击和振动。

3. 洛氏硬度试验的特点

洛氏硬度试验可由硬度计直接读出，操作简单迅速，适用于成批零部件的检验，采用不同种类的压头，可测得的材料范围较广。压痕很小，对一般工件不造成损伤，但压痕小对具有粗大组织结构的材料缺乏代表性，数据较分散，精确度没有布氏硬度高。

4. 洛氏硬度计的结构

常见洛氏硬度计的主要部件及作用如下：

（1）机体与工作台：洛氏硬度计机体为灰铸铁件，机体前面可安装不同形状的工作台，通过转动手轮，借助螺杆的转动可使工作台上下移动。

（2）加载机构：由加载杠杆和挂重架等组成，通过杠杆系统将试验力传递到压头，从而给试样施加载荷，通过扇形齿轮的转动可以完成加载与卸荷。

（3）千分表指示盘：读出不同标尺时的硬度值。

需要说明的是，现在好多数显式洛氏硬度计没有千分表指示盘，硬度值可以通过液晶显示面板直接读出。

4. 洛氏硬度试验机操作

（1）根据试样预期硬度按表 1-2 确定压头和载荷，并装入试验机。

（2）将符合要求的试样放置在试样台上，顺时针转动手轮，使试样与压头缓慢接触，直至表盘小指针指到"0"为止，然后将表盘大指针调零。

（3）按动按钮，平稳地加上主载荷。当表盘中大指针反向旋转若干格并停止时，等待数秒，再反向旋转摇柄，卸除主载荷。此时大指针退回若干格，这说明弹性变形得到恢复，指针所指位置反映了压痕的实际深度。由表盘上可直接读出洛氏硬度值，HRA、HRC 读外圈黑刻度，HRB 读内圈红刻度。

（4）逆时针旋转手轮，取出试样，测试完毕。

（5）重复上述步骤，在试样不同位置测量三次求平均值。注意相邻压痕中心及压痕中心与试样边缘的距离要大于 3 mm。

五、实验注意事项

（1）试样两端要平行，表面应平整，若有油污或氧化皮，可用砂纸打磨，以免影响测试。

（2）圆柱形试样应放在带有"扩"型槽的工作台上操作，以防试样滚动。

（3）加载时应细心操作，以免损坏压头。

（4）加预载荷（10 kgf）时若发现阻力太大，应停止加载，立即报告，检查原因。

（5）测完硬度值，卸掉载荷后，必须使压头完全离开试样后再取下试样。

（6）金刚钻压头系贵重物件，质硬而脆，使用时要小心谨慎，严禁与试样或其他物件碰撞。

（7）应根据硬度试验机使用范围，按规定合理选用不同的载荷和压头，超过使用范围将不能获得准确的硬度值。

六、实验报告要求

（1）写明实验目的。

（2）简述硬度测试的意义。

（3）记录实验过程中的布氏硬度、洛氏硬度数据。

（4）写出实验过程中发现的问题和体会。

实验二 金相试样的制备

一、实验目的

（1）了解制备金相试样常用的设备、工具。
（2）初步掌握金相试样的制备过程和方法。

二、概述

利用金相显微镜来研究金属及其合金组织的方法叫作金相显微分析法。金相显微分析是研究金属内部组织最重要的方法之一。用光学显微镜观察和研究金属内部组织的步骤，首先是制备所用试样的表面，然后选用合适的浸蚀剂浸蚀试样的表面，并用金相显微镜观察和研究试样表面组织。

试样表面比较粗糙时，由于对入射光产生漫反射，无法用显微镜观察其内部组织。因此要对试样表面进行处理，通常采用磨光和抛光的方法，从而得到光亮如镜的试样表面。这个表面在显微镜下只能看到白亮的一片而看不到其组织细节，因此必须采用合适的浸蚀剂对试样的表面进行浸蚀，使试样表面有选择性地溶解掉某些部分（如晶界），从而呈现微小的凹凸不平，这些凹凸不平在光学显微镜的景深范围内可以显示出试样内组织的形貌、组成物的大小和分布。

用来做金相显微分析的试样称为金相显微试样。金相显微试样制备得好与坏，直接影响到金相组织的观察效果。如果制备得不好，会造成许多假像，也就不可能真实地反映出金属与合金的内部组织，而会得出错误的检测结果。由此可见，金相显微试样制备技术是金相检验的最基本的实验技术之一，因此，应该了解和掌握金相试样的制备技术和对它的质量要求，并且通过不断地反复实践，来掌握和提高金相试样的制备技术。

金相试样的制备过程包括取样、磨制、抛光、浸蚀等几个步骤。

1. 取样

取样的部位及磨面应根据检验金属材料或零件的特点、加工工艺及研究目的进行选择，取其具有代表性的部位。待确定好部位后，就可以把试样截下。试样的尺寸通常采用直径 12~15 mm、高 12~15 mm 的圆柱体或边长 12~15 mm 的方形试样。

试样的截取方法视材料的性质不同而异，软的金属可用手锯或锯床切割，硬而脆的材料（如白口铸铁）则可用锤击打下，对极硬的材料（如淬火钢）则可采用砂轮片切割或电脉冲加工。但不论用哪种方法取样，都应避免试样受热或变形从而引起金属组织变化。为防止受热，必要时应随时用冷水冷却试样。

试样的尺寸一般不要过大，应便于握持和易于磨制。对形状特殊或尺寸较小不易握持的试样，或为了试样不发生倒角，可采用镶嵌法或机械装夹法。

镶嵌法是将试样镶在镶嵌材料中，见图 2-1，目前使用的镶嵌材料有热固性塑料（如胶木粉）及热塑性材料（聚乙烯聚合树脂）等，还可将试样放在金属圈内，然后注入低熔点物质，如硫磺、松香、低熔点合金等。

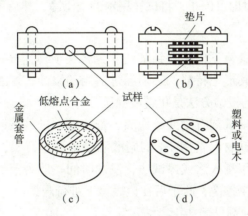

图 2-1　金相试样的镶嵌方法
（a），（b）机械镶嵌；（c）低熔点合金镶嵌；（d）塑料镶嵌

2. 磨制

磨制分为粗磨和细磨。粗磨可使用砂轮机或锉刀锉平，目的是将试样修整成平面。细磨分手工和机械磨制（在预磨机上磨制），目的是消除粗磨留下的磨痕，为抛光做好准备。细磨的目的是获得平整光滑的磨面。细磨的操作方法如下：

（1）将砂纸放在玻璃板上，左手按住砂纸，右手紧握试样，并使磨面朝下，均匀用力向前推行磨制。在回程时，应提起试样不与砂纸接触，以保证磨面平整而不产生弧度。

（2）细磨的砂纸从粗到细有许多号，先从最粗的 80# 砂纸开始磨制，再经过 140#、280#、320#、400#、600#、800#、1 000#、1 200# 终止。当前一号磨好后，必须将试样磨面、手及玻璃板擦净，再进行下一道砂纸的磨制。并且每当换一号砂纸时，磨光方向都要转 90°。

（3）细磨结束后，必须用水将试样、手清洗干净，以免砂粒带到抛光盘上影响抛光质量。

有色金属应在金相砂纸上制备，用汽油、机油或肥皂水等作润滑剂。

3. 抛光

抛光的目的在于去除细磨时磨面上遗留下来的细微磨痕和变形层，以获得光滑的镜面。常用的抛光方法有机械抛光、电解抛光和化学抛光三种，其中以机械抛光应用最广。

机械抛光在专用的抛光机上进行。抛光机主要由电动机和抛光圆盘（ϕ200~300 mm）组成，抛光盘转速为 200~600 r/min。抛光盘上铺以细帆布、呢绒、丝绸等，抛光时在抛光盘上不断滴注抛光液。抛光液通常采用 Al_2O_3、MgO 或 Cr_2O_3 等细粉末（粒度为 0.3~1 μm）在水中的悬浮液。抛光试样的磨面应均匀、平整地压在旋转的抛光盘上，试样要拿牢，与抛光布紧密接触，压力适当。抛光时要将试样逆着抛光盘的转动方向而自身转动，同时由盘的边缘到中心往复运动。抛光时间不可太长，待试样表面磨痕消除，呈光亮的镜面时即可停止，将试样用水冲洗干净，然后用吹风机吹干。

4. 浸蚀

抛光后的试样在显微镜下仅能看到某些非金属夹杂物、石墨、孔洞和裂纹等，无法辨别出各种组成物及其形态特征。必须经过适当的浸蚀，才能使显微组织正确地显示出来。目前，最常用的浸蚀方法是化学浸蚀法。

化学浸蚀常用的化学试剂有硝酸、盐酸、苦味酸、过氧酸铵等，根据材料的不同来选择浸蚀剂配方。钢铁材料常用 4% 的硝酸酒精溶液进行浸蚀。试样浸蚀前用酒精棉擦净，浸蚀方法可采用浸入法或擦试法，浸蚀时间一般为至试样表面发暗即可。浸蚀后立即用水冲洗，酒精擦洗，吹干后在显微镜下进行观察。

金属材料常用的浸蚀剂见表 2-1。

表 2-1 金属材料常用的浸蚀剂

浸蚀剂名称	成　分	浸蚀条件	使用范围
A. 钢铁材料常用的浸蚀剂			
硝酸酒精溶液	硝酸 1~5 mL 酒精 100 mL	硝酸含量增加时，浸蚀速度增加。浸蚀时间从数秒至 60 s	适用于显示碳钢及合金结构钢经不同热处理的组织。显示铁素体晶界特别清晰
苦味酸酒精溶液	苦味酸 4 g 酒精 100 mL	有时可用较淡溶液浸蚀数秒至数分种	能显示碳钢、低合金钢的各种热处理组织，特别是显示细珠光体和碳化物。显示铁素体晶界效果则不如硝酸酒精溶液
混合酸酒精溶液	盐酸 10 mL 硝酸 3 mL 酒精 100 mL	浸蚀 2~10 min	显示高速钢淬火及回火后钢的奥氏体晶粒，显示回火马氏体组织
王水溶液	盐酸（相对密度 1.19）3 份 硝酸（相对密度 1.42）1 份	试样浸入试剂内数次，每次 2~3 s，并抛光，用水和酒精冲洗	显示各类高合金钢组织，用于 Cr–Ni 不锈钢的组织显示，晶界、碳化物析出物特别清晰

续表

浸蚀剂名称	成　分			浸蚀条件	使用范围
B. 有色金属材料常用的浸蚀剂					
氯化铁、盐酸溶液		$FeCl_3$ (g)	HCl (mL)	H_2O (mL)	先擦拭，再浸入试剂中 1~2 min	显示黄铜、青铜的晶界，使二相黄铜中的 β 相发暗，铸造青铜枝晶组织图像清晰
	(a)	1	20	100		
	(b)	5	10	100		
	(c)	25	25	100		
氢氟酸水溶液	HF（浓）　　0.5 mL H_2O　　　99.5 mL				用棉花沾上试剂擦拭 10~20 s	显示铝合金的一般显微组织
浓混合酸溶液	HF（浓）　　10 mL HCl（浓）　　15 mL HNO_3（浓）　25 mL H_2O　　　50 mL				此液作粗视浸蚀用；若用作显微组织，则可用水按 9:1 冲淡后作为浸蚀剂用	是显示轴承合金粗视组织和显微组织的最佳浸蚀剂

三、实验设备及用品

（1）不同粗细的金相砂纸一套，玻璃板、抛光液、酒精浸蚀剂（4%的硝酸酒精溶液）；

（2）抛光机、抛光绒布、帆布；

（3）待制备的金相试样等。

四、实验要求

（1）每人制备一块（45 钢或 T8 钢或 T12 钢）基本合格的试样。

（2）利用金相显微镜观察自己制备好的试样，并结合金相显微镜组织照片搞清该试样为何种组织。

五、实验报告要求

（1）写明实验目的。

（2）简述金相显微试样的制备过程。

（3）写出在实验中所发现的问题和体会。

实验三　金相显微镜的构造与使用

一、实验目的

（1）了解普通金相显微镜的成像原理。
（2）熟悉普通金相显微镜的构造和主要部件的作用。
（3）掌握金相显微镜的使用方法。

二、实验原理

1. 金相显微镜的构造

研究金相显微组织的光学显微镜称为金相显微镜。金相显微镜不同于生物显微镜。生物显微镜是利用透视光来观察透明的物体；金相显微镜则利用反射光将不透明物体放大后进行观察或摄影。金相显微镜可分为台式、立式和卧式三大类，构造由光学系统、照明系统和机械系统三大部分组成。有的显微镜还附有摄影装置。

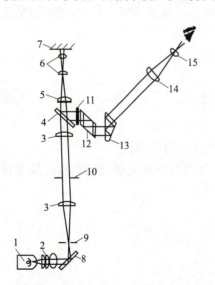

图 3-1　4X 型金相显微镜的光学系统

1—灯泡；2—聚光镜组；3—聚光镜；4—半反射镜；5，11—辅助透镜；6—物镜组；7—试样；8—反光镜；9—孔径光阑；10—视场光阑；12，13—棱镜；14—场镜；15—目镜

（1）光学系统。

4X 型金相显微镜的光学系统如图 3-1 所示。由灯泡 1 发出的光线经聚光镜组 2 及反光镜 8 聚集到孔径光阑 9，再经过聚光镜 3 聚集到物镜的后焦面，最后通过物镜平行照射到试样 7 的表面。从试样反射回来的光线复经物镜组 6 和辅助透镜 5，由半反射镜 4 转向，经过辅助透镜以及棱镜造成一个被观察物体的倒立的放大实像。该像再经过目镜 15 的放大，就成为在目镜视物中能看到的放大映像。

（2）照明系统。

在金相显微镜的底座内装有一低压（6~8 V、15 W）灯泡作为光源，由变压器降压供电，靠调节次级电压（6~8 V）来改变灯光的亮度。聚光镜、孔径光栏及反光镜等装置均安装在圆形底座上，视场光栏及另一聚光镜则安在支架上。它们组成显微镜的照明系统，使试样表面得到充分、均匀的照明。

（3）机械系统。

显微镜调焦装置：在显微镜体的两侧有粗动和微动调焦手轮，两者在同一部位。随粗调手轮的转动，支承载物台的弯臂做上下运动。在粗调手轮的一侧有制动装置，用以固定调焦正确后载物台的位置。微调手轮使显微镜本体沿着滑轨缓慢移动。在右侧手轮上刻有分度格，每一格表示物镜座上下微动 0.002 mm。

载物台（样品台）：用于放置金相试样，载物台和下面托盘之间有导架，转动调节螺母，可使载物台在水平面上做一定范围的十字定向移动，以改变试样的观察位置。

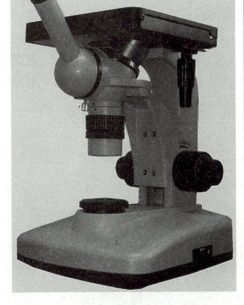

孔径光栏和视物光栏：孔径光栏装在照明反射镜座上面，调整孔径光栏能够控制入射光束的粗细，以保证物像达到清晰的程度。视物光栏设在物镜支架下面，其作用是控制视场范围，使目镜中视物明亮而无阴影，在刻有直纹的套圈上还有两个调节螺钉，用来调整光栏中心。

物镜转换器：转换器呈球面状，上有 3 个螺孔，可安装不同放大倍数的物镜，旋动转换器可使各物镜镜头进入光路，与不同的目镜搭配使用，可获得各种放大倍数。

目镜筒：目镜筒呈 45° 倾斜安装在有棱镜的半球形座上，还可将目镜转向 90°，呈水平状态以配合照相装置进行摄影。

2. 金相显微镜的使用方法

（1）接通电源，打开开关。

（2）根据放大倍数选用合适的物镜和目镜，分别安装在物镜座及目镜筒内，并将物镜转至正确位置。

（3）将试样放在工作台中心，观察面朝下放置。

（4）转动粗调手轮，先使载物台下降，随后从下向上观察从物镜射出的光斑是否落在试样表面，如果偏离，转动载物台调节螺母，确保光斑落在试样表面，接着从目镜观察，同时转动手轮使物镜慢慢上升，靠近试样，当视场亮度发生变化时调节微调手轮，使物镜上升，直到物像清晰。

（5）调节孔径光圈和视场光圈，以获得最佳的观察效果。

3. 金相显微镜的使用注意事项

金相显微镜是一种精密的光学仪器，使用时要求细心谨慎。在使用显微镜工作之前首先应熟悉其构造特点及各主要部件的相互位置和作用，然后按照显微镜的使用规程进行操作。

（1）将试样置放在载物台上，从目镜上观察，用双手旋转粗细调手轮，当视场亮度增强或看到组织后，再调节微调手轮直到图像清晰为止。

（2）当微调手轮转不动时，不可强力旋转，而应向反方向旋转几圈后再重新调焦。

（3）需要变换观察部位时，用手推动载物台，可使载物台在水平面上做一定范围的移动，不可把试样在载物台上来回拉动。

三、实验设备及用品

（1）金相显微镜；
（2）金相试样。

四、实验要求

（1）了解金相显微镜及有关设备构造，熟悉正常操作步骤及注意事项。
（2）在教师指导下学习使用金相显微镜，并用不同放大倍数观察金相显微组织。

五、实验报告要求

（1）写明实验目的。
（2）简述金相显显微镜的成像原理。
（3）写出在实验中所发现的问题和体会。

实验四　铁碳合金平衡组织观察

一、实验目的

（1）观察和分析铁碳合金（碳钢及白口铸铁）在接近平衡状态下的显微组织；
（2）了解铁碳合金的成分、组织与性能之间的相互关系。
（3）进一步熟悉显微镜的使用。

二、概述

利用金相显微镜观察金属的组织和缺陷称为显微分析；所看到的组织称为显微组织。

合金在极缓慢冷却条件（如退火状态）下得到的组织为平衡组织。铁碳合金的平衡组织可以根据 Fe-C 相图来分析。从相图可知，所有碳钢和白口铁在温室时的组织均由铁素体和渗碳体两相组成。但由于含碳量的不同和结晶条件的差异，铁素体和渗碳体的相对数量、形态、分布和混合情况不同，因而将组成各种不同特征的组织或组织组成物，其基本特征如下：

（1）铁素体（F）是碳溶于 α-Fe 中的间隙固溶体，有良好的塑性，硬度较低（80~120 HBW），经 3%~5% 硝酸酒精溶液浸蚀后，在显微镜下呈白色大粒状。随着钢中含碳量的增加，铁素体量减少。铁素体量较多时呈块状；当含碳量接近于共析成分时，往往呈断续的网状，分布在珠光体的周围，如图 4-1 所示。

（2）渗碳体（Fe_3C）是铁与碳的化合物，含碳量为 6.69%，抗浸蚀能力较强。经 3%~5% 硝酸酒精溶液浸蚀后呈白亮色；若用苦味酸钠溶液热浸蚀，则被染成黑褐色，而铁素体仍为白色，由此可区别开铁素体和渗碳体。渗碳体的硬度很高，达 800 HBW 以上；脆性很大，强度和塑性很差。一次渗碳体从液相析出，呈白色长条状，分布在莱氏体之间。二次渗碳体由奥氏体中析出，数量较少，在奥氏体冷却时发生共析转变，二次渗碳体呈网状分布在珠光体的晶界上。另外，经过不同的热处理，渗碳体可以呈片状、粒状或断续网状。三次渗碳体从铁素体中析出，数量极少，往往予以忽略。共析渗碳体是共析反应生成的，以层片状分布在珠光体内。共晶渗碳体是发生共晶反应时生成的，它作为莱氏体的基体存在。

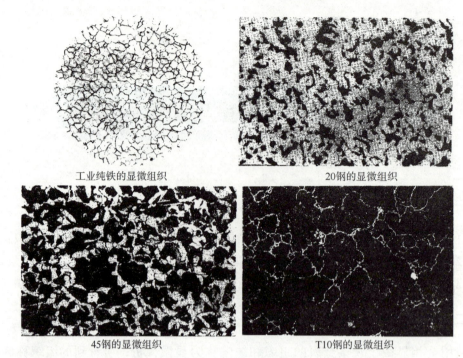

图 4-1 几种钢的显微组织

（3）珠光体（P）是铁素体和渗碳体的共析混合物，有片状和珠状两种。

①片状珠光体：一般经退火得到，是铁素体和渗碳体交替分布的层片状组织，疏密程度不同。经 3%~5% 硝酸酒精溶液或苦味酸溶液浸蚀后，铁素体和渗碳体皆呈白亮色，但其边界被浸蚀呈黑色线条。在不同放大倍数下观察时，组织具有不太一样的特征。

在高倍（600 倍以上）下观察时，珠光体中平行相间的宽条铁素体和细条渗碳体都呈白亮色，而其边界呈黑色（图 4-2）。

中倍（400 倍左右）观察时，白亮色渗碳体被黑色边界所"吞食"而成为细黑条。这时看到的珠光体是宽白条铁素体和细黑条渗碳体的相间混合物（图 4-3）。

图 4-2 高倍下珠光体组织

图 4-3 中倍下珠光体组织

低倍（200 倍以下）观察时，连宽白条的铁素体和细黑条的渗碳体也很难分辨，这时，珠光体为黑块组织（见图 4-1 中的珠光体）。

②球状珠光体：共析钢或过共析钢经球化退火后，得到的球状渗碳体。经 3%~5%硝酸酒精浸蚀后，球状珠光体为白色铁素体基体上均匀分布着的白色渗碳体小颗粒，其边界为黑圈（图 4-4）。

根据钢的组织，估计出各组织的相对量，便可利用杠杆定律算出含碳量。

（4）莱氏体（Ld）为温室下珠光体和渗碳体的混合物。此时，渗碳体中包括共晶渗碳体和二次渗碳体两种，但它们相连在一起而分辨不开。经 3%~5%硝酸酒精溶液侵蚀后，莱氏体的组织特征是，在白亮的渗碳基本上均匀分布着许多黑点（块）状或条状珠光体（图 4-5）。

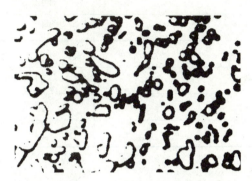

图 4-4　球粒状珠光体组织

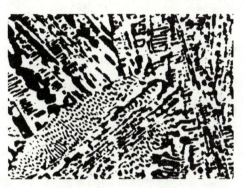

图 4-5　共晶白口铁

莱氏体组织硬度很高，达 700 HBW，性脆。一般存在于含碳量大于 2.11% 的白口铸铁中，在某些高碳合金钢的铸造组织中也常可见。

亚共晶白口铸铁的组织包括：莱氏体、呈黑粗树枝态分布的珠光体及其周围白亮圈的二次渗碳体（图 4-6）。二次渗碳体与莱氏体中的渗碳体相连，无界线，无法区别。

过共晶白口铸铁的组织是：莱氏体和长白条一次渗碳体（图 4-7）。

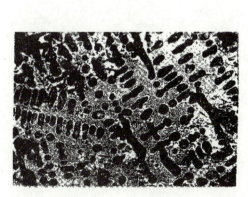

图 4-6　亚共晶白口铁

图 4-7　过共晶白口铁

三、实验内容

（1）观察表 4-1 中所列样品的显微组织并联系铁碳相图分析各组织的形成过程。

表 4-1　实验要求观察的样品

序号	样品名称	状态	显微组织	浸蚀剂
1	工业纯铁	退火		4%硝酸酒精
2	20 钢	同上		同上
3	45 钢	同上		同上
4	65 钢	同上		同上
5	T8 钢	同上		同上
6	T12 钢	同上		同上
7	亚共晶白口铸铁	铸铁		同上
8	共晶白口铸铁	同上		同上
9	过共晶白口铸铁	同上		同上

（2）绘出所观察样品的显微组织示意图。

四、实验报告要求

（1）写出实验目的及实验简明原理。
（2）画出所有样品的显微组织示意图（用箭头和代表符号标明各组织组成物，并注明材料、放大倍数和浸蚀剂）。
（3）根据所观察组织，说明含碳量对铁碳合金的组织和性能的影响的大致规律。
（4）根据所学知识填写表 4-1 中显微组织一栏。

五、思考题

（1）珠光体组织在低倍观察和高倍观察时有何不同？为什么？
（2）怎样鉴别 0.6% 碳钢的网状铁素体和 1.2% 碳钢的网状渗碳体？
（3）二次渗碳体呈网状分布时，对钢材的力学性能有何影响？怎样才能避免？
（4）渗碳体有几种？它们的形态有什么区别？

实验五 钢的热处理实验

一、实验目的

（1）熟悉碳钢的几种整体热处理（退火、正火、淬火及回火）操作方法。

（2）了解含碳量、加热温度、冷却速度、回火温度等主要因素对碳钢热处理后性能（硬度）的影响。

（3）进一步熟悉洛氏硬度计的使用方法。

二、概述

钢的热处理就是通过加热、保温和冷却改变其内部组织，从而获得所要求的物理、化学、力学和工艺性能的一种操作方法。一般热处理的基本操作有退火、正火、淬火及回火等。

热处理操作中，加热温度、保温时间和冷却方式是最重要的三个基本工艺因素，正确选择它们的规范，是热处理成功的基本保证。

1. 加热温度

（1）退火加热温度对亚共析钢是 A_{c3}+（30~50℃）（完全退火）共析钢和过共析钢是 A_{c1}+（30~50 ℃）（球化退火）。

（2）正火加热温度对亚共析钢是 A_{c3}+（30~50℃）；过共析钢是 A_{ccm}+（30~50 ℃），即加热至奥氏体单相区。

退火和正火的加热温度范围见图 5-1。

（3）淬火加热温度 对亚共析钢是 A_{c3}+（30~50℃）；过共析钢是 A_{ccm}+（30~50 ℃），见图 5-2。

（4）钢淬火后要回火。回火温度取决于最终所要求的组织和性能（工厂中常根据硬度的要求）。按加热温度，回火分为低温、中温、高温回火三类。

低温回火：是在 150~250 ℃进行回火，所得组织为回火马氏体，硬度约为 60 HRC。

中温回火：是在 350~500 ℃进行回火，所得组织为回火屈氏体，硬度为 35~45 HRC。

高温回火：是在（500~650 ℃）进行回火，所得组织为回火索氏体，硬度为 25~35 HRC。

高于 650 ℃的回火得到回火珠光体，可以改变高

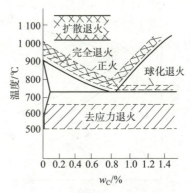

图 5-1 退火、正火加热温度

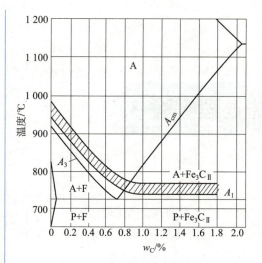

图 5-2 淬火加热温度

碳钢的切削性能。

2. 保温时间

为了使工件各部温度均匀化，完成组织转变，并使碳化物完全溶解和奥氏体成分均匀一致，必须在淬火加热温度下保温一定时间。通常将工件升温和保温所需时间计算在一起，并统称为加热时间。

热处理加热时间必须考虑许多因素，例如工件的尺寸和形状、使用的加热设备及装炉量、装炉温度、钢的成分和原始组织、热处理的要求和目的等，具体时间可参考有关手册中的数据。

实际工作中多根据经验估算加热时间。一般规定，在空气介质中，升到规定温度后的保温时间，碳钢按工件厚度每毫米需一分至一分半钟估算；合金钢按每毫米两分钟估算。在盐溶炉中，保温时间可缩短至原来的 1/4~1/2。

3. 冷却方法

热处理的冷却方法必须适当才能获得所要求的组织和性能。

退火一般采用随炉冷却，为了节约时间，可在炉冷至 600~550 ℃ 时出炉空冷。

正火常采用空气冷却，大件常进行吹风冷却。

淬火的冷却方法非常重要。一方面冷却速度要大于临界冷却速度，以保证得到马氏体组织；另一方面冷却速度应当尽量缓慢，以减少内应力，避免变形和开裂。为了调和上述矛盾，可以采用特殊的冷却方法，使加热工件在奥氏体最不稳定的温度范围内（650~550 ℃）快冷，超过临界冷却速度，而在马氏体转变温度（300~100 ℃）以下慢冷。理想的淬火冷却如图 5-3 所示。常用淬火方法有单液淬火、双液淬火、分级淬火、等温淬火等，如图 5-4 所示。

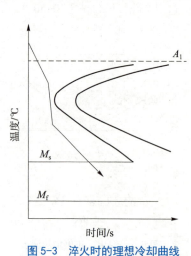

图 5-3 淬火时的理想冷却曲线

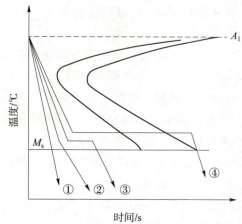

图 5-4 常用淬火方式

①—单液淬火；②—双液淬火；③—分级淬火；④—等温淬火

三、实验内容

（1）按表 5-1 所列工艺条件进行各种热处理操作。

（2）测定热处理后的全部试样的硬度（炉冷、空冷试样测 HRB，水冷和回火试样测 HRC），并将数据填入表内。

表 5-1　实验任务表

钢号	热处理工艺			硬度值 HRC 或 HRB				换算为 HB 或 HV	预计组织
	加热温度/℃	冷却方法	回火温度/℃	1	2	3	平均		
45	860	炉冷							
		空冷							
		油冷							
		水冷							
		水冷	200						
		水冷	400						
		水冷	600						
	750	水冷							
T12	750	炉冷							
		空冷							
		油冷							
		水冷							
		水冷	200						
		水冷	400						
		水冷	600						
	860	水冷							

四、实验步骤

（1）每次实验两组，每组一套试样（45 钢试样 8 块，T12 试样 8 块）。炉冷试样可由实验室事先处理好。

（2）将同一加热温度的 45 钢和 T12 钢试样，分别放入 860 ℃和 750 ℃加热（炉温预先由实验室升好），保温 15~20 min 后，分头进行水冷、油冷或空冷的热处理操作。

（3）从两种加热温度的水冷试样中各取出三块 45 钢和 T12 钢试样，分别放入 200 ℃，400 ℃，600 ℃的炉内进行回火，回火保温时间为 30 min。

（4）淬火时，试样用钳子夹好，出炉、入水迅速，并不断在水中或油中搅动，以保证热处理质量。取、放试样时，炉子要先断电。

（5）热处理后的试样用砂纸磨去两端面氧化皮，然后测定硬度（HRC 或 HRB）。每个试样测三点，取平均值，并将数据填入表内。

（6）每个同学必须抄下全组实验数据，以便独立进行分析。

五、实验报告要求

（1）写出实验目的。

（2）列出全套硬度数据并将 HRC、HRB 的硬度值查表换算为 HB 或 HV 值。

（3）根据热处理原理，预计各种热处理后的组织，并填入表中。

（4）分析含碳量、淬火温度、冷却方式及回火温度对碳钢性能（硬度）的影响，根据数据画出它们同硬度的关系曲线，并阐明硬度变化的原因。

六、思考题

（1）生产中对 T12 钢进行正火处理（加热到 A_{ccm}）以上的实际意义是什么？为什么？

（2）45 钢工件常用的热处理工艺是什么？T12 钢工件常用的热处理工艺是什么？它们的组织和大致硬度怎样？

（3）为什么淬火-回火是不可分割的工序？确定工件回火温度规范的依据是什么？

实验六　铁碳合金非平衡组织观察

一、实验目的

（1）观察碳钢经不同热处理后的显微组织。
（2）了解热处理工艺对钢组织和性能的影响。
（3）熟悉碳钢几种典型热处理组织（马氏体、屈氏体、索氏体、马氏体回火、索氏体回火等）的形态及特征。

二、概述

碳钢经退火、正火可得到平衡或接近平衡的组织；经淬火得到的是不平衡组织。因此，研究热处理后的组织时，不仅要参考铁碳相图，更主要的是参考 C 曲线（钢的等温转变曲线）。

铁碳相图能说明慢冷时合金的结晶过程和室温下的组织以及相的相对量，C 曲线则能说明一定成分的钢在不同冷却条件下的结晶过程以及所得到的组织。

1. 共析钢连续冷却时的显微组织

为了简便起见，不用 CCT 曲线（连续冷却转变曲线）而用 C 曲线来分析。例如共析钢奥氏体，在慢冷时（相当于炉冷，见图 6-1 中的 V_1），应得到 100% 珠光体。与由铁碳相图所得的分析结果一致；当冷却速度增大到 V_2 时（相当于空冷），得到的是较细的珠光体，即索氏体或屈氏体；当冷却速度增大到 V_3 时（相当于水冷），得到的为屈氏体和马氏体，当冷却速度增大至 V_4、V_5 时（相当于水冷），很大的过冷度使奥氏体骤冷到马氏体转变始点（M_s），瞬时转变成马氏体。其中与 C 曲线鼻尖相切的冷却速度（V_4）称为淬火的临界冷却速度。

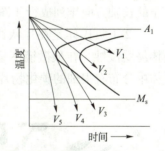

图 6-1　共析钢的 C 曲线

2. 亚共析和过共析钢连续冷却时的显微组织

亚共析钢的 C 曲线与共析钢的 C 曲线相比，在珠光体转变开始前多一条铁素体析出线，如图 6-2 所示。

当钢缓慢冷却时（相当于炉冷，见图 6-2 中的 V_1），得到的组织为接近于平衡状态的铁素体加珠光体；随着冷却速度逐渐增加，由 $V_1 \to V_2 \to V_3$ 时，奥氏体的过冷程

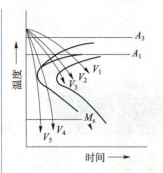

图6-2 亚、过共析钢的C曲线

度增大,生成的过共析铁素体量减少,并主要沿晶界分布;同时珠光体量增多,含碳量下降,组织变得更细。因此,与 V_1、V_2、V_3 对应的组织为:铁素体+珠光体、铁素体+索氏体、铁素体+屈氏体。当冷却速度增大到 V_4 时,只析出很少量的网状铁素体和屈氏体(有时可见很少量的贝氏体),奥氏体则主要转变为马氏体。当冷却速度 V_6 超过临界冷速时,钢全部转变为马氏体组织。

过共析钢的转变与亚共析钢相似,不同之处是后者先析出的是铁素体,而前者先析出的是渗碳体。

3. 基本组织的金相特征

(1) 索氏体(S)是铁素体与渗碳体的机械混合物,其片层比珠光体更细密,在显微镜高倍(700倍以上)放大时才能分辨。

(2) 屈氏体(T)也是铁素体与渗碳体的机械混合物,片层比索氏体还细密,在一般光学显微镜下也无法分辨,只能看到如墨菊状的黑色形态。当其少量析出时,沿晶界分布,成黑色网状,包围着马氏体;当析出量较多时,成大块黑色团状,只有在电子显微镜下才能分辨其中的片层。

(3) 贝氏体(B)为奥氏体的中温转变产物,它也是铁素体与渗碳体的两相混合物。在金相形态上,主要有:

①上贝氏体是由成束平行排列的条状铁素体和条间断续分布的渗碳体所组成的非层状组织。当转变量不多时,在光学显微镜下为成束的铁素体条向奥氏体内伸展,具有羽毛状特征。在电镜下,铁素体以几度到十几度的小位向差相互平行,渗碳体则沿条的长轴方向排列成行(图6-3)。

②下贝氏体是在片状铁素体内部沉淀有碳化物的两相混合物组织。它比淬火马氏体易受浸蚀,在显微镜下呈黑色针状(图6-4)。在电镜下可以见到,在片状铁素体机体中分布有很细的碳化物片,它大致与铁素体片的长轴成55°~60°的角度。

图6-3 上贝氏体

图6-4 下贝氏体

（4）马氏体（M）是碳在 α-Fe 中的过饱和固溶体。马氏体的形态按含碳量主要分两种，即板条状和针状（图6-5，图6-6）。

图6-5　板条状马氏体

图6-6　针状马氏体

板条状马氏体一般为低碳钢或低碳合金钢的淬火组织。其组织形态是：由尺寸大致相同的细马氏体平行排列，组成马氏体束或马氏体区，各束或区之间位向差较大，一个奥氏体晶粒内可有几个马氏体束或区。板条状马氏体的韧性较好。

针状马氏体是含碳量较高的钢淬火后得到的组织。在光学显微镜下，它呈竹叶状或针状，针与针之间成一定角度。最先形成的马氏体较粗大，往往横穿整个奥氏体晶粒，将其分割，使以后形成的马氏体针的大小受到限制。因此，马氏体针的大小不一，并使针间残留有奥氏体。针状马氏体的硬度较高，韧性较差。

（5）残余奥氏体（A残）是含碳量大于 0.5% 的奥氏体淬火时被保留到室温不转变的那部分奥氏体。它不易受硝酸酒精溶液的浸蚀，在显微镜下呈白亮色，分布在马氏体之间，无固定形态。未经回火时，残余奥氏体与马氏体很难区分，都呈白亮色；只有马氏体回火变暗后，残余奥氏体才能被辨认。

（6）回火马氏体是马氏体经低温回火（150~250 ℃）所得到的组织。它仍具有原马氏体的形态特征。针状马氏体由于由极细的碳化物析出，容易受浸蚀，在显微镜下为黑针状。

（7）回火屈氏体是马氏体经中温回火（350~500 ℃）所得到的组织。它是铁素体与粒状渗碳体组成的极细的混合物。铁素体基体基本上保持原马氏体的形态（条粒或针状），第二相渗碳体则析出在其中，呈极细颗粒状，用光学显微镜极难分辨，只有在电镜下才可观察到。

（8）回火索氏体是马氏体经高温回火（500~650 ℃）所得到的组织。它的金相特征是，铁素体上分布着粒状渗碳体。此时，铁素体已经再结晶，呈等轴细晶粒状。

回火屈氏体和回火索氏体是淬火马氏体的回火产物，它的渗碳体呈粒状，且均匀分布在铁素体基体上。而屈氏体和索氏体是奥氏体过冷时直接形成的，它的渗碳体呈片状。所以，回火组织同直接冷却组织相比，在相同的硬度下具有较好的塑性及韧性。

三、实验内容

（1）观察表 6-1 所列的显微镜组织。

表 6-1 实验要求观察的样品

序号	材料	热处理工艺	浸蚀剂	显微组织（参照金相图册）
1	45 钢	860 ℃空冷	4% 硝酸酒精	F+S
2	45 钢	860 ℃油冷	同上	M+T
3	45 钢	860 ℃水冷	同上	M
4	45 钢	860 ℃水冷，600 ℃回火	同上	回火 S
5	45 钢	750 ℃水冷	同上	M+F
6	T12	750 ℃水冷，200 ℃回火	同上	回火 M+A$_残$
7	T12	750 ℃球化退火	同上	P（粒状）
8	T12	1100 ℃水冷，200 ℃回火	同上	回火 M（粗针状）+A$_残$
9	T12	950 ℃加热，300 ℃等温淬火	同上	B$_下$+M

（2）描述出所观察样品的显微组织示意图，并注明材料、处理工艺、放大倍数、组织名称、浸蚀剂等。

四、实验报告要求

（1）写出实验目的。
（2）画出所观察样品的显微镜示意图。
（3）说明所观察样品中的组织。
（4）分析比较 T12 钢经 750 ℃加热、水冷和 200 ℃回火，以及 T12 钢经 1 100 ℃加热、水冷和 200 ℃回火的组织差别及性能特点。
（5）比较并讨论直接冷却得到的 M、T、S 和淬火、回火得到的 M 回火、T 回火、S 回火的组织形态和性能差异。

五、思考问题

（1）45 钢淬火后硬度不足，如果根据组织来分析其原因是淬火加热不足，还是冷却速度不够？
（2）45 钢 860 ℃加热淬火得到的组织和 T12 钢 1 100 ℃加热淬火得到的组织，在形态和性能上有什么差别？
（3）指出下列工件的淬火及回火温度，并说明回火后所获得的组织：
① 45 钢的小轴；
② 60 钢的弹簧；
③ T12 钢的锉刀。

实验七　铸铁及有色金属组织观察

一、实验目的

（1）观察和分析铸铁及有色金属的显微组织。
（2）熟悉铸铁中石墨的分布形态及其与力学性能的关系。

二、概述

（一）铸铁

含碳量大于 2.11% 的铁碳合金称为铸铁。按照铸铁中碳的存在形式不同，可分为白口铸铁、灰口铸铁和麻口铸铁三种类型。白口铸铁中碳以渗碳体的形式存在，断口呈银白色，硬而脆，主要用作炼钢的原料；灰口铸铁中碳以石墨的形式存在，断口呈暗灰色；麻口铸铁中有渗碳体形式的碳，也有石墨形式的碳。灰口铸铁中根据石墨的形态不同，又可以将灰口铸铁分为灰铸铁、球墨铸铁、可锻铸铁、蠕墨铸铁。根据石墨化过程进行程度不同，铸铁的基体组织有珠光体、铁素体、珠光体+铁素体，还可通过热处理获得贝氏体、马氏体等基体。基体组织与石墨的形态、分布、大小和数量决定着铸铁的性能。

1. 灰铸铁

灰铸铁中的石墨呈片状，基体有铁素体、珠光体、珠光体+铁素体三种类型（图 7-1）。若在浇注前向铁液中加入孕育剂，可细化石墨片，提高灰铸铁性能，这种铸铁叫作孕育铸铁，其基体多为珠光体。

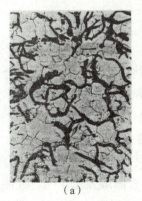  

(a)　　　　　　　　　　(b)　　　　　　　　　　(c)

图 7-1　不同基体组织的灰铸铁
(a) 铁素体基体；(b) 铁素体+珠光体基体；(c) 珠光体基体

2. 球墨铸铁

在铁液中加入球化剂和孕育剂，使石墨呈球状析出，可得到球墨铸铁。球状石墨对基体的割裂作用较片状石墨大大减轻，使球墨铸铁的力学性能大大提高。球墨铸铁的基体有铁素体、铁素体＋珠光体、珠光体，如图7-2所示。

 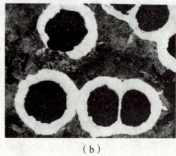 

(a)   (b)   (c)

图7-2　不同基体组织的球墨铸铁

(a) 铁素体基体；(b) 铁素体＋珠光体基体；(c) 珠光体基体

3. 可锻铸铁

可锻铸铁由白口铸铁经高温长时间的石墨化退火而得到，其中石墨呈团絮状析出，性能介于灰铸铁与球墨铸铁之间，基体有铁素体和珠光体两种，如图7-3所示。

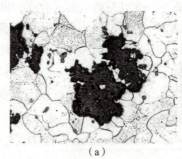 

(a)   (b)

图7-3　不同基体组织的可锻铸铁

(a) 铁素体基体；(b) 珠光体基体

（二）有色金属

1. 铝合金

根据铝合金的成分、组织和生产工艺的特点，可将铝合金分为形变铝合金和铸造铝合金两类。形变铝合金适于通过压力加工（轧制、挤压、模锻等）制成半成品或模锻件，铸造铝合金则适于直接浇铸成形状复杂的甚至是薄壁的成形件。

形变铝合金按照性能特点和用途分为防锈铝、硬铝、超硬铝、锻铝四种。

防锈铝合金中主要合金元素是Mn和Mg，Mn的主要作用是提高铝合金的耐蚀能力，并通过固溶强化作用提高铝合金的强度。Mg也具有固溶强化作用，并使合金的密度降低。防锈铝合金锻造退火后其组织为单相固溶体，故耐腐蚀能力强，塑性好。

硬铝合金为 Al-Cu-Mg 系合金，还含有少量的 Mn，合金中的 Cu、Mg 是为了形成强化相 $CuAl_2$（θ）相及 $CuMgAl_2$（S 相）。

超硬铝合金为 Al-Mg-Zn-Cu 系合金，并含有少量的 Cr 和 Mn，Zn、Cu、Mg 与 Al 可以形成固溶体和多种复杂的第二相。

锻铝合金为 Al-Mg-Si-Cu 系和 Al-Cu-Mg-Ni-Fe 系合金，这类铝合金具有良好的热塑性、良好的铸造性能和锻造性能，并较高的力学性能。

铸造铝合金按照主要合金元素的不同，可分为四类：Al-Si 铸造铝合金，如 ZL101、ZL105 等；Al-Cu 铸造铝合金，如 ZL201、ZL203 等；Al-Mg 铸造铝合金，如 ZL301、ZL302 等；Al-Zn 铸造铝合金，如 ZL401、ZL402 等。

Al-Si 铸造铝合金通常称为铝硅明，只含硅元素的 Al-Si 二元合金称为简单铝硅明，除硅外还含有其他合金元素的称为复杂铝硅明（Al-Si-Mg-Cu 等多元合金）。

Al-Cu 合金的强度较高，耐热性好，但铸造性能不好，其中只有少量共晶体，有热裂和疏松倾向，耐蚀性较差。

Al-Mg 合金（ZL301、ZL302）强度高，密度小（约为 $2.55g/m^3$），耐蚀性好，但铸造性能不好，没有共晶体，耐热性低。

Al-Zn 合金（ZL401、ZL402）价格便宜，铸造性能优良，经变质处理和时效处理后强度较高，但耐蚀性差，热裂倾向大。

2. 铜合金

以锌为唯一或主要合金元素的铜合金称为黄铜，黄铜具有良好的塑性和耐腐蚀性、良好的变形加工性能和铸造性能，在工业中有很好的应用价值。按化学成分的不同，黄铜可分为普通黄铜和特殊黄铜两类。

普通黄铜根据其组织不同可分为单相黄铜和双相黄铜。单相黄铜的组织为 α 相，塑性很好，可进行冷、热压力加工，适于制作冷轧板材、冷拉线材、管材及形状复杂的深冲零件。常用双相黄铜的代号有 H62、H59 等，双相黄铜的组织为 α+β′。由于室温 β′ 相很脆，冷变形性能差，而高温 β 相塑性好，因此它们可以进行热加工变形。通常双相黄铜热轧成棒材、板材，再经机加工制造各种零件。

铅黄铜。铅能改善黄铜的切削加工性能，并能提高合金的耐磨性。铅对黄铜的强度影响不大，略微降低塑性。压力加工铅黄铜主要用于要求有良好切削加工性能及耐磨的零件（如钟表零件），铸造铅黄铜可以制作轴瓦和衬套。

锡黄铜。锡可显著提高黄铜在海洋大气和海水中的耐蚀性，锡能使黄铜的强度有所提高。压力加工锡黄铜广泛应用于制造海船零件。

铝黄铜。铝能显著提高黄铜的强度和硬度，但使合金的塑性降低。铝能使黄铜表面形成保护性的氧化膜，因而使黄铜在大气中的耐蚀性得以改善。铝黄铜可制作海船零件及其机器的耐蚀零件。铝黄铜中加入适量的镍、锰、铁后，可得到高强度、高耐蚀性的特殊黄铜，常用于制作大型蜗杆、海船用螺旋桨等需要高强度、高耐蚀性的重要零件。

铁黄铜。铁能提高黄铜的强度，并使黄铜具有高的韧性、耐磨性及在大气和海水中优良的耐蚀性，因而铁黄铜可以用于制造受摩擦及受海水腐蚀的零件。

硅黄铜。硅能显著提高黄铜的力学性能、耐磨性和耐蚀性。硅黄铜具有良好的铸造性能，并能进行焊接和切削加工，主要用于制造船舶及化工机械零件。

锰黄铜。锰能提高黄铜的强度，不降低塑性，也能提高在海水中及过热蒸汽中的耐蚀性。合金的耐热性和承受冷热压力加工的性能也很好。锰黄铜常用于制造海船零件及轴承等耐磨部件。

镍黄铜。镍可增大锌在铜中的溶解度，全面提高合金的力学性能和工艺性能，降低应力腐蚀开裂倾向。镍可提高黄铜的再结晶温度和细化其晶粒，镍可提高黄铜在大气、海水中的抗蚀性。镍黄铜的热加工性能良好，在造船工业、电动机制造工业中广泛应用。

青铜原指铜锡合金，但是工业上习惯把铜基合金中不含锡而含有铝、镍、锰、硅、铍、铅等元素组成的合金也叫青铜。青铜实际上包含锡青铜、铝青铜、铍青铜和硅青铜。

锡青铜是我国历史上使用最早的有色合金，也是最常用的有色合金之一，它的力学性能与含锡量有关，生产上应用的锡青铜的 w_{Sn} 一般为 3%~14%。

以铝为主要合金元素的铜合金称为铝青铜。铝青铜的强度比黄铜和锡青铜高，工业中应用的铝青铜含铝量一般为 5%~11%。

以铍为基本合金元素的铜合金称为铍青铜，铍青铜经热处理强化后的抗拉强度可高达 1 250~1 500 MPa，硬度可达到 50~400 HBS，远远超过任何铜合金，可与高强度合金钢媲美。铍青铜中铍元素的含量为 1.7%~2.5%，铍溶于铜中形成 α 固溶体，铍在铜中的最大溶解度为 2.7%，在室温时的溶解度为 0.2%，因此铍青铜可以经过固溶处理和人工时效得到很高的强度和硬度。

3. 滑动轴承合金

锡基轴承合金是一种软基体硬质点类型的轴承合金。它是以锡、锑为基础，并加入少量其他元素的合金。常用的牌号有 ZChSnSb11-6、ZChSnSb8-4、ZChSnSb4-4 等。

铅基轴承合金是以 Pb-Sb 为基的合金，但二元 Pb-Sb 合金有密度偏析，同时锑颗粒太硬，基体又太软，只适用于速度低、负荷小的次要轴承。为改善其性能，要在合金中加入其他合金元素，如 Sn、Cu、Cd、As 等。常用的铅基轴承合金为 ZChPbSn16-16-1.8，其中 w_{Sn}=15%~17%、w_{Sb}=15%~17%、w_{Cu}=1.5%~2.0% 及余量的 Pb。

铝基轴承合金是以铝为基本元素、锑或锡等为主加元素的轴承合金，它具有密度小、导热性好、疲劳强度高和耐蚀性好的优点。它原料丰富，价格便宜，广泛用在高速高负荷条件下工作的轴承。按化学成分将铝基轴承合金分为铝锡系（Al-20%Sn-1%Cu）、铝锑系（Al-4% Sb-0.5%Mg）和铝石墨系（Al-8Si 合金基体 +3%~6% 石墨）三类。

铜基轴承合金是以铅为基本合金元素的铜基合金。它属铅青铜类，因其性能适于制造轴承,故又称其为铜基轴承合金。

三、实验设备及用品

(1)金相显微镜;
(2)铸铁及有色金属金相试样。

四、实验要求

每人一台显微镜,轮流观察给出的每种试样,画出合金的组织示意图。

五、实验报告要求

(1)写出实验目的。
(2)画出所观察样品的显微镜示意图。
(3)说明所观察样品中的组织。